高等工科院校"十三五"规划教材

模具设计与制造简明教程

（冲压模具）

王 莺　张秋菊　主编

任 伟　戚丽丽　副主编

王沙沙　马迎亚　姜振华　参编

石素梅　主审

U0391298

MUJU SHEJI
YU ZHIZAO
JIANMING JIAOCHENG
CHONGYA MUJU

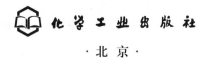

化学工业出版社

·北京·

《模具设计与制造简明教程（冲压模具）》的内容包括：冲压成型的概述，冲裁工艺与冲裁模设计、弯曲工艺与弯曲模设计、拉深工艺与拉深模设计及其他冲压工艺和模具设计；模具制造基础知识，冲压模具主要零件的制造工艺、模具特种加工制造、模具装配与检测、模具CAD/CAM简介、模具设计与制造的发展趋势。

本书根据教育部最新的专业与课程改革要求，按照"少而精、理论联系实际、学以致用"的原则编写。每一章后设置有小结和适量的思考练习题，以巩固和强化所学的知识。

本书配有免费的电子教学课件、练习题参考答案（或提示）。

《模具设计与制造简明教程（冲压模具）》可作为高等院校"模具设计与制造"课程的教材，也可作为职业院校、成人教育、自学考试、电视大学及培训班的教材，还可作为机电行业工程技术人员的参考书。

图书在版编目（CIP）数据

模具设计与制造简明教程（冲压模具）/王莺，张秋菊
主编. —北京：化学工业出版社，2017.5
高等工科院校"十三五"规划教材
ISBN 978-7-122-29272-8

Ⅰ.①模… Ⅱ.①王…②张… Ⅲ.①冲模-设计-高等
学校-教材②冲模-制造-高等学校-教材 Ⅳ.①TG385.2

中国版本图书馆CIP数据核字（2017）第048165号

责任编辑：刘俊之 文字编辑：吴开亮
责任校对：宋 夏 装帧设计：韩 飞

出版发行：化学工业出版社（北京市东城区青年湖南街13号 邮政编码100011）
印 装：高教社（天津）印务有限公司
787mm×1092mm 1/16 印张14½ 字数385千字 2017年8月北京第1版第1次印刷

购书咨询：010-64518888（传真：010-64519686） 售后服务：010-64518899
网 址：http://www.cip.com.cn
凡购买本书，如有缺损质量问题，本社销售中心负责调换。

定 价：38.00元

前　言

　　模具是能够大批量生产出具有一定形状和尺寸要求的工业产品零部件的生产工具。大到轮船、飞机、汽车，小到茶杯、钉子，几乎所有的工业、日用产品都必须依靠模具成型。用模具生产制件所具备的高精度、高一致性、高生产率是其他任何加工方法所不能取代的。模具在电子、汽车、电机、仪器仪表、家电通信等产业中有着广泛的应用，作用不可替代，被赞为"金钥匙""制造业之母"等。近年来，模具工业飞速发展，模具技术人才培养的要求和速度也在大幅度提高，各级各类学校、专业培训机构都在进行模具设计、制造与管理人才的教育和培训，特别是有越来越多的具有一定机械基础的人员正在或将要从事模具工作，他们需要具备一定的模具专业知识。

　　模具的结构有其自身的特点，模具的设计有其内在的规律，模具的制造也有其特殊的要求，有必要编写相应的教材。针对这一需要而编写的本书既可以满足教学的需要，也可供相关的工程技术人员参考。

　　"模具设计与制造"是一门实践性很强的课程，本书的编写兼顾了理论和实践两个方面的内容。编者使用简洁明了的语言介绍了模具设计与制造的理论知识，同时辅用大量的模具结构简图，理论联系实际，力求做到深入浅出、通俗易懂、内容完整、实用性强且"简明"的特点。每章最后都附有小结和一定数量的思考题与习题，突出重点并加深学生对所学知识的理解。

　　《模具设计与制造简明教程（冲压模具）》是根据高等教育机械类、机电类等专业的特点及要求编写的。本书配有免费的电子教学课件（www.cipedu.com.cn）和练习题参考答案（或提示）。

　　本书为高等院校机械类、机电类及工程类专业的教材，也可作为职业院校、成人教育、自学考试、电视大学及培训班的相关专业教材，还可作为工程技术人员的参考书。

　　参加编写的单位（人员）有：青岛科技大学（王莺、王沙沙、戚丽丽、马迎亚）；青岛技师学院（张秋菊）；青岛海洋技师学院（任伟）；青岛鸿森集团（姜振华）。

　　编写分工如下：王莺（绪论、第1～4章）；王沙沙（设计制作第6～11章的电子课件）；任伟（第9、10章）；马迎亚（对书中的图、表进行整理或设计制作）；张秋菊（第5～8章）；戚丽丽（第11章、设计制作第1～5章的电子课件）；姜振华（对书后的附录进行整理或设计制作。）

　　本书由王莺和张秋菊任主篇，并负责统稿；由任伟和戚丽丽任副主编。邀请青岛大学石素梅教授和青岛科技大孟庆东教授为审稿人，他们对全书内容取合、编写风格等做了具体指导，提出了许多宝贵建议。

　　在编写出版过程中得到了化学工作出版社及各参编者所在单位教学主管部门的支持与帮助。编写时借鉴同类教材及教学辅导教材等有关资料。谨此，对上述单位和个人表示衷心感谢！

　　限于编者水平，书中不足之处，敬请读者批评指正。

编者

2017 年 2 月

目 录

绪　论

0.1　模具及模具的分类

0.1.1　模具的概念及模具的应用

（1）模具的概念

模具是工业、日用产品生产用的工艺装备，是用以制造产品的专用模型。模具是现代工业生产中广泛应用的优质、高效、低耗、适应性很强的生产技术，或称成型工具、成型工装产品。模具也是技术含量高、附加值高、使用广泛的新技术产品，是价值很高的社会财富。

模具制造业作为现代制造业的基础和重要组成部分，现已成为国家经济建设中的朝阳产业和重要的支柱产业，在国民经济发展中发挥着越来越重要的作用。模具生产技术水平甚至成为衡量一个国家机械制造技术水平的重要标志之一。

模具的应用遍布人们日常生活的每一个角落，只要大量、反复生产相同产品时就需要使用模具。

为了通俗、形象地了解模具的含义，不妨举几个例子。

① 模具与生活　社会上日用消费品的数量与人口总数成正比，尽管消费品种类繁多、规格不一，每款消费品的生产批量仍然非常巨大，因此与我们的衣食住行密切相关的许多物品都是借助于模具生产出来的。清晨，我们进入卫生间洗漱：塑料牙刷柄、塑料香皂盒、塑料拖鞋来自塑料模具，陶瓷盥洗盆、陶瓷漱口杯出自陶瓷模具。洗漱毕，进厨房：不锈钢锅、易拉罐（见图 0-1）是经过冲裁模下料、拉深模拉深、修边模修边等多套模具才生产出来的。再如饼干或者巧克力（见图 0-2），那可是出自食品模。饭后，穿上经过皮革模压制定型的皮鞋，骑上自行车到学习或者工作岗位——自行车的轮胎是橡胶模具的产品，车瓦来自落料模和成形模，螺钉、螺母来自冷镦模，辐条经过拉丝模……只要留心，会发现模具与我们生活的联系真是千丝万缕！找找看！

② 模具与生产　使用模具可以重复生产与原始样件形状、尺寸相同的零件，而且可以显著提高生产率。随着生产产品批量的增加，单件产品分摊的模具费用会降低，因此模具首先与大批量生产密切相关。对小批量生产以及新产品的试制，为了成型有时也必须使用模具，这时降低模具成本就成为了首要问题。尽量简化模具结构，适当加大产品的加工余量等，是常用的降低模具成本的有效办法。

③ 模具与艺术　说模具与生产密切相关，人们一般比较容易接受。如果有人说："模具与艺术也息息相通。"你同意吗？当你走进雕塑公园时，你就会觉得此言不虚。

<table>
<tr><td>(a) 不锈钢锅</td><td>(b) 易拉罐</td></tr>
</table>

图 0-1 不锈钢锅、易拉罐　　　　　　　　　图 0-2 精美的巧克力造型

随着社会的发展，雕塑艺术在不断进步。从最初自然材料的泥塑、木质雕塑、石质雕塑，到以后人工材料的青铜雕塑、陶瓷雕塑和其他金属及合金雕塑，材料技术的发展为雕塑艺术的尽情发挥提供了基础。玻璃钢材料问世后，由于其具有成型方便、可设计性强、轻质高强以及造价相对低廉等诸多优点，很快被应用到了雕塑艺术中。应用玻璃钢技术，可以快速、逼真地将泥塑的作品翻制并长期保存下来。因此，玻璃钢雕塑广泛成为广场、商业网点、生活小区及游乐场所的标志物。

玻璃钢塑像的制造工艺是通过制骨架、塑泥像、分模、扣模、卸模、玻璃钢糊制、修整缝合、磨修整形抛光、表面胶衣处理等步骤完成的。以玻璃钢为原料制成的塑像，不仅传神逼真，而且具有重量轻、易于搬运、不易损坏，以及室外存放不易风化等优点，特别适于制造大型的雕塑。图 0-3 所示的就是玻璃钢的雕塑作品。

模具在我们周围，与我们息息相关！

图 0-3 玻璃钢雕塑作品

综上所述，模具是能生产出具有一定形状和满足尺寸要求零件的生产工具，是和冲压、锻造、铸造成型机械，以及塑料、橡胶、陶瓷等非金属材料制品成型加工用的成型机械相配套，作为成型工具来使用的。简而言之，模具是用来成型物品的工具，由各种零件构成，不同的模具由不同的零件构成，主要通过所成型材料物理状态的改变来实现物品外形的加工。为提高模具的质量、性能、精度和生产效率，缩短模具制造周期，模具多采用标准零部件，所以模具属于标准化程度较高的产品。一副中小型冲模或塑料注射模中，其标准零部件可达 90%，其工时节约率可达 25%～45%。

（2）模具的应用

模具是利用材料的塑性来进行产品加工的一种少切削、无切削的方法。采用模具成型工艺代替切削加工工艺，可以提高生产效率，保证零件尺寸一致性，改善产品内在质量，减少材料消耗，降低生产成本，因而其被广泛应用于家用电器、汽车、建筑、机械、电子、五金、农业、航空航天、玩具、日用品、食品等领域的批量性零件的生产中。

随着经济的发展及产品的个性化、特征化的需求，模具的品种和生产量将越来越多，并且由于国际经济一体化的发展及我国人力资源的丰富，国外将有大量的模具生产任务转移到我国，我国的模具工业发展前景广阔。

0.1.2 模具的分类

模具的用途广泛、种类繁多，科学地进行模具分类，对有计划地发展模具工业，系统地研究、开发模具生产技术，促进模具设计、制造技术的现代化，充分发挥模具的功能和作用，研究、制定模具技术标准，提高模具标准化水平和专业化协作生产水平，提高模具生产效率，缩短模具的制造周期，都具有十分重要的意义。

模具的具体分类方法很多，按模具结构型式可分为冲压模中的单工序模、复合模等，塑料成型模具中的注射模、挤出模、压缩模、吹塑模等；按模具使用对象可分为，汽车模具、电视机模具、电工模具等；按模具材料可分为硬质合金模具和钢模等；按加工工艺性质可分为冲压模中的冲孔模、落料模、拉深模、弯曲模，塑料成型模具中的注射模、吸塑模、吹塑模等。这些分类方法具有直观、方便等优点，但不尽合理，易将模具类别与品种混用，使种类繁多无序，因此，采用综合归纳法，将模具分为十大类；而各大类模具又可根据其使用对象、材料、功能和模具制造方法，以及工艺性质等，再分成若干小类和品种。模具的分类见表0-1。

表 0-1　模具的分类

模具类别	成型方法	成型加工材料	模具材料
冲压模	普通冲裁模,级进模,复合模,精冲模,切断模	金属材料	工具钢、硬质合金
	拉深模,弯曲模,成型模,其他冲压模	金属材料	工具钢、铸铁
塑料模	热固性塑料注射模、压塑模	热固性塑料	硬钢
	热塑性塑料注射模、挤塑模	热塑性塑料	
	吹塑模	热塑性塑料	硬钢、铸铁
	真空吸塑模		铝
	其他塑料模		
锻造模	热锻模,冷锻模,金属挤压模,切边模,其他锻造模	金属材料	模具钢
压铸模	压力铸造模,低压铸造模	有色金属及其合金	耐热钢
	熔模铸造模	精密铸件	石蜡、树脂、混合砂
	金属模	铝及合金	铸铁
粉末冶金模	金属粉末冶金模	金属粉末	合金工具钢、硬质合金
	非金属粉末冶金模	非金属粉末	

续表

模具类别	成型方法	成型加工材料	模具材料
橡胶模	橡胶压胶成型模,橡胶挤胶成型模	橡胶	钢
	橡胶注射成型模,橡胶浇注成型模,橡胶封装成型模	橡胶	钢、铸铁、铝
	其他橡胶模	橡胶	
拉丝模	热拉丝模,冷拉丝模	金属丝	人造金刚石、硬质合金
无机材料成型模	玻璃成型模	玻璃	铸铁、耐热钢
	陶瓷成型模	陶瓷粉末	合金工具钢、硬质合金
	水泥成型模	水泥	
	其他无机材料成型模		
模具标准件	冷冲模架,塑料模架		
其他模具	食品成型模具,包装材料模具,复合材料模具,合成纤维模具,其他未包括的模具		

模具还可按照成型用材料分类。依据自然科学中基于工程材料进行分类研究的观点，按模具所成型产品的材料并结合工程实际，可将模具分为"三大类十二小类"，即：

① 金属材料成型用模具　冲压模（板料、管材）、锻造模（体积成型）、铸造模（液态金属）、粉末冶金模（金属粉末）、拉丝模（线材）；

② 有机高分子材料成型用模具　塑料模、橡胶模、食品模、皮革模；

③ 无机非金属材料成型用模具　陶瓷模、玻璃模、水泥与混凝土模。

在这些模具中，冲压模、塑料模是应用最为广泛的两类模具。

0.1.3　模具的特点

模具的功能和应用与模具的类别、品种有着密切的关系。模具和产品零件的形状、尺寸、精度、材料、材料型式、表面状态、质量和生产批量等都必须相符合，要满足零件要求的技术条件，即每一个产品零件相对应的生产用模具，只能是一副或一套特定的模具。为适应模具不同的功能和用途，每一副模具都需进行创造性设计，由此造成模具结构型式多变，从而造成了模具类别和品种繁多，并具有单件生产的特征。

尽管如此，由于模具生产技术的现代化，在现代工业生产中，模具已广泛用于各类产品的生产中。其主要原因是由于模具具有以下一系列特点。

① 模具的适应性强　针对产品零件的生产规模和生产形式，可采用不同结构和档次的模具与之相适应。例如，为适应产品零件的大批量生产，可采用高效率、高精度、高寿命和自动化程度高的模具；为适应产品试制或多品种、小批量的产品零件生产，可采用通用模具，如组合冲模、快换模具（可用于柔性生产线）以及各种经济模具。

根据不同产品零件的结构、性质、精度和批量，以及零件材料和材料性质、供货形式，可采用不同类别和种类的模具与之相适应。如锻件需采用锻模，冲件需采用冲模，塑件需采用塑料成型模具，薄壳塑件需采用吸塑或吹塑模具等。

② 制件的互换性好　在模具的一定使用寿命范围内，合格制件（冲件、塑件、锻件等）的形状、尺寸相同，可完全互换。

③ 生产效率高　采用模具成型加工,产品零件的生产效率高。高速冲压可达 1800 次/min。由于模具寿命和产品产量等因素限制,常用冲模也在 200～600 次/min 范围内。塑件注射成型的循环时间可缩短在 1～2min 内,若采用热流道模具进行连续注射成型,生产效率则更高,可满足塑件大批量生产的要求。采用模具进行成型加工与机械力加工相比,不仅生产效率高,而且生产消耗低,可大幅度节约原材料和人力资源,是一种优质、高效、低耗的生产技术。

④ 社会效益高　模具是具有高技术含量的产品,其价值和价格主要取决于模具材料、加工、外购件的劳动与消耗这 3 项直接发生的费用和模具设计与试模(验)等技术费用。后者是模具价值和市场价格的主要组成部分,其中一部分技术价值计入了市场价格,而更大的一部分价值,则由模具用户和产品用户受惠变为社会效益。如电视机用模具,其模具费用仅为电视机产品价格的 1/5000～1/3000,尽管模具的一次性投资较大,但在大批量生产的每台电视机的成本中仅占极小部分,甚至可以忽略不计,而实际上,很大一部分的模具价值为社会所拥有,变成了社会财富。

综上所述,模具是现代工业生产中广泛应用的优质、高效、低耗、适应性很强的生产技术,或称成型工具、成型工装产品。总之,模具是技术含量高、附加值高、使用广泛的新技术产品,是价值很高的社会财富。

0.2　模具设计概述

0.2.1　模具设计的基本要素

(1) 模具工作条件及主要技术指标

模具种类繁多,工作条件差异很大,技术要求等也有较大的差异。各类模具的工作条件和主要技术指标见表 0-2。

表 0-2　模具工作条件及主要技术指标

模具种类		型面压力 /MPa	工作温度 /℃	型面粗糙度 $Ra/\mu m$	尺寸精度 /mm	硬度 HRC	寿命/万件
冲压模	一般钢冲模	200～600	室温	<0.8	0.01～0.005	58～62	100～300
	硬质合金冲模						4000～8000
塑料模	一般钢塑料模	70～150	180～200	≤0.4	0.01	35～40	40～60
	合金钢塑料模						>100
合金压铸模	中小型铝合金件用压铸模	300～500	600	≤0.4	0.01	42～48	10～20
	中大型铝合金件用压铸模						5～7
锻模	热锻模	300～800	70(表面)	≤0.8	0.02	40～48	≥1(机锻)
	冷锻模	1000～2500	室温	<0.8	0.01	58～64	>2
粉末冶金模		400～800	室温	<0.4	0.01	58～62	>4

(2) 模具设计的基本条件

模具设计有两个基本条件,即工件的材料、性能、规格和成型设备的种类、性能、规格。工件的材料对成型加工工艺和模具设计有很大的影响。模具加工是在一定的成型工艺条件下，根据材料的力学性能及加工性能，对各种不同厚度和性能的材料进行成型加工，使材料变形或分离，得到符合要求的零件或坯料。在模具设计前，必须以金属材料的力学性能（抗拉强度、伸长率、弹性模量等）、加工性能、热处理性能等和非金属材料的流动性能、成型温度、耐腐蚀性能等作为模具设计的依据和条件。

成型加工设备是模具使用过程中不可缺少的设备，模具只有与相应的成型加工设备相配合，才能发挥其特有的功能。成型加工设备的一些技术参数，如冲击力、安装模具的方式、尺寸范围、生产效率、可控温度范围等都是进行模具设计不可缺少的依据和条件。

只有掌握了工件材料的性能以及成型设备的性能，才能设计出符合成型工艺条件的模具，从而获得优质工件。

（3）模具设计的内容及关键技术

模具的设计是模具制造过程中最关键的工作，主要内容包括模具总装配图和各零部件图的绘制。装配图要反映出各零部件之间的装配关系、尺寸、位置等，而零件图则应标明其尺寸及公差、精度要求、材料、热处理及其他的技术要求等。

模具设计是随着工件的形状、尺寸、尺寸精度、表面质量要求以及成型工艺条件的变化而变化的。其设计过程常分为工件工艺分析与设计、模具总体方案设计、整体结构设计、加工图设计 4 个阶段。

模具设计的关键是模具型面的设计。模具型面主要指模具中的工作零件上与工件形状相似或相同的型面。在模具型面设计中，其工作部位的形状、结构、尺寸及尺寸精度，型面的表面质量、力学和物理性能，模具材料等都要和工件的技术要求相一致。设计时，必须研究其加工工艺以及成型工艺，才能设计出高质量的模具。

（4）模具整体结构设计

模具整体结构的设计方法和原理与通用机械的设计方法和原理基本相同，但由于模具是把金属或非金属材料加工成型为所需要的工件，如冲压件、塑件、铸件等，而且每个模具一般只能加工成型一种特殊的工件，具有很强的专业性，因此，模具结构设计又有其特殊的特点和要求。模具的整体结构设计应满足以下的几个要求：

① 能生产出合格的零件；

② 能适应批量生产的要求；

③ 使用方便，操作安全可靠；

④ 坚固耐用，能达到使用寿命的要求；

⑤ 容易制造，维修方便；

⑥ 成本低廉。

0.2.2　先进模具设计技术——CAD/CAE 技术（详见* 第 11 章）

CAD/CAE 即计算机辅助设计与工程，它包括概念设计、优化设计、有限元分析、计算机仿真、计算机辅助绘图和计算机辅助设计过程管理等。采用 CAD 技术可以设计出产品的大体结构，应用 CAE 技术则可以进行结构分析、可行性评估和优化设计。模具采用 CAD/CAE 集成技术后，制件一般不需要再进行原型试验，采用几何造型技术后，制件的形状便能精确、逼真地显示在计算机上，再运用有限元分析程序可以对其力学性能进行检测。使用计算机自动绘图代替手工绘图，技术手册自动检索代替人工查阅，快速分析计算代替手工计算，可以大大节省模具设计师的时间并减少其工作量，从而使其能够集中精力从事方案构思和结构优化等工作。而在模具投产之前，CAE 软件可以检测模具结构有关参数的正确性，从而对工艺参数与结构进行调整，提高工件质量和生产效率。

如今的概念设计已经扩展到了对模具结构分析的领域，而不是仅仅停留在对外观和结构的设计上。可以运用先进的 CAE 软件（尤其是有限元软件）对用 CAD 技术设计出来的模具进行强度、刚度、散热能力、疲劳和蠕变等性能分析，并进行抗冲击和跌落等模拟试验。通过以上的分析和试验来检验概念性结构设计是否合理，并分析出结构不合理的原因，然后在 CAD 软件中进行相应的修改。修改后，再在 CAE 软件中进行各种性能的分析和试验，最终确定符合设计和生产要求的模具结构。当今 CAD 技术的发展使得概念设计思想体现在相应的模块中，概念设计不再只是设计师的思维，系统模块也融合了一般的概念设计理念和方法。目前，世界上大型的 CAD/CAE 软件，如 Pro/ENGINEER、UG、SolidWorks 等，都提供了有关产品早期设计的工业设计模块。如 Pro/ENGINEER 就包含一个工业设计模块 ProDesign，用于支持自上而下的投影设计，以及在复杂产品的设计中所包含的许多复杂任务的自动设计。这些系统模块的应用大大减少了设计师的工作量，节约了工作时间，提高了工作效率，使设计师把更多的精力用在新产品的开发及创新上。

0.3 模具制造的概述

0.3.1 模具制造的概念

模具制造就是指在相应的制造装备和制造工艺的条件下，按照模具设计图纸资料直接对模具零件用材料进行加工，以改变其形状、尺寸、相对位置和性质，使之成为符合要求的零件，再将这些零件经配合、定位、连接并固定装配成为模具的过程。这一过程是按照各种专业工艺、工艺过程管理，以及工艺顺序进行加工和装配来实现的。

0.3.2 模具制造技术的概念

模具制造技术就是运用各类生产工艺装备和加工技术，生产出各种特定形状和加工作用的模具，并使其应用于实际生产中的系列工程应用技术。它包括：产品零件的分析技术、制造技术，模具的质量检测技术，模具的装配、调试技术，以及模具的使用、维护技术等。

0.3.3 模具制造的特点

现代工业产品的生产对模具的要求越来越高，这使得模具结构日趋复杂，制造难度日益增大。模具制造正由过去的劳动密集型和主要依靠工人的手工技巧及采用传统机械加工设备，转变为技术密集型和更多地依靠各种高效与高精度的数控切削机床、电加工机床，从过去的机械加工时代转变成机、电结合加工以及其他特殊加工时代，模具钳工加工量正呈逐渐减少之势。现代模具制造集中了制造技术的精华，体现了先进的制造技术，已成为技术密集型的综合加工技术。

一般说来，模具制造属于单件生产。尽管采取了一些措施，如模架标准化、毛坯专用化、零件商品化等，适当集中模具制造中的部分内容，使其带有批量生产的特点，但对整个模具制造过程，尤其对工作零件的制造而言仍然属于单件生产，其制造具有以下特点：

① 形状复杂，加工精度高 因此必须应用各种先进的加工方法（如数控铣、数控电加工、坐标镗、成型磨、坐标磨等）才能保证加工质量。

② 模具材料性能优异，硬度高，加工难度大 需要先进的加工设备和合理安排加工

工艺。

③ 模具生产批量小，大多具有单件生产的特点　应多采用少工序、多工步的加工方案，即工序集中的方案，不用或少用专用工具加工。

④ 模具制造完成后均需调整和试模　只有试模成型出合格制件后，模具制造方算合格。

0.3.4　模具制造的主要工作

现代模具设计一般是在模具标准化和通用化的基础上进行的，所以模具制造主要有以下3项工作：

① 模具工作零件的制造；

② 配购通用、标准件及进行补充加工；

③ 进行模具装配和试模。

其中，模具工作零件的制造和模具装配是重点。

0.3.5　模具制造的过程

模具设计装配图反映了各零部件之间的装配关系、尺寸、位置等，而零件图则应标明其尺寸及公差、精度要求、材料、热处理及其他的技术要求等。

模具制造工艺技术人员在接到设计任务时，首先要根据零件图样及技术要求、生产批量，对其进行工艺分析，确定其冲裁的可能性。若需要改善工艺性，涉及修改图纸时，则可向产品设计人员提出建议，共同协商解决。按模具设计的图样及技术要求，进行技术分析。模具制造过程一般按图 0-4 所示顺序进行。

工艺规程的制定　⟶　零部件生产　⟶　模具的装配　⟶　模具试模与修整　⟶　模具检测与验收

图 0-4　模具制造过程

（1）工艺规程的制定

工艺规程是指工艺人员对模具零部件的生产及装配等工艺过程和操作方法的规定。制造模具时，在工艺上要充分考虑模具零件的材料、结构形状、尺寸、精度、使用寿命等方面的不同要求，采用合理的加工方法和工艺路线来保证模具的加工质量，提高生产效率，降低成本。

（2）零部件生产

零部件生产是指，根据零部件图样的要求以及制定的工艺规程，采用切削加工、铸造加工和特种加工等方法加工出符合要求的零部件。零部件的加工往往包括粗加工、热处理和精加工等过程。零部件的生产还包括标准件及其他外协件的采购等。

（3）模具的装配

模具的装配是指，将加工好的模具零部件及标准件按照模具装配的要求装配成一个完整的模具。在模具装配的过程中，还要对一些零部件进行修整，以达到设计要求。

（4）模具试模与修整

模具装配好后，还需要在规定的成型机械上试模，检查模具在运行过程中是否正常，所得到工件的形状、尺寸、精度等是否符合要求。如果不符合要求，还需要对模具的一些零部件进行修整，并再次试模，直至能正常运行并能加工出合格的工件为止。

（5）模具检测与验收

模具制造的最后一步是将检测合格的模具以及试制的件进行包装，并附带检验单、合格证、使用说明等交付相关部门或出厂。

0.4 模具加工方法

在模具制造中，按照零件结构和加工工艺过程的相似性，通常可将各种模具零件大致分为工作型面零件、板类零件、轴类零件、套类零件等，其加工方法主要有机械加工、特种加工两大类。其中，机械加工方法主要是指各类金属切削机床的切削加工，采用普通及数控切削机床进行车、铣、刨、镗、钻、磨加工，可以完成大部分模具零件加工，再配以钳工操作，可实现整套模具的制造。机械加工方法是模具零件的主要加工方法，即使模具的工作零件需要采用特种加工方法加工，也需要用机械加工的方法进行预加工。

随着模具质量要求的不断提高，高强度、高硬度、高韧性等特殊性能的模具材料的不断出现，以及复杂型面、型孔的不断增多，传统的机械加工方法已难以满足模具加工的要求，因而，直接利用电能、热能、光能、化学能、电化学能、声能等进行特种加工的工艺方法得到了很快的发展。目前，以电加工为主的特种加工方法在现代模具制造中已得到了广泛应用，它是对机械加工方法的重要补充。

模具常用的加工方法见表 0-3。

0.4.1 模具制造的特点及加工工艺特点

（1）模具制造的特点

模具制造与其他的机械制造相比，具有以下几个特点。

① 模具生产具有单件生产属性 模具是非定型产品，每套模具均有其不同的技术要求，通常生产一种工件只需要一两副模具，这就使模具生产具有了单件小批生产的特点。

② 模具形状及加工复杂，加工精度高 模具的工作部分一般都是复杂的曲面，而不是一般机械加工的简单几何体，模具生产制造技术几乎集中了机械加工的精华，一副模具往往需要用各种先进的加工方法来保证加工质量。此外，模具的零件不仅要具有较高的尺寸精度，还要具有较高的形状和位置精度。

③ 模具生产周期长、成本高 由于模具的单件生产属性，且对生产的要求高，每制造一副模具，都要从设计开始，并且要利用多种加工方式，一些零件的具体尺寸及位置必须要经过试验后才能确定，因此模具生产的周期长、成本高。

④ 模具生产的成套性 当生产某个工件需要多副模具时，各个模具之间往往相互影响，只有最后加工出的工件合格，这一系列的模具才算合格。

⑤ 模具生产需试模 由于以上模具设计及制造的一些特点，模具生产后，必须要经过反复的试模、修整后才能验收并交付使用。

（2）模具加工的工艺特点

模具加工工艺主要有以下几个特点：

① 模具零件毛坯精度较低，加工余量较大，一般由木模制造、手工造型、砂型铸造、自由锻等方法加工而成。

② 模具零件除采用如车床、万能铣床、内外圆磨床、平面磨床等普通机床来加工外，还需要采用如电火花机床、线切割加工机床、成型磨削机床、电解加工机床等精密、高效的专用加工设备来加工。

③ 为了降低模具零件的加工成本，很少采用专用夹具，一般采用通用夹具，用划线法

和试切法来保证尺寸精度。

④ 对精密模具要考虑工作部分零件的互换性；一般模具采用配合加工的方法。

⑤ 模具生产的专业厂家一般都实现了零部件和工艺的标准化、通用化和系列化，从而实现批量生产。

0.4.2 模具加工工艺方法简介

模具的种类很多，每种模具的制造方法不是唯一的。模具制造方法的选择与模具的要求精度、制造成本密切相关，也需要结合现场的加工条件。因此，模具设计人员必须熟悉相应的制造方法。

就目前的情况看，模具的加工方法可以分为三大类，即铸造方法、切削加工方法和特种加工方法。表 0-3 所示为模具各种加工方法的工艺特点。

应当指出，每种模具加工方法可以达到的加工精度不同，对模具设计和制造的技术人员来讲，了解不同制造工艺的加工精度尤其是经济精度是非常有意义的。

表 0-3 模具各种加工方法的工艺特点

加工方法		适用于模具种类	加工精度	加工技术要求	后续工序
铸造方法	锌合金铸造	冲压	一般	型腔制作	不需要
	低熔点合金铸造	塑料、橡胶			
	铍铜合金铸造	压铸、塑料			
	合成树脂浇注	塑料			
切削加工方法	普通切削机床	全部	一般		手工精加工
	精密切削机床		精密		不需要
	仿形铣床		精密	仿形模型	手工精加工
	雕刻机加工		一般	仿形模型	手工精加工
	数控机床		精密	加工指令	手工精加工
特种加工方法	冷挤压	塑料、橡胶	精密	冷挤压冲头	不需要
	超声波	冲压	精密	悬挂模型	手工精加工
	电火花成型	锻模型腔	精密	电极设计制作	手工精加工
	电火花线切割	冲模、切边模	精密	切割轨迹指令	手工精加工
	电解磨削	全部	精密	成形模型	不需要
	电铸	塑料、玻璃	精密	模型	不需要
	腐蚀加工	塑料	一般	图样	不需要

加工经济精度是机械加工中经常用的一个概念。一个零件从设计到加工都要注意其经济性，因为经济效益是工厂存在下去的基础。加工精度等级的高低是根据使用要求决定的，比如航空航天设备上使用的零件就要求有很高的精度，而拖拉机上的零件可能要求就比较低。

零件的成本是跟加工精度密切相关的，每提高一个精度等级，加工的难度会呈几何级增长，对加工机床和工具的要求就会更高，也要求工人有较高的加工水平。如 IT7 级精度用一般的机床和工具就可以达到，但 IT6 级就要用磨床，而 IT5 级就要用数控机床和精磨，甚至手工研磨了。对一定的加工方法来讲，每提高一个精度等级，可能会多出几个工序，多用很多技术工人，从而零件的成本就会增加很多了。对一个特定的零件而言，加工方法不止一种。一般来讲，零件加工成本与使用设备的种类以及使用时间密切相关。当用高精度的设备来加工时，设备的台时费用高；当用低精度的设备加工时，需要的工序多。因此每一种加工方法有一个成本最低的加工精度，称为经济精度。

表0-4列出了几种常用模具加工方法的可达到的精度和相应的经济精度，其中可达到的精度指的是该加工方法发挥到极致时的水平，此时的加工成本大大提高；经济精度则是指单位加工成本最低时可达到的加工精度。

表 0-4　几种加工方法的精度比较

加工方法	可达到的精度/mm	经济精度/mm
仿形铣	0.02	0.1
数控加工机床	0.01	0.02~0.03
仿形磨削	0.005	0.1
坐标镗	0.02	0.1
电火花成型	0.005	0.02~0.03
电火花线切割	0.005	0.01~0.02
电解成型	0.05	0.1~0.5
电解研磨	0.02	0.03~0.05
坐标磨	0.002	0.005~0.01

0.5　我国模具生产的历史与现状

我国的模具工业发展经历了艰辛的历程。新中国成立前，由于我国基础工业薄弱，模具使用得很少，所用的模具都是在模具作坊中制作的，这些模具大多结构简单、精度低。当时的模具多为冲压模。制造方法多为由有经验的老钳工带领徒弟手工研锉，缺乏设计图样和工艺文件，谈不上有什么模具工业。

新中国成立后，由于经济发展的需要，特别是由于东北地区担负着电机、仪表、电器、变压器等产品的生产任务，因此模具工业得到了迅速发展。虽然当时缺乏先进的技术，但是由于结合我国实际情况，组织了专门的技术力量，因此取得了明显的进步：冲模结构由单工序模向复合模发展，并可生产少量级进模；由整体模向拼块模发展；而模具制造技术则由手工加工为主发展到采用成型磨削。1951年和1952年制成了800kW和3000kW水轮发电机的大型扇形复合冲模。

到1954年，苏联和东欧社会主义国家的有关模具技术和设备开始输入我国，这对我国模具工业的发展起到了促进作用，对模具技术人才的培养、工艺技术的发展和关键设备的使用都有很大的帮助。成型磨削开始取代大部分手工操作，热处理变形基本得到控制，模具制造的精度和表面粗糙度明显提高，模具的制造周期也大大缩短。随着生产的发展，各行各业对模具的需求越来越多，国家对模具用钢也安排了系列生产。1955年和1956年，在天津和北京成立了我国首批专业模具厂。从1958年开始，上海、广州、沈阳、武汉、南京等地也相继建立了一批专业模具厂，这些模具厂虽然设备条件较差，但仍然是模具工业的新生力量。这一阶段，在模具结构方面，复合模得到了进一步完善，并开始生产高效率的级进模和高寿命的硬质合金模；塑料成型模则由热固性塑料模发展到热塑性注射模，并开始由单腔模结构发展到多腔模结构；压铸模也已经扩大到铜合金铸件生产用模；还研制了分解式组合冲模。在模具制造方面，除了研制成型磨削夹具外，还研制和批量生产了专用成型磨床；电火花加工技术也被应用于模具加工；自行研制电火花线切割机床用于模具加工；研制了用于型腔模加工的型腔冷挤压工艺与装备。同时还制定了我国的第一个模具标准：冷冲模零件标准与典型结构标准。

在 1966～1976 年期间，由于整个国民经济都受到很大的干扰和影响，模具工业没有获得应有的发展，但是在总结和推广模具设计、制造经验及先进技术方面做了大量工作，广大科技人员深入生产第一线整理模具相关资料，编写了一套《模具手册》，对模具工业的发展起到了良好的指导作用。

自 1977 年以来，由于机械、电子、轻工、仪表、交通等工业的蓬勃发展，对模具的需求越来越多，在供货期上则要求越来越短，而我国模具工业却不能满足需要，所以国家有关部门对模具工业的发展非常重视，给专业模具厂投资进行技术改造，并将模具列为"六五"和"七五"规划重点科研攻关项目，派人员出国学习考察，引进国外模具先进技术，制定有关的模具标准。同时，为了培养高素质模具行业的专门人才，20 世纪 80 年代后期，许多工科院校相继开展了"模具设计与制造"大专和本科层次的教学，计算机辅助设计（CAD）和计算机辅助制造（CAM）技术开始在冲模、锻模和塑料模中应用，并取得了初步成果。在这一时期，模具工业得到了长足的发展。

加入 WTO 后，各行业大批境外企业的涌入，使作为支持工业的模具行业迎来了新一轮的发展机遇，同时也面临着国外先进技术和高品质产品的挑战。2002 年，我国模具总产值比 2001 年增长 15% 左右，增速提高了 2 个百分点。如生产 1 台汽车整机大约需要 20000 套模具，其中相当一部分是塑料模具，由于汽车产业带动，我国塑料模具在后来的几年里发展空间巨大。目前，发达国家将模具向我国转移的趋势进一步明朗化。由于模具行业是一个技术、资金、劳动力都相对密集的产业，我国的平均劳动力成本较低，而这一时期广东等地的开发区内的企业生产需要大量的模具，因此模具工业获得了快速发展。随着我国经济的进一步发展，我国技术人才的水平逐步提高，也加速了一些国家把本国模具工业向我国转移。由于近年市场需求的强大拉动，中国模具工业高速发展，市场广阔，产销两旺。1996～2002 年间，中国模具制造业的产值年平均增长 14% 左右，2003 年增长 25% 左右，广东、江苏、浙江、山东等模具产业发达地区的增长在 25% 以上。我国 2003 年模具工业产值为 450 亿元人民币以上，约折合 50 多亿美元，按模具总量排名，中国紧随日本、美国之后，位居世界第三。总的来看，我国技术含量低的模具已供过于求，市场利润空间狭小；而技术含量较高的中、高档模具还远不能适应国民经济发展的需要，精密、复杂的冲压模具和塑料模具、轿车覆盖件模具、电子接插件等电子产品模具等仍有很大一部分依靠进口。

在经历了"十五"期间和"十一五"头两年的高速发展（这 7 年间年均增长速度达 18%）之后，由于受到国际金融危机的影响，从 2008 年下半年开始，中国模具工业发展速度已明显放缓，致使 2008 年全年模具总销售额与 2007 年的同比增长率跌为了个位数，只达到 9.2% 左右，总量约为 950 亿元。

近年来，我国模具行业迅速发展，在各地方政府的支持和鼓励下，我国已形成 50 多个模具产业园区，在完善产业链、吸引外资及加强社会投资方面均起到积极作用。模具行业地域分布特色日渐成形，从地区分布来看，以珠江三角、长三角为中心的东南沿海地区发展最快。

广东省堪称国内模具市场龙头，是中国最大的模具进口与出口省。全国模具产值 40% 多来自广东省，且模具加工设备性能及设备数控化率、模具加工工艺、生产专业化水平和标准程度均领先于国内其他省市。目前全国模具工业排序前 10 名的企业中，广东省占 5 家，世界最大的模具供应商和亚洲最大的模具制造厂都在广东省。

上海市则以 IT 电子信息产业和汽车行业模具为主导。上海市现有模具企业 1500 余家，从业人员 7 万多人，年产值近 100 亿元，年增长率超过 20％。上海市有生产汽车冲压、塑料、压铸等模具的企业近 70 家，年产值约 20 亿元，多家民营企业、合资企业、台资企业大多年产值在 5000 万元以上，其中有 7 家企业年产值达到亿元规模，成为上海市汽车模具工业中的生力军。

浙江省则塑料模具比重大。浙江省模具工业园主要集中在宁波市和台州市。宁波模具城位于浙江省宁波市宁海县，交通便捷，通信发达。宁海模具城规划 1500 亩，现已建成厂房 20 万 m^2，入城企业 230 余家，模具城实施企业化管理，市场化运作，达到了资源共享，发展速度快、形势好，年产值可达 10 亿元。中国轻工（余姚）模具城是一个集模具制造加工、模具设计研发、模具技术培训、模具信息服务和模具材料设备交易等诸多功能于一体的，具有国内先进水平的模具工业园区，每年产值达到 30 亿美元，其中进口模具 20.47 亿美元，出口模具 10 亿美元。

天津市形成了都市型模具工业特色。都市型工业是一种与传统工业相联系的，轻型的、微型的、环保的和低耗的新型工业，是以大都市特有的信息流、物流、人才流、资金流和技术流等社会资源为依托，以产品设计、技术开发、加工制造、营销管理和技术服务为主体，以工业园区、工业小区、商用楼宇为活动载体，适宜在都市繁华地段和中心区域内生存和发展，增值快、就业广、适应强，有税收、有环保、有形象的现代工业体系。都市工业主要包括十大领域：①电子信息产品研究、开发和组装；②软件开发、制造业；③模型及模具设计制作业；④广告印刷与包装业；⑤钻石、珠宝等工艺美术品和旅游品制造业；⑥钟表、眼镜制造业；⑦服装服饰业；⑧酿造、食品加工业；⑨家具制造、室内装饰装潢产品设计、开发与组装业；⑩化妆品及日用洗涤用品制造业等。从产业特点来看，模具设计制造业为技术密集型、研究开发型的产业，立足于提升都市经济发展的需要，作为国民经济的基础工业，模具涉及汽车、家电、电子、建材、塑料制品等各个行业，应用范围十分广泛，同时充分兼容第三产业，可带动其他产业的发展，且扩大就业机会，具有增值快、就业广、适应市场、反应快速的特点，是提升区域经济发展水平的增容器，也是现代第三产业发展的扩展平台。现天津市模具产业各区分布分散，主要以汽车、冲压模具业为主，全市模具产值每年可达 20 亿元，且税赋率达 8％～10％。

0.6　我国模具工业的发展趋势

模具技术是集合了机械、电子、化学、光学、材料、计算机、精密监测和信息网络等诸多学科的多学科技术。模具技术的发展方向应该是模具产品的技术含量不断提高，向着更大型、更精密、更复杂及更经济的方向发展；模具生产制造周期不断缩短，向着现代化、无图化、精细化、自动化的方向发展；模具企业则要提高自身的技术含量和管理水平，向着技术科学化、设备先进化、产品品牌化、管理信息化、市场国际化的方向发展。

我国模具工业和技术的主要发展方向有以下几点：

① 模具设计的现代化、信息化、智能化、标准化，应用先进的模具设计 CAD/CAE 技术。

② 模具生产的自动化与高效化，应用先进模具加工与制造技术相结合的 CAM/CAPP 技术。

③ 先进制造技术在模具研究、开发、加工过程中的应用，如热浇道技术、气辅技术、

虚拟技术、纳米技术、高速扫描技术、逆向工程技术、并行工程技术等。

④ 高速度、高精度、复合模具加工技术的研究与应用，如超精冲压模具制造技术、精密塑料模具制造技术和压铸模具制造技术等。

⑤ 快速制造成型技术的应用，提高模具生产效率，降低成本和缩短模具生产周期。

⑥ 先进的模具加工设备和专有设备的研究与开发。

⑦ 模具及模具标准件、重要辅件的标准化技术。

⑧ 原材料在模具中成型的仿真技术的应用，优质、新型模具材料的研发及其应用。

⑨ 模具及其制品的检测技术。

⑩ 模具生产企业的信息化、现代化管理技术的应用，如产品数据管理 PDM、企业资源管理 ERP、模具制造管理信息系统 MIS 及 Internet 平台等信息网络技术的应用、推广及发展。

⑪ 新的成型工艺和模具的研发。

0.7 课程的性质、任务和要求

（1）课程的性质和任务

模具设计与制造是机械类非模具专业的一门专业基础课程，又是一门基于以往已学的众多课程而综合应用的课程，不要求讲授过多的理论，重在应用；不要求讲授过细，重在讲述概念和难点，启发学生思考和归纳。它是将模具设计的有关基本理论、基本知识与实际应用紧密结合的一门课程，旨在培养学生掌握模具零件加工方法及模具装配的基本知识，了解现代模具技术的发展动向，初步形成应用现代模具制造技术解决生产实际问题的能力。

（2）课程的基本要求

① 了解冷冲压与塑料模具设计相关的基础知识。

② 理解和掌握冷冲压模具的设计方法。

③ 理解和掌握塑料成型模具的设计方法。

④ 掌握模具零件的机械加工和特种加工过程。

⑤ 掌握模具的装配要求及方法、模具选材的基本要求、模具工艺编制的一般方法。

本课程的实践性、综合性很强，在学习时应理论联系实际，通过实践性环节（如工厂参观、课程设计）加深对内容的理解和掌握，从而提高分析和解决工程实际问题的能力。

（3）学习的重点

首先是冲模中的冲裁模，塑料模中的注射模；其次为冲模中的弯曲模和拉深模，以及塑料模中比较常用的挤出模、压注模和注塑模。

（4）如何学习好"模具设计与制造"课程

"模具设计与制造"是一门专业课程，综合性较强，且对实践经验要求比较高，学习时要注意以下几个方面：

① 要具备扎实的相关基础知识。如工程力学、机械制图（手工制图、AutoCAD、CAXA 等）、公差与配合、工程材料及热处理、机械设计、机械制造等，应熟练掌握。

② 熟知各种模具的典型结构及各主要零部件的作用，举一反三。

③ 熟悉各种国家标准或行业标准，设计时尽可能地采用标准件。

④ 设计零部件时，要考虑其机械加工工艺性。

⑤ 注意实践经验的积累，理论联系实际，特别是在实训、实习等实践教学环节。

0.8 本书的内容及编排

　　本书为模具设计与制造的"简明教程",故仅介绍冲压模具的设计与制造,并且是冲压模具的设计与制造的基础内容。至于其他几类模具的设计与制造问题,则可参考相关的专著,如塑料模具可学习与本书配套出版的《模具设计与制造简明教程(塑料模具)》。

　　冲压加工是指利用压力机通过模具对板料加压,使其产生塑性变形或者分离,从而获得一定形状、尺寸和性能的零件。冲压主要用于加工板料零件,所以也叫板料冲压。冲压加工的应用范围十分广泛,在电子工业产品的生产中,已成为不可缺少的、先进的、主要的加工方法之一。据概略统计,在电子产品中,冲压件(包括钣金件)的数量约占零件总数的85%以上。此外,冲压加工在汽车、拖拉机、电机、仪器仪表等机械工业和国防工业以及日常生活用品的生产方面,也占据着十分重要的地位。表0-5所示为部分产品中冲压加工零件所占比例。图0-5所示为轿车车身部分冲压件。有些机器设备往往以冲压件占的比例多少作为评价结构是否先进的指标之一。

表0-5　部分产品中冲压加工零件所占比例

产品	汽车	仪器仪表	电子	电机电器	家用电器	自行车、手表
比例	60～70	60～70	>85	70～80	>85	70～80

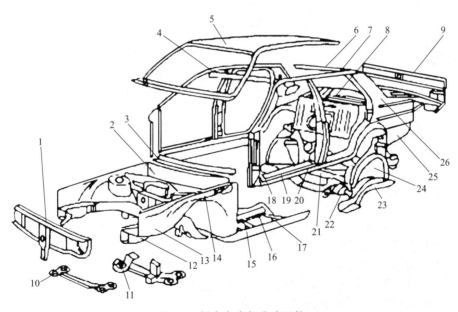

图0-5　轿车车身部分冲压件

1—散热器框架;2—前围板;3—前风窗下横梁;4—前风窗上横梁;5—顶盖;6—后风窗上横梁;7—上边梁;
8—后风窗下横梁;9—后围板;10—前横梁;11—副车架;12—前纵梁;13—挡泥板;14—挡泥板加强撑;
15—前座椅横梁;16—地板通道;17—前地板;18—前立柱;19—门槛;20—中立柱;21—后地板;
22—地板后横梁;23—后纵梁;24—后轮罩;25—后翼子板;26—后立柱

本章小结

本章对"模具设计与制造"的全貌进行了较为详细的阐述，是本书的基础内容。本章介绍了模具、模具设计、模具制造技术的概念，以及模具的分类、特点及应用，模具设计的要素和先进的模具设计技术，模具制造的过程及特点，先进的模具制造技术，我国模具工业的发展现状及发展趋势，课程的性质、任务和要求，以及本书的内容和特点。

1. 模具设计。模具设计人员根据产品（零件）的使用要求，把模具结构设计出来。

2. 模具制造。是指在相应的制造装备和制造工艺的条件下，直接对模具零件用材料进行加工，以改变其形状、尺寸、相对位置和性质，使之成为符合要求的零件，再将这些零件经配合、定位、连接并固定装配成为模具的过程。这一过程是按照各种专业工艺、工艺过程管理，以及工艺顺序进行加工和装配来实现的。

3. 模具制造技术。是指运用各类生产工艺装备和加工技术，生产出各种特定形状和加工作用的模具，并使其应用于实际生产中的系列工程应用技术。它包括：产品零件的分析、设计、制造技术，模具的质量检测技术，模具的装配、调试技术，以及模具的使用维护技术等。

4. 课程的基本要求。本课程的实践性、综合性很强，在学习时应理论联系实际，通过实践性环节（如工厂参观、课程设计）加深对内容的理解和掌握，从而提高分析和解决工程实际问题的能力。

5. 本书内容为冲压模具的设计与制造。

思考与练习题

0-1　什么是模具？模具有什么功能？

0-2　对模具进行科学分类的意义何在？简述我国模具的分类。

0-3　模具设计的基本条件是什么？模具设计的关键技术是什么？

0-4　什么是模具制造和模具制造技术？

0-5　模具制造有哪些特点？

0-6　模具制造有哪些方法？

0-7　简述模具加工的加工工艺。

0-8　先进的模具制造技术有哪些？

0-9　调查本地区模具制造单位所用的模具制造设备和可达到的加工精度。

0-10　简述我国模具生产现状。

0-11　简述我国模具工业的发展趋势。

0-12　本课程的性质和任务是什么？

0-13　课程的基本要求是什么？

0-14　本书的内容及编排上有何特点？

第 1 章

冷冲压技术的概述

1.1 冷冲压技术的基本概念

1.1.1 冷冲压的概念

冷冲压是利用安装在冲压设备（如压力机）上的冲压模具对材料施加压力，使其产生分离或塑性变形，从而获得所需要零件（俗称冲压件或冲件）的一种压力加工方法。因为它通常是在室温下进行加工的，而且主要采用板料来加工成所需零件，所以也叫冷冲压或板料冲压。冲压是材料压力加工或塑性加工的主要方法之一，是重要的材料成型工程技术。

冷冲压不但可以加工金属材料，而且还可以加工非金属材料和复合材料。

1.1.2 冲压模具的概述

（1）冲压模具的概念

冲压所使用的模具称为冲压模具，简称冲模。冲模是实现冲压生产的基础工艺装备。它被安装在压力机上，通过对板料施加压力使板料产生分离或塑性变形，从而获得所需要的零件。冲压生产操作简单、生产率高，而且加工的零件成本低、刚度好、尺寸精度高，已被广泛应用于汽车、电子、家电、仪器仪表及日用品等产品的生产制造中。

（2）冲压模基本结构

① 冲压模的工艺性零件。

a. 工作零件。工作零件包括凸模、凹模、凸凹模、刃口镶块等。

b. 定位零件。定位零件包括定位销、挡料销、导正销、导料板、定距侧刃等。

c. 卸料与推、顶件零件。卸料与推、顶件零件包括推杆、卸料板、顶出器、顶销、推板等。

② 冲压模的辅助性零件。

a. 导向零件。导向零件包括导柱、导套、导板和导筒等。

b. 支撑零件。支撑零件包括上、下模座，模柄，凸、凹模固定板，垫板等。

c. 紧固零件。紧固零件包括螺钉、销钉、弹簧等。

1.1.3 冲压设备的概念

冲压设备是指用来完成各种冲压工艺，实现冲压加工的设备。其工作机构运动一般为简单的往复运动。常用的冲压设备见 1.4 节。

1.1.4 冷冲压生产特点和应用

冷冲压生产过程的主要特征是依靠冲模和冲压设备完成加工，便于实现自动化，生产率很高，操作简便。对于普通压力机，每台每分钟可生产几件到几十件冲压件，而高速冲床每分钟可生产数百件甚至千件以上冲压件。冷冲压所获得的零件一般无需进行切削加工，因而是一种节省能源、节省原材料的无（或少）切削加工方法。由于冷冲压所用原材料多是表面质量好的板料或带料，冲件的尺寸公差由冲模来保证，所以产品尺寸稳定、互换性好。冷冲压产品壁薄、质量轻、刚度好，可以加工成形状复杂的零件，小到钟表的秒针，大到汽车纵梁、覆盖件、飞机机翼等。

但由于冲模制造一般是单件小批量生产，精度高，技术要求高，是技术密集型产品，制造成本高。因而，冷冲压生产只有在生产批量大的情况下才能获得较高的经济效益。

综上所述，冷冲压与其他加工方法相比具有独到的特点，所以在工业生产中，尤其在大批量生产中应用十分广泛。相当多的工业部门都越来越多地采用了冷冲压加工的产品零部件，如机械制造、车辆生产、航空航天、电子、电器、轻工、仪表及日用品等行业。在这些工业部门中，冲压件所占的比重都相当大，过去用铸造、锻造、切削加工方法制造的很多零件，现在已被质量轻、刚度好的冲压件所代替。通过冲压加工，大大提高了生产率，降低了成本。可以说，如果不在生产中广泛采用冲压工艺，许多工业部门的产品要提高生产率、提高质量、降低成本，进行产品的更新换代是难以实现的。

1.2 冲压加工基本工序

1.2.1 冲压加工工序的概念

简而言之，加工工序就是零件的各表面加工的先后顺序。合理地安排零件的各表面加工顺序，对于加工质量、生产效率、经济效果都有很大的影响。在安排加工顺序时，要处理好工序的分散与集中、加工阶段的划分和加工工序的安排等问题。

① 工序的分散与集中　由于模具属于多品种单件生产，而且零件常是由复杂的型面所组成的多面体，这些型面要求保证相互位置关系，因此采用集中工序的加工方式较多，即在机床允许的条件下，应尽量利用一些专用刀具和夹具，使工件在一次装夹或一道工序中完成最多的加工任务，对于大型的零件则更应如此，这样做有利于简化工艺及生产管理。

② 加工阶段的划分　模具的结构零件（如固定板、模板、导柱、导套等）的加工，均可按一般机械零件的粗加工、半精加工、精加工及光整加工4个阶段来划分。

1.2.2 冷冲压基本工序分类

根据材料的变形特点，冷冲压基本工序分为分离工序和成型工序。

（1）分离工序

分离工序是指被加工材料在外力作用下，因受剪切力作用而发生断裂和分离，形成一定形状尺寸和切断面质量的冲压件的工序。分离工序制件如图1-1所示。分离工序主要有剪裁、冲孔、落料、切边等。分离工序相应模具及工序特点见表1-1。

（2）成型工序

成型工序是指坯料在不破裂的条件下产生塑性变形而获得一定形状和尺寸的冲压件的工

序，成型工序制件如图 1-2 所示。成型工序相应模具及工序特点见表 1-1。

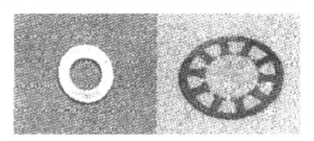

图 1-1　分离工序制件

图 1-2　成型工序制件

表 1-1　分离工序和成型工序相应模具及工序特点

类别	组别	工序名称	工序简图	工序特点
分离工序	冲裁	切断	制件	将板料沿不封闭的轮廓分离
		落料	废料　制件	沿封闭的轮廓将制件或毛坯与板料分离
		冲孔	制件　废料	在毛坯或板料上，沿封闭的轮廓分离出废料得到带孔制件
		切舌		沿不封闭轮廓将部分板料切开并使其折弯
		切边	废料　制件	切去成型制件多余的边缘材料
		剖切		沿不封闭轮廓将半成品制件切离为两个或数个制件

续表

类别	组别	工序名称	工序简图	工序特点
成型工序	弯曲	折弯		将毛坯或半成品制件沿弯曲线弯成一定角度和形状
		卷边		把板料端部弯曲成接近封闭的圆筒状
	拉深	拉深		把平板毛坯拉压成空心体,或者把空心体拉压成外形更小的空心体
	成型	起伏		使半成品发生局部塑性变形,按凸模与凹模的形状变成凹凸形状
		翻边		在预先制好的半成品上或未经制孔的板料上冲制出竖立孔边缘的制件
		胀形	剖视 →	使空心毛坯内部在双向拉应力作用下,产生塑性变形,得到凸肚形制件
		缩口	剖视 →	使空心毛坯或管状毛坯端部的径向尺寸缩小而得到制件

在实际生产中，当生产批量大时，如果仅以表中所列的基本工序组成冲压工艺过程，则生产率可能很低，不能满足生产需要。因此，一般采用组合工序，即把两个或两个以上的单独工序组合成一道工序，构成所谓复合、级进、复合-级进工序。

为了进一步提高劳动生产率，充分发挥冷冲压的优点，还可应用冷冲压方法进行产品的某些装配工作。视实际需要，可以安排单独的装配工序，也可把装配工序组合在级进、复合工序中。

上述冲压成型的分类方法比较直观，真实地反映出了各类零件的实际成型过程和工艺特点。

1.3　冲压常用材料

冲压最常用的材料是金属板料（如钢、铝、铜等），也有用非金属板料（如橡胶板、绝缘纸板、柔软皮革等）的。生产时，往往使用剪板机把板料剪切成条料，对大批量生产的金属板料可采用专门规格的带料（或卷料）。

1.3.1　对冷冲压所用材料的基本要求

冷冲压所用的材料，不仅要满足产品设计的技术要求，还应当满足冷冲压工艺的要求和冲压后续的加工要求，如切削加工、焊接、电镀等。冷冲压工艺对材料的基本要求是：

① 对冲压成型性能的要求　对于成型工序，为了有利于冲压成型和制件质量的提高，材料应具有良好的塑性（均匀伸长率）、屈强比（σ_s/σ_b）小、板厚方向性系数（r）大、板平面方向性系数（Δ_r）小、材料的屈服点与弹性模量的比值（σ_s/E）小。对于分离工序，并不需要材料有很好的塑性，但仍应具有一定的塑性。

② 对材料厚度公差的要求　材料的厚度公差应符合国家规定标准。因为一定的模具间隙适用于一定厚度的材料，材料厚度公差太大，不仅直接影响制件的质量，还可能导致模具和冲床的损坏。

③ 对表面质量的要求　材料的表面应光洁平整，无分层和机械性质的损伤，无锈斑、氧化皮及其他附着物。表面质量好的材料，冲压时不易破裂，不易擦伤模具，冲压件表面质量也较好。

④ 材料应对机械结合及后续加工如电镀、焊接、抛光、喷漆等有良好的适应性能。

此外，选择材料时还要认真考虑材料供应情况以及经济因素，应最大限度地利用材料的冲压性能。必要时，应修改一些过高的设计要求和工艺要求，或采用代替材料。

1.3.2　冷冲压材料的种类和规格

（1）材料的种类

① 黑色金属　黑色金属主要有普通碳素结构钢、优质碳素结构钢、合金结构钢、碳素工具钢、不锈钢、电工硅钢等。板料供应时有冷轧和热轧两种轧制状态。

对冷轧钢板，根据 GB/T 708—2006 规定，按轧制精度（钢板厚度精度）可分为 A、B 级：

A——较高精度。

B——普通精度。

对厚度 4mm 以下的优质碳素结构钢冷轧薄钢板，根据 GB/T 13237—2013 规定，按钢板表面质量可分为Ⅰ、Ⅱ、Ⅲ 3组：

Ⅰ——高级的精整表面。

Ⅱ——较高级的精整表面。

Ⅲ——普通的精整表面。

按拉深级别又分为 ZS、S、P3 级：

ZS——最深拉深级。

S——深拉深级。

P——普通拉深级。

用于拉深复杂零件的铝镇静钢板，其拉深性能可分为 ZF（最复杂）、HF（很复杂）、F（复杂）共 3 种。

板料供应状态可分为 M（退火状态）、C（淬火状态）、Y（硬态）、Y2（半硬、1/2 硬）共 4 种。

② 有色金属　有色金属主要有纯铜、黄铜、青铜、铝及铝合金等，其塑性、导电性与导热性均很好，此外还具有很好的塑性，变形抗力小且轻。

③ 非金属材料　非金属材料主要有纸板、胶木板、橡胶板、塑料板、纤维板和云母等。在冲压工艺资料和图样上，对材料的表示方法有特殊的规定。现以优质碳素结构钢冷轧薄钢板标记为例进行说明，例如：

$$\text{钢板} \frac{\text{B-1.0}\times1000\times1500 \text{ GB/T 708}-2006}{08\text{-}\mathrm{II}\text{-S-GB/T 13237 } 2013}$$

该标记表示：牌号为 08 钢，尺寸为 1.0mm×1000mm×1500mm，普通精度，较高级的精整表面，深拉深级的冷轧钢板。

关于材料的牌号、规格和性能，可查阅有关设计资料和标准。

（2）材料的规格

冷冲压用材料大部分是各种规格的板料、带料、条料、块料等。板料的使用场合比较多。板料的尺寸规格用厚度×宽度×长度表示。一般中、小制件的冲压使用条料，可用剪板机将板料剪裁成需要的宽度和长度。

带料（又称卷料）主要是薄料，宽度在 300mm 以下，长度可达几十米，成卷供应，用于大批量生产的自动送料，以提高生产效率。普通碳素结构钢冷轧带料的厚度范围为 0.10～3.00mm，宽度范围为 10～250mm。

1.3.3　常用金属材料及其力学性能

常用的冲压材料主要有黑色金属材料、有色金属材料和非金属材料（见表 1-2）。

表 1-3 列出了部分冲压常用金属材料及其力学性能。表 1-4 则列出了部分冲压常用非金属板料的抗剪强度。

表 1-2　常用冲压材料

类别	牌号
黑色金属材料	普通碳素钢板，如 Q234
	优质碳素钢板，如 08F
	低合金钢板，如 Q295、Q345
	电工硅钢板，如 D12、D41
	不锈钢板
	其他，如镀锌钢板、工具钢板等
有色金属材料	纯铜板，如 T1、T2
	黄铜板，如 H62、H68 等
	铝板，如 L4
	钛合金板
	镍铜合金板
	其他

续表

类别	牌号
非金属材料	绝缘胶木板
	纸板
	橡胶板
	塑料板
	有机玻璃板
	纤维板
	毛毡、尼龙

表 1-3　部分冲压常用金属材料及其力学性能

材料名称	材料牌号	热处理状态	抗剪强度 τ_b/MPa	抗拉强度 $(\sigma_{b(L)})$/MPa	下屈服强度 $(\sigma_{b(L)})$/MPa	伸长率 (δ)/%
电工用纯铁 $(\omega_c < 0.025)$	DT1、DT2、DT3	已退火	180	230		26
电工用硅钢	D11、D21、D31	已退火	190	230		26
普通碳素钢	Q215	未退火	270～340	340～420	220	26～31
	Q235		310～380	380～470	240	21～25
	Q275		400～500	550～620	280	15～19
碳素结构钢	08F	已退火	220～310	280～390	180	32
	08		260～360	330～450	200	32
	10		260～340	300～440	210	29
	20		280～400	360～510	250	25
	45		440～560	550～700	360	16
优质碳素钢	65Mn	已退火	600	750	400	12
碳素工具钢	T7～T12	已退火	600	750		10
不锈钢	1Cr13	已退火	320～380	400～470		21
	2Cr13		320～400	400～500		20
	1Cr18Ni9Ti	热处理退软	430～550	540～700	200	40
纯铝	1060、1050A、1200	已退火	80	75～110	50～80	25
		淬硬后冷作硬化	100	120～150		4
铝锰合金	3A21	已退火	70～100	110～145	50	19
硬铝合金	2A12	已退火	105～150	150～215		12
纯铜	T1、T2、T3	软态	160	200	7	30
		硬态	240	300		3
黄铜	H62	软态	260	300		35
		半硬态	300	380	200	20
	H68	软态	240	300	100	40
		半硬态	280	350		25

表 1-4 部分常用非金属板料的抗剪强度

板料名称	抗剪强度 τ_b/MPa	
	用管状凸模冲裁	用普通凸模冲裁
布胶板	90～100	120～180
金属箔纸胶板	110～130	140～200
有机玻璃	70～80	90～100
聚氯乙烯	60～80	100～130
氯乙烯	30～40	50
赛璐珞	40～60	80～100
橡胶板	1～6	20～80
硬钢纸板	30～50	40～45
柔软皮革	6～8	30～50
绝缘纸板	40～70	60～100

1.4 常用的冲压设备

冲压设备是指用来对放置于模具中的材料实现压力加工的机械。

1.4.1 对冲压设备的基本要求

① 要求冲压设备的传动结构较简单，传动系统灵敏可靠，而且制造容易。
② 操作方便，易于实现机械化和自动化生产。
③ 冲压设备工作部分有良好的导向机构，以保障冲压的工件有高的精度。

1.4.2 冲压设备的种类

根据产生与传递压力的机理来分类，可分为：以机械机构传递压力的，称为机械压力机；使用液体传递压力的，称为液压机；使用气体传递压力的，称为气动压力机；以电磁力做功的，称为电磁压力机。生产中常用的有机械压力机和液压机两大类。机械压力机分为曲柄压力机、螺旋压力机、摩擦压力机等。下面介绍常用的两类冲压设备，并以通用曲柄压力机为主，也适当介绍拉深压力机。

1.4.3 机械压力机

机械压力机有多种，常用的有曲柄压力机、螺旋压力机和摩擦压力机。其中，曲柄压力机是冲压生产中应用最广泛的一种机械压力机。

（1）曲柄压力机

① 曲柄压力机的分类 在生产中，为了适应不同的工艺要求，会采用各种不同类型的曲柄压力机，这些压力机都具有自己的独特结构型式及作用特点，通常可根据曲柄压力机的工艺用途及结构特点进行分类。按工艺用途不同，曲柄压力机可分为通用压力机和专用压力

机两大类。按机身的结构型式不同，曲柄压力机可分为开式压力机和闭式压力机；开式压力机按照工作台的结构特点又可分为可倾台式压力机、固定台式压力机和升降台式压力机。按运动滑块的个数，曲柄压力机可分为单动、双动和三动压力机。按与滑块相连的曲柄连杆数，曲柄压力机可分为单点、双点和四点压力机。按传动机构的位置分，曲柄压力机又分为上传动式和下传动式两类。

② 曲柄压力机的结构及工作原理　尽管曲柄压力机有各种类型，但其工作原理和基本组成是相同的，曲柄压力机习惯称之为冲床。图1-3所示为可倾式曲柄压力机的外形图，图1-4所示为其工作原理图。电动机1通过带轮2、3及大、小齿轮带动曲轴7旋转，曲轴通过连杆带动滑块10沿导轨做上下往复运动，从而带动模具实施冲压。模具安装在滑块与工作台之间。

曲柄压力机结构包括工作机构、传动机构、操作机构、支承机构和辅助机构等。

a. 工作机构。工作机构主要由曲轴7、连杆9和滑块10组成。其作用是将电动主轴的旋转运动变为滑块的往复直线运动。滑块底平面中心设有模具安装孔，大型压力机滑块底面还设有T形槽，用来安装和压紧模具，滑块中还设有退料装置（如图1-3中所示横梁），用于在滑块回程时将工件或废料从模具退出。

b. 传动系统。传动系统由电动机1、小带轮2、大带轮3、小齿轮4和大齿轮5等组成。其作用是将电动机的运动和能量按照一定要求传给曲柄滑块机构。

c. 操作系统。操作系统包括空气分配系统、离合器、制动器、电气控制箱等。离合器是用来接通或断开大齿轮与曲轴间运动传递的机构，即控制滑块是否产生冲压动作，由操作者操纵。制动器可以确保离合器脱开时，滑块比较准确地停止在曲轴运动的上止点位置。

d. 支承部件。支承部件包括机身、工作台、拉紧螺栓等。

此外，压力机还具有气路和滑润等辅助系统，以及安全保护、气垫、顶料等附属装置。

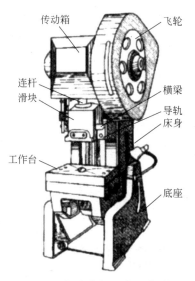

图1-3　可倾式曲柄压力机外形图

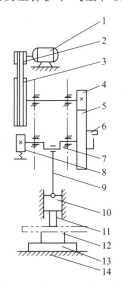

图1-4　曲柄压力机工作理

1—电动机；2—小带轮；3—大带轮；4—小齿轮；5—大齿轮；
6—离合器；7—曲轴；8—制动器；9—连杆；10—滑块；
11—上模；12—下模；13—垫板；14—工作台

③ 压力机的型号　压力机的型号用汉语拼音字母、英文字母和数字表示。例如，JA23-63B型号的意义如下：

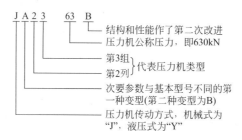

机械压力机列别、组别的划分如下：

1列：单柱偏心压力机。其中，1列1组为单柱固定台式压力机；1列2组为单柱活动式压力机。

2列：开式双柱压力机。其中，2列3组为开式双柱可倾式压力机。

3列：闭式曲柄压力机。其中，3列1组为闭式单点压力机；3列6组为闭式双点压力机；3列9组为闭式四点压力机。

4列：拉深压力机。其中，4列3组为开式双动拉深压力机；4列4组为底传动双柱拉深压力机；4列5组为闭式上传动双动拉深压力机。

5列：摩擦压力机。其中，5列3组为双盘摩擦压力机。

④ 曲柄压力机的基本技术参数 曲柄压力机的基本技术参数用于表示压力机的工艺性能和应用范围，是选用压力机和设计模具的主要依据。压力机的主要技术参数如下：

a. 公称压力 F_p(N)。压力机滑块的压力 P 在全行程中不是一个常数，而是随着曲轴转角口的变化而变化的，如图1-5所示。压力机的公称压力是指滑块离下止点前某一特定距离，或曲轴转角离下止点前某一角度时所产生的最大压力（即 $F_p = P_{max}$），这个角度称为工作角（曲柄压力机一般为25°～30°）。对应工作角滑块运动的那一段距离称为公称压力行程。公称压力应与模具设计所需的总压力相适应，它是选择压力机的主要依据。

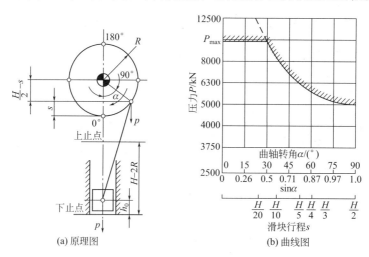

图1-5 曲柄压力机的许用负荷

b. 滑块行程 s。滑块行程是指滑块上、下止点间的距离。对于曲柄压力机，其值等于曲柄长度的两倍（即 $s = 2R$），如图1-5所示。滑块行程 s 与加工制件的最大高度有关，应能保证制件的放入与取出。对于拉深件，为方便安放毛坯和取出制件，滑块行程要大于制件高度 h_0 的2倍以上（见图1-6），一般要求 $s \geq (2.3 \sim 2.5)h_0$。

c. 滑块行程次数。滑块行程次数是指滑块空载时，每分钟上下往复运动的次数。有负

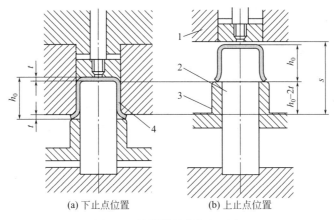

(a) 下止点位置　　(b) 上止点位置

图 1-6　拉深模具的行程示意

1—凹模；2—凸模；3—压边圈；4—工件

载时，实际滑块行程次数小于空载次数。对于自动送料曲柄压力机，滑块行程次数越高，生产效率越高。

d. 装模高度。压力机装模高度是指压力机滑块处于下止点位置时，滑块下表面到工作台上表面的距离。当装模高度调节装置将滑块调整到最上位置时（即当连杆调至最短时），装模高度达到最大值，称为最大装模高度，用 H_{max} 表示。反之，即为最小装模高度，用 H_{min} 表示。装模高度调节装置所能调节的距离，称为装模高度调节量。模具的闭合高度一般应在压力机的最小装模高度和最大装模高度之间，如图 1-7 所示。

e. 工作台尺寸和滑块底面尺寸。压力机工作台面尺寸应大于冲模的相应尺寸 a_1b_1。一般情况下，工作台面尺寸应大于下模座尺寸 50～70mm，为固定下模留下足够的空间；上模座的平面尺寸一般不应该超过滑块底面尺寸 $a×b$。

f. 模柄孔和漏料孔尺寸。如图 1-7 所示，模柄直径应略小于滑块内模柄安装孔的直径 D，模柄的长度应小于模柄孔的深度。在自然漏料的模具中，要考虑工作台面上的漏料孔直径 D，尺寸应能保证漏料。

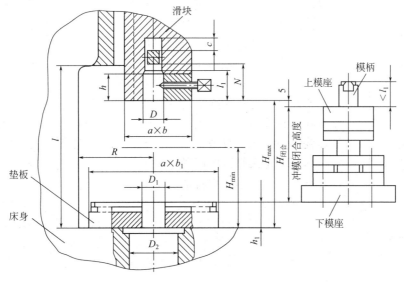

图 1-7　冲模与压力机尺寸的关系

表1-5所示为开式可倾式曲柄压力机的主要技术参数。

表1-5　开式可倾式曲柄压力机的主要技术参数

型号		J23-6.3	J23-16	J23-25	J23-40	J23-63	J23-80	J23-100	J23-125
公称压力/kN		63	160	250	400	630	800	1000	1250
公称力行程/mm		3.5	5	6	7	8	9	10	11
滑块行程/mm		50	70	80	100	120	130	140	150
行程次数/(次/min)		160	115	100	80	70	60	60	50
最大装模高度（封闭高度）/mm		170	220	250	300	360	380	400	430
封闭高度调节量/mm		40	60	70	80	90	100	110	120
滑块中心到床身距离（喉口深度）/mm		110	160	190	220	260	290	320	350
滑块底面尺寸/mm	左右	140	200	250	300	300	430	540	540
	前后	120	180	220	260	260	360	480	480
工作台面尺寸/mm	左右	315	450	560	630	710	800	900	970
	前后	200	300	360	420	480	540	600	650
落料孔直径/mm		60	100	120	150	150	200	220	280
立柱间距离/mm		150	220	260	300	340	380	420	460
模柄孔尺寸（直径×深度）/mm		030×50	050×70	050×70	050×70	050×70	060×75	060×75	070×80
工作台板厚度/mm		40	60	70	80	90	100	110	120
电动机功率/kW		0.75	1.5	2.2	5.5	5.5	7.5	11	11

（2）螺旋压力机

① 惯性螺旋压力机的工作原理　螺旋压力机是采用螺旋副做工作机构的锻压机械。下面以惯性螺旋压力机为例说明螺旋压力机的工作原理。惯性螺旋压力机结构如图1-8所示。惯性螺旋压力机的共同特征是采用了一个惯性飞轮。其工作原理是：打击前，传动系统输送的能量以动能形式暂时存放在打击部分（包括飞轮和直线运动部分质量），飞轮处于惯性运动状态；打击过程中，飞轮的惯性力矩经螺旋副转化成打击力使毛坯产生变形，对毛坯做变形功，打击部件受到毛坯的变形抗力作用，速度下降，释放动能，直到动能全部释放停止运动，打击过程结束。惯性螺旋压力机每次打击，都需要重新积累动能，打击后所积累的动能完全释放。每次打击的能量是固定的，工作特性与锤相近，这是惯性螺旋压力机的基本工作特征。

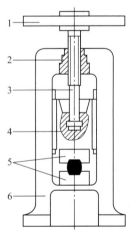

图1-8　惯性螺旋
压力机结构
1—惯性飞轮；2—螺母；
3—螺杆；4—滑块；
5—上、下模；6—机身

② 螺旋压力机的特性。

a. 工艺适应性好，模锻同样的工件可以选用公称压力比热模锻压力机小25%～50%的螺旋压力机。大多数螺旋压力机的允许压力为公称压力的1.6倍，如果有摩擦超载保险装置，允许在这个压力下长期工作。

b. 螺旋压力机的滑块位移不受运动学上的限制，因此终锻可以一直进行到模具靠合为止，压力机和模具的弹性变形可由螺杆的附加转角自动补偿，锻件在垂直方向上的尺寸精度比在热模锻曲柄压力机上模锻高 1～2 级。

c. 模具容易安装调整，不需要调整封闭高度或导轨间隙。

d. 螺旋压力机滑块的最大线速度为 0.6～1.5m/s，最适合各种钢和合金的模锻，模具所受应力小。

③ 螺旋压力机的分类和参数表示　螺旋压力机按照传动原理可分为惯性螺旋压力机和高能螺旋压力机。

其中，惯性螺旋压力机按动力形式又可分为摩擦压力机、电动螺旋压力机、液压螺旋压力机、复合传动螺旋压力机。

螺旋压力机用文字和数字表示型号，用公称压力表示规格。例如，J53-400 表示 4MN 双盘摩擦压力机。某些国外公司采用螺杆大径表示规格，如哈森公司生产的 HSPRZ-630 型，螺杆直径为 630mm。

（3）摩擦压力机

采用摩擦传动机构传动的螺旋压力机称摩擦螺旋压力机。通过螺杆相对于螺母旋转来带动滑块沿导轨做上下往复运动。螺杆的旋转力矩是靠飞轮与摩擦盘之间的摩擦力获得的。

① 摩擦压力机的结构　图 1-9 所示为 J53 型双盘摩擦压力机的结构外形图。图 1-10 所示为摩擦压力机的结构。它主要由传动部分、工作部分、机身、辅助装置等组成。其中，传动部分主要包括皮带、皮带轮、左右摩擦盘、传动轴等；工作部分主要包括飞轮、螺杆、螺母和滑块等；机身主要包括床身、横梁、左右支臂等；辅助装置主要包括制动装置、安全装置等。

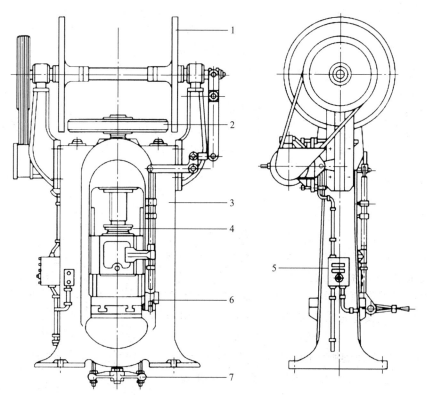

图 1-9　J53 型双盘摩擦螺旋压力机结构外形简图

1—横轴部件；2—飞轮；3—机身；4—制动器；5—电气系统；6—控制系统；7—顶出器

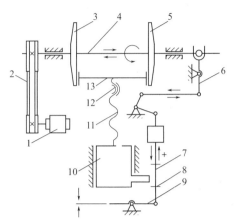

图 1-10　摩擦压力机的结构

1—电动机；2—皮带；3,5—摩擦盘；
4—传动轴；6,7—连杆；8—挡块；9—手柄；
10—滑块；11—螺杆；12—螺母；13—飞轮

② 摩擦压力机的特点　摩擦压力机是靠积蓄于飞轮的能量进行工作的，可通过多次打击实现其功能，这一点与锻锤的工作特性相同；摩擦压力机为螺旋副传动，因而会在滑块和工作台之间产生巨大的压力，并形成封闭的力系，这一点与压力机的工作特性相同。摩擦压力机兼有锻锤和压力机的双重工作特性，具有良好的工艺适应性，既可以进行冲裁、弯曲、校平等冲压工艺，又可以用来进行热模锻和挤压等锻造工艺。

摩擦压力机的另一特点是滑块行程不是固定的，即没有固定的下止点。当工作超负荷时，只会引起飞轮与摩擦盘之间的滑动，而不会折断机件。此外，摩擦压力机结构简单、成本低、安装调整方便、操作简单、维修简便。它的缺点是生产率不高、传动效率较低、抗偏载能力差。

*（4）数控步冲压力机

数控步冲压力机是利用数控技术对板料进行冲孔和步冲的压力机。被冲制的板料固定在工作台上，按规定的程序做左右和前后移动及定位，模具安装在压力机转塔内自动调换或安装在模具配接器中手工快速调换，采用单次冲裁方式或步冲冲裁方式冲出不同形状和尺寸的孔及零件。其主要特点如下：

① 运动精度和可靠性较高　数控步冲压力机采用高精度的滚珠丝杠和滚动导轨结构，使其具有较高的运动精度和可靠性。压力机上下转盘中装有多副模具，以供加工时自行选用。压力机采用了数控系统，使冲压工作能自动完成。数控压力机的冲压方式与普通压力机的冲压方式有较大的差异，冲压件精度高。定位精度一般在 $\pm 0.15nm$ 以内，最高可达 $\pm 0.05 \sim 0.07mm$。

② 生产率高　与普通冲孔相比，可提高生产率 4～10 倍，尤其对单件、小批量生产可提高生产率 20～30 倍，所以很适合多品种、中小批量或单件的生产；生产准备周期短，且可减少模具设计与制造费用；工人劳动强度低，同时可节省生产的占地面积。

1.4.4　液压机

（1）液压机的工作原理

液压机是根据静态下密闭容器中液体压力等值传递的帕斯卡原理制成的，是一种利用液体的压力来传递能量以完成各种压力加工工艺的机器。

液压机的工作原理如图 1-11 所示。两个充满工作液体的具有柱塞或活塞的容腔由管道连接，件 1 相当于泵的柱塞，件 2 则相当于液压机的柱塞。小柱塞 1 在外力 F_1 的作用下使容腔内的液体产生压力 $p = F_1 / A_1$（A_1 为小柱塞 1 的面积），该压力经管道传递到大柱塞 2 的底面上。根据帕斯卡原理，在密闭容器中液体压力在各个方向上到处相等，因此，大柱塞 2 上将产生向上的作用力 F_2，使毛坯 3 产生变形，即

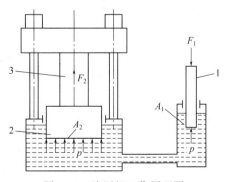

图 1-11　液压机工作原理图

1—小柱塞；2—大柱塞；3—毛坯

$$F_2 = pA_2 = F_1 \frac{A_2}{A_1} \qquad\qquad (1\text{-}1)$$

式中，A_1 为小柱塞 1 的工作面积；A_2 为大柱塞 2 的工作面积。

由于 $A_2 \gg A_1$，显然，$F_2 \gg F_1$。这就是说，液压机能利用小柱塞上较小的作用力 F_1 在大柱塞上产生很大的作用力 F_2。由式（1-1）还可看出，液压机能产生的总压力取决于工作柱塞面积和液体压力的大小。因此，要想获得较大的总压力，只需增大工作柱塞面积或提高液体压力即可。

（2）液压机的类型

液压机、锻压机械，在锻压机械标准 ZB—J62030—1990 中属于第二类，类别代号为"Y"。液压机按其用途分为 10 个组别，与冲压加工有关的液压机主要有：

① 冲压液压机（2 组）　用于各种薄板及厚板冲压，其中有单动、双动及橡皮模冲压等。

② 校正、压装用液压机（4 组）　用于零件校形及装配。

③ 其他液压机（9 组）　用于冲孔、拔伸、轮轴压装等。

（3）液压机的特点与应用

① 液压机的特点　液压机与机械压力机相比有如下特点：

a. 容易获得很大压力。由于液压机采用液压传动静压工作，动力设备可以分别布置，并且可以多缸联合工作，因而可以制造很大吨位的液压机，如公称压力达 700000kN 的模锻水压机。而机械式压力机受到零部件的强度限制，不易制造出很大的吨位。

b. 容易获得很大的工作行程，并能在行程的任意位置发挥全压。液压机的名义压力与行程无关，而且可以在行程中的任何位置上停止和返回。这样，对要求工作行程大的工艺（如深拉深）以及模具安装或发生故障时进行排除等都十分方便。

c. 容易获得大的工作空间。因为液压机没有庞大的机械传动机构，而且工作缸可以任意布置，所以工作空间较大。

d. 压力与速度可以在较大范围内方便地进行无级调节，而且可按工艺要求在某一行程做长时间的保压。另外，液压机还便于调速和防止过载。

e. 液压元件已通用化、标准化、系列化，给液压机设计、制造和维修带来了很多便利，并且液压机操作方便，便于实现遥控与自动化。

f. 由于采用高压液体作为工作介质，因而对液压元件精度要求较高，结构较复杂，机器的调整维修比较困难；而且高压液体的泄漏还难免发生，不但污染工作环境，浪费压力油，对于热加工场所还有引起火灾的危险。

g. 液压流动时存在压力损失，因而效率较低，且运动速度慢，降低了生产率，所以对于快速小型的液压机，不如曲柄压力机简单灵活。

② 液压机的用途　液压机具有压力和速度可在较大范围内无级调节、动作灵活、各执行机构动作可方便地达到所希望的配合关系等优点。同时液压元件的通用化和标准化，也给其设计、制造和使用带来了方便。在各种薄板及厚板冲压、锻压、冶金、机加工、交通运输、航空航天等行业应用广泛。

（4）液压机主要技术参数

技术参数是液压机的主要技术数据，它反映了液压机的工艺能力和特点、可加工零件的尺寸范围等指标，也反映了液压机的外形轮廓尺寸、本体质量等内容，是选用或选购液压机的主要依据。在选用时，必须使所选设备能满足工艺所需的各种要求，并尽可能避免"大马拉小车"的现象，以免造成能量浪费和设备的不合理使用。在选购时，则应以在该设备上进行的主要工艺为依据，结合使用条件、投资情况及制造厂的情况，并参考国内外现有的同类设备的参数及使用效果来决定。

不同工艺用途的液压机，其技术参数指标往往有较大的不同，但主要技术参数的内容是基本一致的。液压机主要有以下技术参数：

① 标称压力（kN） 液压机的标称压力（也叫标称吨位）是指设备名义上能产生的最大力量。标称压力在数值上等于液压机液压系统的额定液体压力与工作柱塞（或活塞）的总面积之乘积（取整数），它反映了液压机的主要工作能力，是液压机的主参数。其他技术参数叫基本技术参数。

我国液压机的标称压力标准采用公比为 $\sqrt[5]{10}$ 和 $\sqrt[10]{10}$ 的系列，如 3150kN、4000kN、5000kN、6300kN、8000kN、10000kN 等。为了充分利用设备和节约能源，大、中型液压机中常将标称压力分为二到三级，以扩大液压机的工艺范围；对泵直接传动的液压机和小型液压机不进行压力分级，但可通过调节系统溢流阀的设定压力来降低设备所能发出的最大吨位，这对一些要求限制设备施加压力的工艺和保护模具非常有利。另一方面，液压机可在其全行程上以标称压力进行加载，且不会产生超载，这一点与机械压力机是不同的。

在选用时，必须保证工艺所需的最大压力小于液压机的标称压力，并应留出一定的安全余量。如果要利用液压机进行冲裁类工艺且设备上未装备缓冲装置，则应注意最大冲裁力不得超过液压机标称压力的 60%，且加工尽量在靠近上死点处进行，以防材料被冲断时产生强烈的振动而损坏设备或模具。

② 最大净空距离 H（mm） 最大净空距离也叫开口高度，是指活动横梁在其上限位置时从工作台上表面到活动横梁下表面的垂直距离。对双动拉深液压机则分为拉深梁开口高度和压边梁开口高度（见图 1-12）。

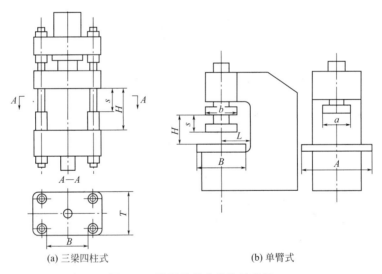

（a）三梁四柱式　　　　　　　　　（b）单臂式

图 1-12　液压机技术参数示意图

③ 最大行程 s　活动横梁能够移动的最大距离。

④ 工作台尺寸（长×宽）　工作台面上可以利用的有效尺寸，如图 1-12 中的 B 与 T 所示。

⑤ 回程力　由活塞缸下腔工作或单独设置的回程缸来实现。

⑥ 活动横梁运动速度（滑块速度）　可分为工作行程速度、空行程速度及回程速度。工作行程速度由工艺要求来确定。空行程速度及回程速度可以高一些，以提高生产率。

1.4.5　冲压设备的选择

冲压设备要根据冲压工艺的性质、生产批量的大小、冲压件的几何尺寸和精度要求等来选择。曲柄压力机适用于落料模、冲孔模、弯曲模和拉深模。C 形床身的开式曲柄压力机具有操作方便及容易安装机构化附属设备等优点，适用于中小型冲模。闭式机身的曲柄压力机刚度较好、精度较高，适用于大中型或精度要求较高的冲模。

中小型冲裁件、弯曲件和拉深件的生产，可以采用开式机械压力机。开式压力机操作方便，容易安装机械化附属装置，为目前中小型冲压设备的主要形式。

大中型冲压件的生产，可以采用闭式机械压力机。有通用压力机，也有专用压力机。在大型拉深件的生产中，应尽量选用双动拉深压力机。

液压压力机适用于小批生产大型厚板的弯曲模、拉深模、成型模和校平模。它不会因为板料厚度超差而过载，特别对于行程较大的加工，具有明显的优点。

摩擦压力机适用于中小型件的校正模、压印模和成型模。生产率比曲柄压力机低。

双动压力机适用于大量生产大型、较复杂拉深件的拉深模。

多工位压力机适用于同时安装落料、冲孔、压花、弯曲、拉深、切边等多副模具，不宜用于连续模。它适用于不宜用连续模生产的大批量成型冲件。

小批量生产中，尤其是大型厚板冲压件的生产，可以采用液压机。液压机没有固定的行程，不会因为板料变厚而超载，而且在需要很大的施力行程时，相对于机械压力机具有明显的优势。

小批量弯曲、拉深等冲压生产中，可以采用摩擦压力机。摩擦压力机具有结构简单、成本低、不易发生超负荷损坏等特点。

大批量生产或者形状复杂工具的大量生产中，尽量选用高速压力机或多工位自动压力机。

本章小结

本章对冲压工艺的基础知识进行了较为详细的阐述，包括冲压模具的概念、冲压成型工艺的分类与特点、板料的冲压性能及冲压设备。

介绍了冲压成型的概念以及冲压工序的分类和特点。

介绍了常用的冲压金属板材和非金属板材的冲压性能。

冲压设备主要介绍了机械压力机和液压机，对机械压力机中最常用的曲柄压力机的基本结构和主要技术参数，做了较详细地说明，并对冲压设备选用原则进行了说明。

思考与练习题

1-1　什么是冲压加工？冲压加工与其他加工方法相比有何特点？

1-2　冷冲压工艺方法如何分类？各自的变形特点是什么？

1-3　对冷冲压所用的材料有哪些基本要求？常用的冲压材料有哪些种类？

1-4　曲柄压力机由几部分组成？各部分的作用是什么？其型号如何表示？

1-5　曲柄压力机的主要技术参数有哪些？

1-6　液压机的主要技术参数有哪些？

1-7　什么是压力机的闭合高度？什么是压力机的装模高度？什么是模具闭合高度？模具闭合高度与压力机装模高度之间的关系是什么？

1-8　如何选择压力机？

1-9　查阅资料，试述冲压模具技术的现状和发展趋势如何。

1-10　题 1-10 图所示为不同类型压力机的实物图片，试查阅相关资料，确定这几种压力机的类型，各有什么特点，一般用于哪些方面，并指出主要结构组成。

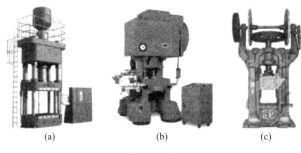

(a)　　　　　　　　(b)　　　　　　　　(c)

题 1-10 图

第 **2** 章

冲裁工艺与冲裁模设计

冲裁加工是冲压加工中的基本工序，如图 2-1 所示的各种常用工具和电动机硅钢片就是经冲裁加工而成的。这些工具的共同特点是：平板类零件、形状比较简单、使用量大、生产批量大。

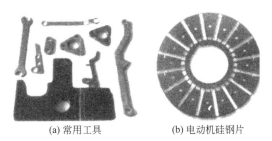

(a) 常用工具　　　　(b) 电动机硅钢片

图 2-1　冲裁加工制品图

冲裁是冲压生产中应用较为广泛的一种工艺。冲裁时所使用的模具称为冲裁模。

本章是冷冲压工艺与模具设计的基础，是重点研究的问题。

2.1　冲裁工艺设计基础

2.1.1　冲裁工艺

（1）冲裁工艺概念

冲裁是指利用装在压力机上的模具使板料沿着一定的轮廓形状产生分离的一种冲压工艺。它可以直接冲出所需形状的零件，也可为其他工序制备毛坯（如弯曲、拉深等工序）。冲裁主要有冲孔、落料、切边、切口等工序。冲裁工艺分为普通冲裁和精密冲裁两大类。这里只介绍普通冲裁。

（2）冲裁工序分类

冲裁工序的种类很多，常用的有切断、落料、冲孔、切边、切口、剖切等。其中，落料和冲孔应用最多，落料是沿工件的外形封闭轮廓线冲切，冲下部分为工件；冲孔是沿工件的内形封闭轮廓线冲切，冲下部分为废料。落料与冲孔的变形性质完全相同，但在进行模具设计时，模具尺寸的确定方法不同，因此，工艺上必须作为两个工序加以区分。冲裁工艺是冲压生产的主要方法之一，主要有以下用途：

① 直接冲出成品零件。

② 为弯曲、拉深、成型等其他工序备料。

③ 对已成型的工件进行再加工，如切边，切舌，拉深件、弯曲件上的冲孔等。

板料经过冲裁以后，分为冲落部分和带孔部分，如图 2-2 所示。从板料上冲下所需形状的零件（毛坯）叫落料；在工件上冲出所需形状的孔叫冲孔（冲去部分为废料）。如图 2-3 所示为垫片冲裁件，冲制外型属于落料；冲制内型属于冲孔。

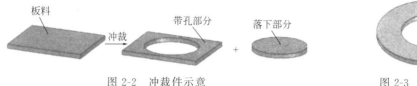

图 2-2　冲裁件示意　　　　　　　　　　　图 2-3　垫片冲裁件

根据变形机理的不同，冲裁可分为普通冲裁和精密冲裁。通常所说的冲裁是普通冲裁；精密冲裁断面较光洁，精度较高，但需专门的精冲设备与模具。

2.1.2　冲裁模

图 2-4 所示的是冲裁模典型结构与模具总体尺寸关系图。

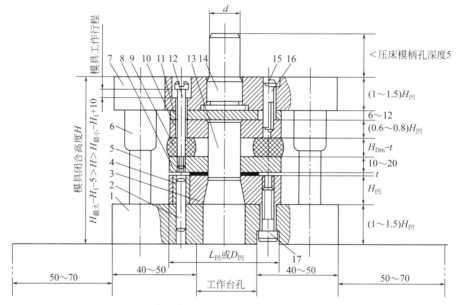

图 2-4　冲裁模典型结构与模具总体尺寸关系图

1—下模座；2,15—销钉；3—凹模；4—套；5—导柱；6—导套；7—上模座；8—卸料板；9—橡胶；
10—凸模固定板；11—垫板；12—卸料螺钉；13—凸模；14—模柄；16,17—螺钉

2.2　冲裁变形过程及断面特征

2.2.1　冲裁变形过程

在冲裁过程中，冲裁模的凸、凹模组成上下刃口，在压力机的作用下，凸模逐渐下降，接触被冲压材料并对其加压，使材料发生变形直至产生分离。板料的冲裁是瞬间完成的。当模具间隙正常时，整个冲裁变形分离过程大致可分为 3 个阶段，如图 2-5 所示。

① 弹性变形阶段　当凸模开始接触板料并下压时，凸模与凹模刃口周围的板料产生应力集中现象，使材料产生弹性压缩、弯曲、拉深等复杂的变形，如图 2-5（a）所示，板料略有挤入凹模洞口现象；此时，凸模下的材料略有弯曲，凹模上的材料则向上翘。间隙越大，弯曲和上翘越严重。凸模继续压入，直到材料内的应力达到弹性极限。

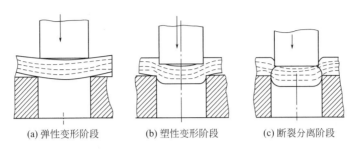

(a) 弹性变形阶段　　　(b) 塑性变形阶段　　　(c) 断裂分离阶段

图 2-5　冲裁时板料的变形过程

② 塑性变形阶段　当凸模继续下压，材料内的应力达到屈服点时，材料进入塑性变形阶段。凸模切入板料上部，同时板料下部挤入凹模洞口，如图 2-5（b）所示。在板料剪切面的边缘，由于弯曲、拉伸等作用形成圆角，同时由于塑性剪切变形，在切断面上形成一小段光亮且与板面垂直的直边。随着凸模挤入板料深度的增大，塑性变形程度增大，变形区材料硬化加剧，冲裁变形抗力不断增大，直到刃口附近侧面的材料由于拉应力的作用出现微裂纹时，塑性变形阶段结束。此时，冲裁变形抗力达到最大值。由于凸、凹模间存在间隙，故在这个阶段中，板料还伴随着弯曲和拉伸变形，间隙越大，弯曲和拉伸变形也越大。

③ 断裂分离阶段　当板料的应力达到强度极限后，凸模继续下压，凹模刃口附近的侧面材料内产生裂纹，紧接着凸模刃口附近的侧面材料产生裂纹，如图 2-5（c）所示。已形成的上下微裂纹随凸模继续压入不断向材料内部扩展，当上下裂纹会合时，板料便被剪断分离。随后，凸模将分离的材料推入凹模洞口。

由上述冲裁变形过程分析可知，冲裁过程的变形是很复杂的，除了剪切变形外，还存在拉深、弯曲和横向挤压等变形，所以冲裁件及废料的平面不平整，常有翘曲现象。

2.2.2　冲裁件的断面特征

在正常冲裁工作条件下，在凸模刃口产生的剪切裂纹与在凹模刃口产生的剪切裂纹是相互会合的，这时可得到如图 2-6 所示的冲裁件断面，它具有如下 4 个特征区：

① 塌角（圆角）区　该区域是由于凸模刃口压入材料时，刃口附近的材料产生弯曲和伸长变形，材料被拉入凸凹模间隙形成的。冲孔工序中，塌角位于孔断面的小端；落料工序中，塌角位于工件断面的大端。板料的塑性越好，凸、凹模之间的间隙越大，形成的塌角也越大。

② 光亮带　该区域发生在塑性变形阶段。当刃口切入板料后，板料与凸、凹模刃口的侧表面挤压而形成光亮垂直的断面，通常占全断面的 $1/3 \sim 1/2$。冲孔工序中，光亮带位于孔断面的小端；落料工序中，光亮带位于零件断面的大端。板料塑性越好，凸、凹模之间的间隙越小，光亮带的宽度越宽。光亮带通常是测量带面，影响着制件的尺寸精度。

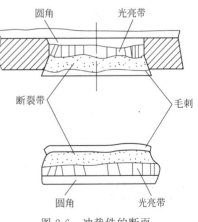

图 2-6　冲裁件的断面

③ 断裂带 该区域是在断裂阶段形成的。断裂带紧挨着光亮带，是由刃口附近的微裂纹在拉应力作用下不断扩展而形成的撕裂面。断裂带表面粗糙，并带有 4°～6°的斜角。在冲孔工序中，断裂位于孔断面的大端；在落料工序中，断裂位于零件断面的小端。凸、凹模之间的间隙越大，断裂带越宽且斜角越大。

④ 毛刺 在塑性变形阶段后期，凸模和凹模的刃口切入被加工板料一定深度时，刃口正面材料被压缩，刃尖部分是高静压应力状态，裂纹的起点不会在刃尖处发生，而是在模具侧面距刃尖不远的地方发生，因此，在拉应力的作用下，裂纹加长，材料断裂产生毛刺，裂纹的产生点和刃口尖的距离为毛刺的高度。在普通冲裁中，毛刺是不可避免的。

影响冲裁件断面质量的因素很多，其中影响最大的是凸、凹模之间的冲裁间隙。在具有合理间隙的冲裁条件下，所得到的冲裁件断面塌角较小，有正常的光亮带，其断裂带虽然粗糙，但比较平坦，斜度较小，毛刺也不明显。

2.2.3 冲裁件的工艺性分析

冲裁件的工艺性是指冲裁件对冲压工艺的适应性。冲裁件的形状、尺寸大小、精度要求和材料性能等是否符合冲裁加工的工艺要求，对冲裁件的质量、模具寿命等都有很大的影响。其中，冲裁件的形状尺寸和精度要求是影响较大的两个方面。简单地说，在满足工件使用要求的前提下，以最方便、最经济的方法加工出高质量的工件即冲裁工艺性好。

（1）形状尺寸的工艺性

冲裁件形状尺寸的工艺性主要应满足以下几点要求：

① 冲裁件形状应尽可能简单、规则 这样有利于材料的合理利用。

② 冲裁件轮廓连接处应以圆弧过渡，尽量避免尖锐的转角 这样可防止热处理时在尖角处应力集中而开裂，同时，可以防止模具在尖角处的刃口磨损，延长模具的寿命。圆角半径 R 的最小值见表 2-1。

表 2-1 冲裁件圆角半径 R 的最小值

材料	落料		冲孔	
	圆角 $R \geqslant 90°$	圆角 $R < 90°$	圆角 $R \geqslant 90°$	圆角 $R < 90°$
低碳钢	$0.30t$	$0.50t$	$0.35t$	$0.60t$
黄铜、铝	$0.24t$	$0.35t$	$0.20t$	$0.45t$
高碳钢、合金钢	$0.45t$	$0.70t$	$0.50t$	$0.90t$

注：t 为板料厚度，单位为 mm。

③ 冲裁件应尽量避免窄长的凸出悬臂和凹槽 当悬臂和凹槽窄长时，不但增加了制造的难度，而且降低了模具的强度。凸出悬臂和凹槽的最小宽度 B 见表 2-2。

表 2-2 凸出悬臂和凹槽的最小宽度 B

材料	最小宽度 B
紫铜、铝	$(0.8～0.9)t$
黄铜、软钢	$(1.0～1.2)t$
高碳钢、合金钢	$(1.5～2.0)t$

注：t 为板料厚度，单位为 mm。

④ 冲裁件孔径不能太小，否则凸模的强度不够 其孔径的最小尺寸见表 2-3。

表 2-3　冲孔的最小尺寸

材料	圆形孔(直径 d)	方形孔(孔宽 b)	矩形孔(孔宽 b)	椭圆形孔(孔宽 b)
钢 $\tau>700\mathrm{MPa}$	$d\geq1.50t$	$b\geq1.35t$	$b\geq1.20t$	$b\geq1.10t$
钢 $\tau=400\sim700\mathrm{MPa}$	$d\geq1.30t$	$b\geq1.20t$	$b\geq1.00t$	$b\geq0.90t$
钢 $\tau<400\mathrm{MPa}$	$d\geq1.00t$	$b\geq0.90t$	$b\geq0.80t$	$b\geq0.70t$
黄铜、铜	$d\geq0.90t$	$b\geq0.80t$	$b\geq0.70t$	$b\geq0.60t$
锌、铝	$d\geq0.80t$	$b\geq0.70t$	$b\geq0.60t$	$b\geq0.50t$
纸胶板、布胶板	$d\geq0.70t$	$b\geq0.60t$	$b\geq0.50t$	$b\geq0.40t$
纸	$d\geq0.60t$	$b\geq0.50t$	$b\geq0.40t$	$b\geq0.30t$

注：t 为板料厚度，单位为 mm。

⑤ 冲裁件的孔到工件边缘的孔边距以及孔与孔之间的孔间距不能太小，否则凸模或凹模的壁厚就不能满足强度要求　如图 2-7 所示，一般要求孔边距和孔间距不小于 $1.5t$（t 为板料厚度）。

（2）精度和粗糙度要求的工艺性

普通冲裁件的外形尺寸精度一般不高于 IT11 级，最高可以达到 IT10～IT8 级。冲孔比落料的精度约高一级，一般落料件精度最好低于 IT10 级，冲孔件精度最好低于 IT9 级。非金属冲裁件外形的经济精度为 IT15～IT14 级。冲裁件断面的表面粗糙度 Ra 一般为 50～12.5μm，通过整修可以明显降低表面粗糙度。

2.2.4　冲裁工艺主要参数设计

冲裁件的尺寸精度以及断面质量主要受一些工艺参数的影响，这些参数是设计模具以及制定工艺的基础依据，因此，确定这些工艺参数是冲裁工艺以及冲裁模具设计的前提。这些参数主要包括冲裁间隙，凸、凹模刃口尺寸，冲裁力等。

（1）冲裁间隙的确定

冲裁间隙指凸模与凹模之间的间隙，通常指双边间隙，用 Z 表示。凸模与凹模每侧的间隙为单边间隙，用 $Z/2$ 表示，D 和 d 分别为凹模和凸模的刃口尺寸，如图 2-8 所示。在冲裁工艺中，冲裁间隙是最主要的工艺参数之一，间隙值的大小对冲裁件的尺寸精度、断面质量、冲裁力大小、模具寿命等都有很大的影响。

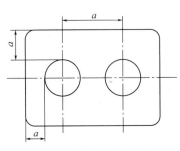

图 2-7　孔边距和孔间距

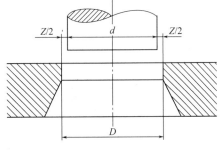

图 2-8　冲裁间隙

① 当间隙过小时，上下裂纹不能在一条线上重合，由凹模刃口处产生的裂纹向里延伸到凸模下方后停止发展；凸模继续下压，在上下裂纹中间将产生二次剪切现象，且产生较长的毛刺。当间隙过大时，材料的弯曲与拉伸增大，拉应力增大，材料易被撕裂，产生的毛刺厚且难以去除。

冲裁间隙对冲裁力也有很大的影响。一般冲裁间隙增大，则材料所受拉应力增大，工件容易断裂分离，从而使冲裁力减小；如果继续增大冲裁间隙，则产生的裂纹不重合，从而使冲裁力下降缓慢；冲裁间隙的增大也可以使卸料力、推件力和顶件力（从凸模上卸下紧箍材料的力称为卸料力；把落料件从凹模洞口顺着冲压方向推出去的力称为推件力；逆着冲裁方向将料顶出去的力称为顶件力）等减小，但若冲裁间隙继续增大，则毛刺会随之增大，从而又会引起卸料力、推件力和顶件力等增大。

② 确定冲裁间隙　确定合理冲裁间隙主要有理论确定法和经验确定法两种方法。

a. 理论确定法。理论确定法的主要依据是保证裂纹能重合成一条线。如图 2-9 所示为冲裁过程中开始产生裂纹的瞬时状态，由此图可得到合理冲裁间隙的理论值。其计算公式为

$$Z = 2t\left(1 - \frac{h_0}{t}\right)\tan\beta \tag{2-1}$$

式中，Z 为冲裁间隙，mm；t 为板料厚度，mm；h_0 为凸模挤入深度，mm；h_0/t 为相对挤入深度；β 为裂纹的方向角。

由式（2-1）可以看出，冲裁间隙 Z 与板料厚度 t、相对挤入深度 h_0/t、裂纹的方向角 β 有关，而 h_0 和 β 又与材料的性质有关。厚度越大，塑性越低的材料则所需冲裁间隙就越大；厚度越小，塑性越高的材料则所需冲裁间隙就越小。一些常用材料的相对挤入深度与裂纹的方向角见表 2-4。

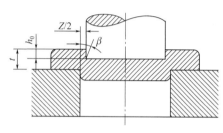

图 2-9　冲裁产生裂纹的瞬时状态

表 2-4　一些常用材料的相对挤入深度与裂纹的方向角

材料	h_0/t		β	
	退火	硬化	退火	硬化
软钢、紫铜、软黄铜	0.50	0.35	6°	
中硬钢、硬黄铜	0.30	0.20	5°	4°
硬钢、硬青铜	0.20	0.10	4°	4°

b. 经验确定法。在实际的生产中，利用理论计算的方法来确定冲裁间隙很不方便，目前广泛采用的是经验确定法。经验公式为

$$Z_{经} = K_Z \tag{2-2}$$

式中，K 为与材料有关的冲裁间隙系数。

一些常用材料的冲裁间隙系数 K 见表 2-5。

表 2-5　一些常用材料的冲裁间隙系数 K

材料 ＼ 材料厚度 t/mm	<1	1～2	2～3	3～5	5～7	7～10
软铝	0.04～0.06	0.05～0.07	0.06～0.08	0.07～0.09	0.09～0.10	0.09～0.11
紫铜、软钢（含碳量 0.08%～0.2%）	0.05～0.07	0.06～0.08	0.07～0.09	0.08～0.10	0.09～0.11	0.10～0.12
中硬钢（含碳量 0.3%～0.4%）	0.06～0.08	0.07～0.09	0.08～0.09	0.09～0.11	0.10～0.12	0.11～0.13
硬钢（含碳量 0.5%～0.6%）	0.07～0.09	0.08～0.10	0.09～0.10	0.10～0.12	0.11～0.13	0.12～0.14

（2）凸、凹模刃口尺寸的计算

冲裁工艺中，模具刃口尺寸精度是影响冲裁件尺寸精度的首要因素，合理的冲裁间隙值也是靠凸模与凹模刃口尺寸来保证和实现的。因此，刃口尺寸的计算是冲裁工艺中非常重要的内容。

① 刃口尺寸的计算原则　由于凸模与凹模之间存在间隙，使落下的料或冲出的孔都带有锥度。落料件的尺寸基本与凹模刃口尺寸一致，冲孔件孔的尺寸基本与凸模刃口尺寸一致。在测量与使用时，落料件以大端尺寸为基准，冲孔时孔径以小端尺寸为基准。在冲裁的过程中，凸模和凹模与工件或废料产生摩擦，使凸模越磨越小，而凹模越磨越大。鉴于以上几点，在确定凸模和凹模刃口尺寸及制造公差时，应该遵循下述的原则。

落料时，先确定凹模刃口尺寸，以凹模为基准，凹模刃口基本尺寸取接近于工件的最小极限尺寸。冲孔时，先确定凸模刃口尺寸，以凸模为基准，凸模刃口的基本尺寸取接近于工件的最大极限尺寸。

② 刃口尺寸的计算方法　由于模具的加工和测量方法不同，因此，刃口尺寸计算的方法也不相同，主要有以下两种：一种是凸模与凹模分开加工，分别标注出各自的基本尺寸及其公差；另一种是只有基准件标注出基本尺寸及其制造公差，落料时以凹模为基准，冲孔时以凸模为基准，而配作件只标注出基本尺寸而不标注制造公差。

a. 凸模与凹模分开加工。这种方法适用于圆形等形状简单的冲裁件，凸模与凹模具有置换性，制造周期短，便于成批制造。冲模刃口之间基本尺寸及公差分布如图 2-10 所示。

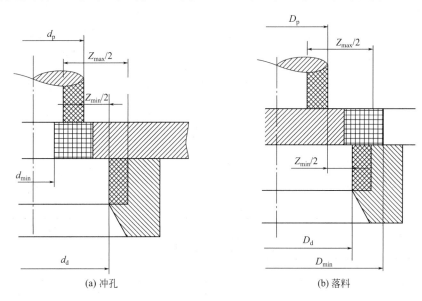

图 2-10　冲孔、落料时基本尺寸及公差分布
▨—凸、凹模制造公差；▦—工件公差

冲模刃口之间基本尺寸计算公式如下：

冲孔时

$$d_p = (d + x\Delta)_{-\delta_p}^{0} \tag{2-3}$$

落料时

$$d_d = (d + x\Delta + Z_{min})_{0}^{+\delta_d} \tag{2-4}$$

$$D_d = (D - x\Delta)_{0}^{+\delta_d} \tag{2-5}$$

$$D_p = (D - x\Delta - Z_{min})_{-\delta_p}^{0} \tag{2-6}$$

同时，为了保证一定的间隙，模具的制造公差必须满足以下的条件

$$| \delta_p | + | \delta_d | \leqslant Z_{max} - Z_{min} \tag{2-7}$$

式中，D_p、D_d 分别为落料时凸、凹模刃口基本尺寸，mm；d_p、d_d 分别为冲孔时凸、凹模刃口基本尺寸，mm；D、d 分别为落料件和冲孔件的基本尺寸，mm；Δ 为工件的制造公差，mm；Z_{max}、Z_{min} 为最大和最小合理间隙，mm，如冲裁件公差等级要求不高时，其间隙值见表 2-6；δ_p、δ_d 分别为凸、凹模的制造公差，见表 2-7；x 为刃口磨损系数，其常用值见表 2-8。

表 2-6　冲裁模初始间隙　　　　　单位：mm

材料厚度 t	T8、45、65Mn		Q235、青铜		08F、10F、紫铜		软铝		纸胶板、布胶板		纸、皮革	
	Z_{min}	Z_{max}	Z_{min}	Z_{max}	Z_{min}	Z_{max}	Z_{min}	Z_{max}	Z_{min}	Z_{max}	Z_{min}	Z_{max}
0.5	0.050	0.100	0.040	0.070	0.030	0.050	0.020	0.030	0.010	0.020	0.005	0.015
0.8	0.120	0.150	0.100	0.130	0.050	0.070	0.030	0.050	0.015	0.030	0.005	0.015
1.0	0.160	0.200	0.120	0.160	0.080	0.120	0.040	0.060	0.020	0.040	0.010	0.020
1.2	0.220	0.260	0.160	0.200	0.110	0.150	0.060	0.080	0.030	0.055	0.015	0.030
1.5	0.310	0.350	0.220	0.260	0.140	0.180	0.080	0.11 0	0.035	0.070	0.015	0.035
2.0	0.420	0.480	0.330	0.390	0.210	0.270	0.100	0.140	0.060	0.100	0.025	0.045
2.5	0.530	0.590	0.430	0.490	0.280	0.340	0.140	0.200	0.070	0.130	0.030	0.050
3.0	0.640	0.700	0.540	0.600	0.340	0.400	0.180	0.240	0.100	0.150	0.035	0.060
3.5	0.740	0.820	0.650	0.720	0.440	0.520	0.250	0.320	0.120	0.180	0.040	0.070
4.0	0.860	0.940	0.770	0.850	0.520	0.600	0.280	0.360	0.140	0.201		
4.5	0.980	1.060	0.880	0.960	0.650	0.730	0.320	0.410	0.160	0.212		
5.0	1.080	0.180	1.000	1.100	0.760	0.860	0.350	0.450	0.180	0.260		
6.0	1.300	1.400	1.230	1.330	0.980	1.080	0.500	0.600	0.240	0.320		
8.0	1.800	1.900	1.700	1.800	1.200	1.400	0.720	0.820	0.350	0.450		
10.0	2.300	2.500	2.200	2.400	1.700	1.800	0.900	1.000	0.480	0.580		

表 2-7　凸、凹模制造公差　　　　　单位：mm

基本尺寸 D，d	凸模偏差 δ_p	凹模偏差 δ_d
$\leqslant 18$	0.020	0.020
$18 \sim 30$	0.020	0.025
$30 \sim 80$	0.020	0.030
$80 \sim 120$	0.025	0.035
$120 \sim 180$	0.030	0.040
$180 \sim 260$	0.030	0.045
$260 \sim 360$	0.035	0.050
$360 \sim 500$	0.040	0.060
>500	0.050	0.070

表 2-8　刃口磨损系数

材料厚度 t/mm	工件制造公差 Δ/mm				
	非圆形			圆形	
<1	<0.16	0.16～0.36	>0.36	<0.16	>0.16
1～2	<0.20	0.20～0.42	>0.42	<0.20	>0.20
2～4	<0.24	0.24～0.50	>0.50	<0.24	>0.24
>4	<0.30	0.30～0.60	>0.60	<0.30	>0.30
刃口磨损系数 z	1	0.75	0.50	0.75	0.50

例 2-1　如图 2-11 所示的垫圈，材料为 Q235，厚度 $t =$ 3mm，试分别计算冲裁时凸、凹模的刃口尺寸及公差。

解　由图 2-11 可知，此工件为一般的落料、冲孔件。外圆由落料而成，内圆为冲孔而成。

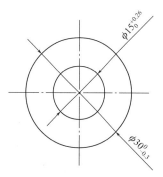

图 2-11　垫圈

落料时：

查表 2-6，得

$$Z_{min} = 0.540mm, \quad Z_{max} = 0.600mm$$

查表 2-7，得

$$\delta_p = 0.020mm, \quad \delta_d = 0.025mm$$

则由式（2-7）校核得

$$|\delta_d| + |\delta_p| = 0.045mm < Z_{max} - Z_{min} = (0.600 - 0.540)mm = 0.060mm$$

查表 2-8，得

$$x = 0.50$$

代入式（2-5）和式（2-6）中，得

$$D_d = (D - x\Delta)^{+\delta_d}_{0} = (30 - 0.50 \times 0.3)^{+0.025}_{0} mm = 29.85^{+0.025}_{0} mm$$

$$D_p = (D - x\Delta - Z_{min})^{0}_{-\delta_p} = (29.85 - 0.540)^{0}_{-0.020} mm = 29.31^{0}_{-0.020} mm$$

冲孔时：

查表 2-6，得

$$Z_{min} = 0.540mm, \quad Z_{max} = 0.600mm$$

查表 2-7，得

$$\delta_p = 0.020mm, \quad \delta_d = 0.020mm$$

则由式（2-7）校核得

$$|\delta_d| + |\delta_p| = 0.040mm < Z_{max} - Z_{min} = (0.600 - 0.540)mm = 0.060mm$$

查表 2-8，得

$$x = 0.50$$

代入式（2-3）和式（2-4）中，得

$$d_p = (d + x\Delta)^{0}_{-\delta_p} = (15 + 0.50 \times 0.26)^{0}_{-0.02} mm = 15.13^{0}_{-0.02} mm$$

$$d_d = (d + x\Delta + Z_{min})^{+\delta_d}_{0} = (15.13 + 0.540)^{+0.02}_{0} mm = 15.67^{+0.02}_{0} mm$$

b. 凸模与凹模配合加工。生产中，制造模具时广泛采用凸模与凹模配合加工的方法，即先按零件的尺寸和公差加工出冲孔凸模或落料凹模，然后以制出的模为基准件，配作冲孔凹模或者落料凸模。其计算公式如下：

冲孔时凸模

$$d_p = (d + x\Delta)^{0}_{-\delta_p} \tag{2-8}$$

落料时凹模

$$D_d = (D - x\Delta)^{+\delta_d}_0 \qquad (2\text{-}9)$$

式中，各物理量符号的说明与式（2-7）中相同。

对于形状复杂的冲裁工件，由于模具的工作部分在工作过程中磨损情况不一样，因此，其刃口尺寸应分别做具体分析，然后计算出尺寸。根据磨损后刃口尺寸的变化趋势，可以把尺寸分为3类：A类为磨损后尺寸变大；B类为磨损后尺寸变小；C类为磨损后尺寸不变。这3类尺寸的计算公式为

$$A = (A_{max} - x\Delta)^{+\frac{\Delta}{4}}_0 \qquad (2\text{-}10)$$

$$B = (B_{min} + x\Delta)^{0}_{-\frac{\Delta}{4}} \qquad (2\text{-}11)$$

$$C = \left(C_{min} + \frac{1}{2}\Delta\right) \pm \frac{\Delta}{8} \qquad (2\text{-}12)$$

式中，A_{max}为A类尺寸允许的最大尺寸，mm；B_{min}、C_{min}分别为B、C类尺寸允许的最小尺寸，mm。

例 2-2 加工如图 2-12 所示的工件，材料为 45 号钢，厚度 $t = 2$mm，试计算冲裁时凸、凹模的刃口尺寸及公差。

解 此工件为落料件，所以设计时以凹模为基准计算。当凹模刃口磨损后，图中的尺寸 A_1 和 A_2 将变大，B_1 将变小，C_1 的尺寸不变。分别计算如下。

查表 2-8，得尺寸 A_1 的 x 值为 0.75，其余尺寸 x 值均为 1，代入式（2-10）～式（2-12）中，得

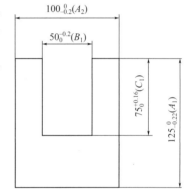

图 2-12 零件图

$$A_{1d} = (A_{1max} - x\Delta)^{+\frac{\Delta}{4}}_0 = (125 - 0.75 \times 0.22)^{+\frac{0.22}{4}}_0 \text{ mm}$$
$$= 124.835^{+0.055}_0 \text{ mm}$$

$$A_{2d} = (A_{2max} - x\Delta)^{+\frac{\Delta}{4}}_0 = (100 - 1 \times 0.2)^{+\frac{0.2}{4}}_0 \text{ mm}$$
$$= 99.8^{+0.05}_0 \text{ mm}$$

$$B_{1d} = (B_{1min} + x\Delta)^{0}_{-\frac{\Delta}{4}} = (50 + 1 \times 0.2)^{0}_{-\frac{0.2}{4}} \text{ mm} = 50.2^{0}_{-0.05} \text{ mm}$$

$$C_{1d} = \left(C_{1min} + \frac{1}{2}\Delta\right) \pm \frac{\Delta}{8} = \left(75 + \frac{1}{2} \times 0.16\right) \pm \frac{0.16}{8} \text{ mm} = 75.08 \pm 0.02 \text{ mm}$$

（3）冲裁力的计算

① 冲裁力的计算　冲裁力是选择压力机吨位和进行模具设计的基础。冲裁力的大小主要与材料的性质、厚度以及零件的展开长度有关。用普通平刃口冲裁模冲裁时，冲裁力的计算公式为

$$F_p = KLt\tau_b \qquad (2\text{-}13)$$

式中，F_p 为冲裁力，N；K 为修正系数，考虑到在生产中，受到模具刃口磨损、间隙值不均匀、板料厚度和性能改变等因素的影响，一般取 $K = 1.3$；L 为冲裁件周长，mm；t 为材料厚度，mm；τ_b 为材料的抗剪强度，MPa。

冲裁力也可近似地计算为

$$F_p = Lt\sigma_b \qquad (2\text{-}14)$$

式中，σ_b 为材料的抗拉强度，MPa。

② 卸料力、推件力和顶件力的计算　冲裁过程中由于材料的弹性变形及摩擦的存在，冲裁后带孔部分的材料会紧箍在凸模上，而冲下的部分材料会紧卡在凹模洞中。影响这些力的因素很多，如材料的种类、厚度、冲裁间隙和零件形状尺寸等。在生产中这3种力的计算

方法都是一样的，只是系数取值不同，一般都采用下面的经验公式来计算

$$F = KF_p \tag{2-15}$$

式中，F_p 为冲裁力，N；F 为卸料力、推件力或顶件力，N；K 为 3 种力相对应的系数，见表 2-9。

表 2-9　卸料力、推件力、顶件力系数

材料厚度 t/mm		K_x	K_T	K_D
钢	≤0.1	0.065～0.075	0.1	0.14
	0.1～0.5	0.045～0.055	0.63	0.08
	0.5～2.5	0.04～0.05	0.55	0.06
	2.5～6.5	0.03～0.04	0.45	0.05
	≥6.5	0.02～0.03	0.25	0.03
铝、铝合金		0.025～0.08	0.03～0.07	
紫铜、黄铜		0.02～0.06	0.03～0.09	

注：K_x 为卸料力系数；K_T 为推件力系数；K_D 为顶件力系数。

③ 总冲压力的计算　总冲压力的计算要根据模具的结构而定。几种常用的冲裁模总冲压力的计算公式如下：

a. 采用弹性卸料装置和下出料方式的冲裁模时

$$F_2 = F_p + F_x - F_1 \tag{2-16}$$

b. 采用弹性卸料装置和上出料方式的冲裁模时

$$F_2 = F_p + F_x - F_1 \tag{2-17}$$

c. 采用刚性卸料装置和下出料方式的冲裁模时

$$F_2 = F_p + F_x + F_D \tag{2-18}$$

或

$$F_2 = F_p + F_T \tag{2-19}$$

式中，F_2 为总的冲压力，N；F_p 为冲裁力，N；F_x 为卸料力，N；F_T 为推件力，N；F_D 为顶件力，N。

④ 压力中心计算　压力中心是指总冲压力的作用点。为了保证压力机和模具稳定工作、提高工件的质量以及提高模具的寿命，应尽量使模具的压力中心与压力机滑块的中心线重合。如两个中心不重合，则易造成滑块导轨和模具导向部分的非正常磨损，还会影响冲裁间隙的分布。

压力中心的确定主要有作图法和计算法两种方法。作图法是用匀质金属丝将冲裁件轮廓封闭，用细线沿一点悬挂冲裁件，并以悬挂点为起点做铅垂线，再选另一点用同样的方法做出一条铅垂线，则两条铅垂线的交点即为压力中心。计算法则的根据是力矩平衡原理，如图 2-13 所示，计算步骤如下：

a. 建立坐标系 XOY，一般可以取规则形状板料的轮廓线。

b. 画出所有的冲裁轮廓图，并标注出各轮廓图的重心坐标。

c. 根据力矩平衡原理，压力中心的计算公式为

$$X_0 = F_1 y_1 + F_1 y_2 + \cdots + F_n y_n \tag{2-20}$$

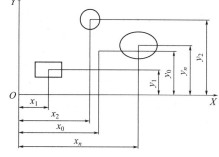

图 2-13　压力中心

即
$$X_0 = \frac{F_1 x_1 + F_1 x_2 + \cdots + F_n x_n}{F_0} \tag{2-21}$$

$$Y_0 = \frac{F_1 y_1 + F_1 y_2 + \cdots + F_n y_n}{F_0} \tag{2-22}$$

由于冲裁力与冲裁件的周长成比例，压力中心的计算公式为

$$X_0 = \frac{l_1 x_1 + l_2 x_2 + \cdots + l_n x_n}{l_1 + l_2 + \cdots + l_n} \tag{2-23}$$

$$Y_0 = \frac{l_1 y_1 + l_2 y_2 + \cdots + l_n y_n}{l_1 + l_2 + \cdots + l_n} \tag{2-24}$$

式中，x_0，y_0 为总的压力中心坐标；x_1，x_2，$\cdots$，x_n、y_1，y_2，$\cdots$，y_n 为各段压力中心坐标；F_1，F_2，$\cdots$，F_n 为各段的冲裁力；F_0 为总的冲裁力；l_1，l_2，$\cdots$，l_n 为各段周长。

（4）排样与搭边

排样是指冲裁件在板料、条料或带料上的布置方法。它对材料的利用率、工件的质量和模具寿命都有较大的影响。

① 排样分类　按照排样时废料的多少，排样可以分为有废料排样与少、无废料排样两大类。有废料排样方法的材料利用率相对要低，但冲裁件的质量好，而且能提高模具的寿命；少、无废料排样方法的材料利用率相对要高，但冲裁件的质量稍差，而且会影响模具的寿命。

按照工件在条料上的布置形式，排样又可以分为直排、斜排、对排、多行排与混合排等几类（见表2-10）。

表 2-10　排样分类

排样分类	有废料排样	少、无废料排样
直排	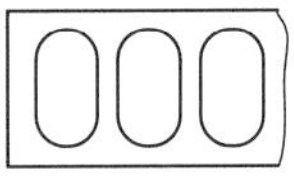	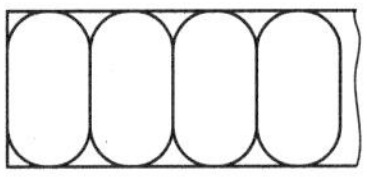
斜排		
直对排	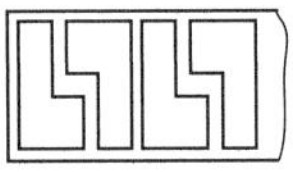	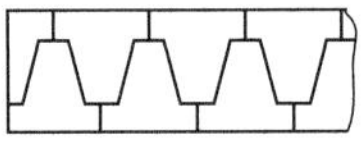
斜对排		
多行排	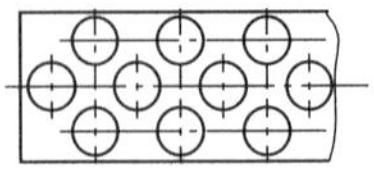	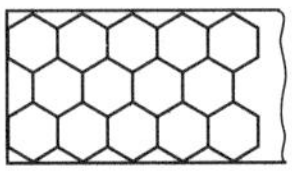
混合排	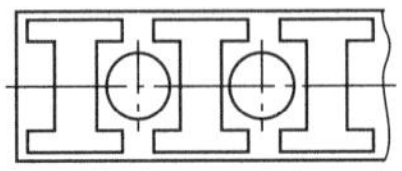	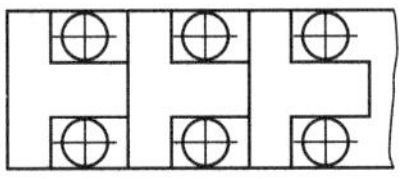
冲裁搭排	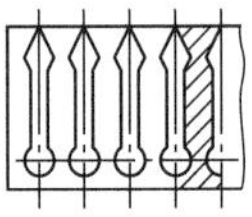	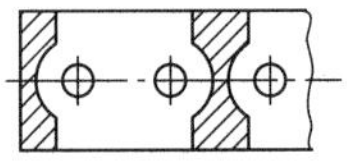

② 搭边　搭边是指排样时，工件之间以及工件与条料侧边之间的余料。搭边可以补偿条料的定位误差，使条料具有一定的刚度和强度，有利于保证冲出合格的工件；搭边还可以便于送料。在排样时，搭边要合理，搭边过大则会浪费材料；搭边过小则会影响模具的寿命和冲裁件的表面质量。搭边值的大小一般和材料的力学性能、材料厚度、工件的外形及尺寸、送料方式等有关。常用的金属材料工艺搭边值见表 2-11。冲制皮革及纸板等非金属材料时，搭边值要相应地乘以 1.5～2。

表 2-11　金属材料搭边值　　　　　　　　　　　　单位：mm

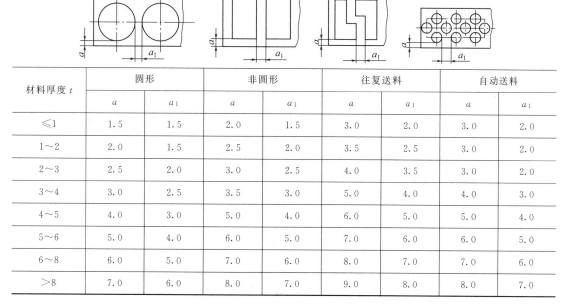

材料厚度 t	圆形		非圆形		往复送料		自动送料	
	a	a_1	a	a_1	a	a_1	a	a_1
≤1	1.5	1.5	2.0	1.5	3.0	2.0	3.0	2.0
1～2	2.0	1.5	2.5	2.0	3.5	2.5	3.0	2.0
2～3	2.5	2.0	3.0	2.5	4.0	3.5	3.0	2.0
3～4	3.0	2.5	3.5	3.0	5.0	4.0	4.0	3.0
4～5	4.0	3.0	5.0	4.0	6.0	5.0	5.0	4.0
5～6	5.0	4.0	6.0	5.0	7.0	6.0	6.0	5.0
6～8	6.0	5.0	7.0	6.0	8.0	7.0	7.0	6.0
>8	7.0	6.0	8.0	7.0	9.0	8.0	8.0	7.0

③ 条料宽度的计算　确定排样方式和搭边的数值后，就可以计算出条料的宽度。为了保证条料有足够的搭边，还需要考虑条料宽度公差。条料宽度的计算方法如下：

a. 有侧压装置时

$$B = (D + 2a)_{-\Delta}^{0} \tag{2-25}$$

b. 无侧压装置时

$$B = (D + 2a + C)_{-\Delta}^{0} \tag{2-26}$$

c. 有侧刃装置时

$$B = D + 1.5a + nb \tag{2-27}$$

式中，B 为条料宽度，mm；D 为垂直送料方向的工件最大尺寸，mm；a 为侧搭边值，见表 2-11；A 为宽度公差，见表 2-12 和表 2-13；C 为导料板与条料之间的最小导料间隙，见表 2-14；n 为侧刃数，单侧刃为 1，双侧刃为 2；b 为侧刃裁切的宽度，见表 2-15。

表 2-12　$B<50mm$ 时的宽度公差　　　　　　　　单位：mm

条料宽度 B ＼ 材料厚度 t	≤0.5	0.5～1	1～2
≤20	0.05	0.08	0.10
20～30	0.08	0.10	0.15
30～50	0.10	0.15	0.20

表 2-13 **B >50mm 时的宽度公差**　　　　　　　　　　单位：mm

材料厚度 t 条料宽度 B	≤1	1~2	2~3	3~5
≤50	0.4	0.5	0.7	0.9
50~100	0.5	0.6	0.8	1.0
100~150	0.6	0.7	0.9	1.1
150~220	0.7	0.8	1.0	1.2
220~300	0.8	0.9	1.1	1.3

表 2-14 **最小导料间隙**　　　　　　　　　　单位：mm

材料厚度 t 条料宽度 B	≤1	1~2	2~3	3~4	4~5
≤100	0.5	0.5	0.5	0.5	0.5
100~200	0.5	1.0	1.0	1.0	1.0
200~300	1.0	1.0	1.0	1.0	1.0

表 2-15 **侧刃裁切宽度**　　　　　　　　　　单位：mm

材料厚度 t	金属材料	非金属材料
≤1.5	1.5	2.0
1.5~2.5	2.0	3.0
2.5~3	2.5	4.0

d. 送料步距及材料利用率。送料步距是指冲裁时每次送料的距离，它主要由条料的形状、排样的方式以及搭边值等来确定。送料步距的数值尽量取整数值，以便于模具的制造。

材料利用率是指冲裁工件的总面积与条料的面积之比。材料利用率受工件的排样方式影响较大，合理的排样方式可以明显提高材料的利用率。在设计模具的过程中，应根据工件的形状、模具的复杂程度和材料的性质等综合考虑，而不能仅仅只考虑材料利用率。材料利用率的计算公式为

$$\eta = \frac{nA}{kB} \times 100\% \tag{2-28}$$

式中，η 为材料利用率；B 为条料宽度，mm；A 为工件面积，mm；n 为一个步距内冲裁工件的数量；k 为步距，mm。

2.3 冲裁模的结构

2.3.1 冲裁模的结构组成

根据零部件在模具中的作用，冲裁模具结构一般由以下 5 个部分组成：

① 工作零件 工作零件是指实现冲裁变形，使板料分离，保证冲裁件形状的零件，包括凸模、凹模、凸凹模。工作零件直接影响冲裁件的质量，并且影响模具寿命、冲裁力和卸

料力等。

② 定位零件　定位零件是指保证条料或毛坯在模具中的位置正确的零件，包括导料板、挡料销、导正销、侧刃、固定板（半成品的定位）等。

③ 卸料及推件零件　卸料及推件零件是指将冲裁后由于弹性回复而卡在凹模孔口内或紧箍在凸模上的工件或废料脱卸下来的零件。

a. 紧箍在凸模上的工件或废料，用卸料板（刚性卸料或弹性卸料）。

b. 卡在凹模孔口内的工件或废料，用推件装置或顶件装置。

④ 导向零件　导向零件是指保证上模和下模正确位置和运动导向的零件，一般由导柱和导套组成。采用导向装置可保证冲裁时，凸模和凹模之间间隙均匀，有利于提高冲裁件质量和模具寿命。

⑤ 连接固定类零件　连接固定类零件是指将凸、凹模固定于上、下模座，以及将上、下模座固定在压力机上的零件。如固定板（凸模、凹模），上、下模座，模柄，推板，紧固件等。

典型冲裁模结构一般由上述 5 部分零件组成，但不是所有的冲裁模都包含这 5 部分零件。冲模的结构取决于工件的要求、生产批量、生产条件和模具制造技术水平等诸多因素，因此模具结构是多种多样的，作用相同的零件其形状也不尽相同。

2.3.2　冲裁模典型结构

冲裁模具的分类方法很多。按照不同的工序组合方式，冲裁模可分为单工序冲裁模、连续冲裁模和复合冲裁模，见表 2-16。

表 2-16　冲裁模的分类

比较项目	单工序冲裁模	连续冲裁模	复合冲裁模
冲裁模的工位数	1	≥2	1
一次行程内完成的工序数	1	≥2	≥2

（1）单工序冲裁模

单工序冲裁模是指在压力机的一次行程中，只完成一道工序的冲裁模。根据模具导向装置的不同，可分为 3 类：无导向单工序冲裁模、导板式单工序冲裁模、导柱式单工序冲裁模。

① 无导向单工序冲裁模　此类模具上、下模之间没有导向装置，完全依靠压力机的滑块和导轨导向来保证冲裁间隙的均匀性。其优点是模具结构简单，制造容易；缺点是安装、调试麻烦，制件精度差，操作不安全。适用于精度低、形状简单、批量小的冲裁件，或试制用模具。

② 导板式单工序冲裁模　如图 2-14 所示，在上、下模之间，凸模和导板起导向作用。其特点为：导板兼起卸料作用，省去卸料装置；导板和凸模之间的配合间隙必须小于凸、凹模冲裁间隙；在冲裁过程中，要求凸模与导板不能脱开；模具结构简单，但导板与凸模的配合精度要求高，特别是当冲裁间隙小时，导板与凸模的配合间隙更小，导板的加工非常困难。主要适用于材料较厚、工件精度要求不太高的场合。

③ 导柱式单工序冲裁模　如图 2-15 所示，该模具上、下模之间靠导柱、导套起导向作用。其结构特点为：导向精度高，凸、凹模之间的冲裁间隙容易保证，从而能保证制件的精度；安装方便，运行可靠，但结构较为复杂一些。主要适用于制件精度高、模具寿命长等场合，适合大批量生产。大多数冲裁模都采用这种形式。

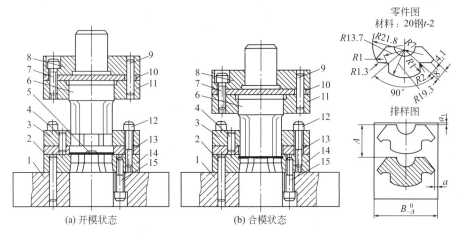

图 2-14　导板式单工序落料模

1—下模座；2，4，9—销；3—导板；5—挡料销；6—凸模；7，12，15—螺钉；
8—上模座；10—垫板；11—凸模固定板；13—导料板；14—凹模

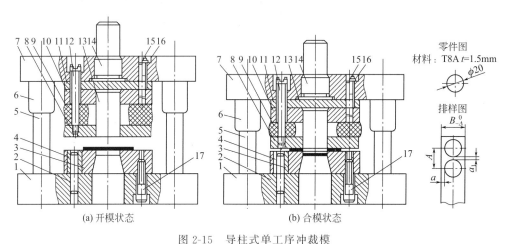

图 2-15　导柱式单工序冲裁模

1—下模座；2—销；3—凹模；4—销套；5—导柱；6—导套；7—上模座；8—卸料板；9—橡胶；
10—凸模固定板；11—垫板；12—卸料螺钉；13—凸模；14—模柄；15～17—螺钉

（2）连续冲裁模

连续冲裁模又称级进模、跳步模等，可按一定的程序（排样设计时规定好），在压力机的一个行程中，在两个或两个以上的工位上完成两道或两道以上的冲裁工序。如图 2-16 所示的工件，若用单工序冲裁模冲裁，需冲孔、落料两套模具才能完成，这时可采用连续冲裁模结构。

在这套冲裁模中共有两个工位，在压力机的一个行程内完成两个工序：冲孔、落料。条料从右向左送进，在第一个工位上完成两个小孔的冲裁，条料继续送进，在第二个工位完成整个制件的冲裁工作，同时在第一个工位上又完成了两个小孔的冲裁，以此类推，连续冲裁。

连续冲裁模的主要特点是：工序分散，不存在最小壁厚问题（与复合冲裁模相比），模具强度高；凸模全部安装在上模，制件和废料（结构废料）均可实现向下的自然落料，易于实现自动化；结构复杂，制造较困难，模具成本较高，但生产效率高；定位多，因此制件的精度不太高。这类模具主要适用于批量大、精度要求不太高的制件。

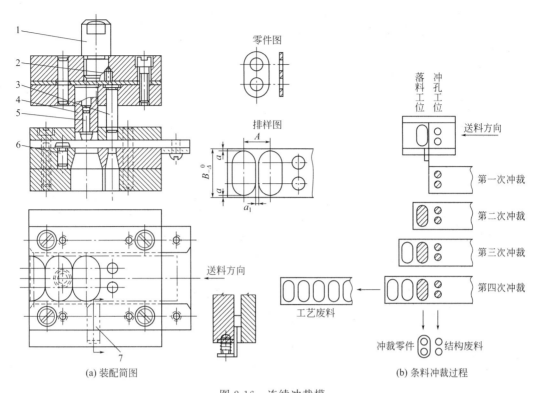

图 2-16　连续冲裁模

1—模柄；2—止转销；3—小凸模；4—大凸模；5—导正销；6—挡料销；7—始用挡料销

（3）复合冲裁模

复合冲裁模是指在压力机的一次行程中，板料同时完成冲孔和落料等多个工序的冲裁模。该类模具结构中有一个既为落料凸模又为冲孔凹模的凸凹模，按照凸凹模位置的不同，复合模分为正装式和倒装式两种。

① 正装式复合模　凸凹模安装在上模部分时，称之为正装式复合模，如图 2-17 所示。

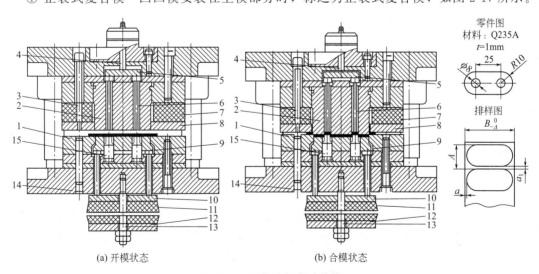

图 2-17　正装式复合冲裁模

1—落料凹模；2—凸凹模；3—卸料螺钉；4—打料杆；5—推板；6—推杆；7—弹性橡胶；
8—弹性卸料板；9~14—弹顶装置；15—冲孔凸模

冲裁时，冲孔凸模 15 和凸凹模 2（作冲孔凹模用）完成冲孔工序；落料凹模 1 和凸凹模 2（作落料凸模用）完成落料工序。制件和冲孔废料落在下模或条料上，需人工清除，操作不安全，故很少采用。

② 倒装式复合模　凸凹模安装在下模部分时，称之为倒装式复合模，如图 2-18 所示。冲裁时，凸模 4 和凸凹模 2（作冲孔凹模用）完成冲孔工序；凹模 3 和凸凹模 2（作落料凹模用）完成落料工序。冲孔废料由凸凹模孔直接漏下，制件被凸凹模顶入落料凹模内，再由推件块 12 推出。

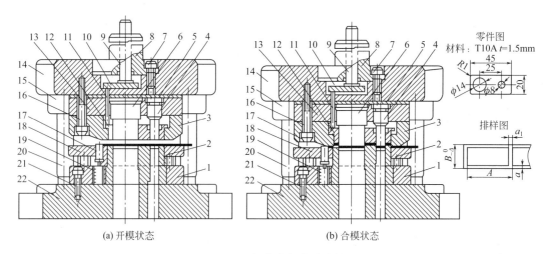

(a) 开模状态　　　　　　　　　(b) 合模状态

图 2-18　倒装式复合冲裁模

1—凸凹模固定板；2—凸凹模；3—凹模；4—凸模；5—垫板；6—凸模；7，16，21—螺钉；8—模柄；
9—打料杆；10—推板；11—连接推杆；12—推件块；13—凸模固定板；14—上模座；15—导套；
17—活动挡料销；18—卸料板；19—弹簧；20—导柱；22—下模座

复合模的主要特点是：由于工序是在一个工位上完成的，且条料和制件都在压紧状态下完成冲裁，因此冲裁的制件平直，精度可高达 IT10～IT11 级，形位误差小；该类模具结构紧凑，体积较小，生产效率高，但结构复杂，模具零件的精度要求高，成本高，制造周期长。凸凹模的内、外形之间的壁厚不能太薄，否则其强度不够会造成胀裂而损坏；适用于冲裁批量大、精度要求高的制件。一般情况下，以板料厚度不大于 3mm 为宜，主要是为了保护凸凹模的强度。

2.4　冲裁模设计

冲裁模是最基本、最主要的模具，其结构及零（部）件既要满足生产的要求，又要满足冲裁工艺的要求，还要满足操作方便、安全、使用寿命长和易制造维修等要求。

为了便于设计与制造模具，国家制定并颁布了冷冲模的国家标准。该标准根据模具类型和导向方式等规定了一些典型的组合形式，同时规定了相对应的凸凹模尺寸，模座类型及尺寸，以及固定板、卸料板和垫板等的具体尺寸，还规定了标准件的种类、规格、数量、位置及有关尺寸。

2.4.1　冲裁模工作零件设计

工作零件是直接完成冲裁工序的关键零件，主要包括凸模和凹模。

（1）凸模设计

① 凸模的结构型式　凸模的结构型式按其形状可以分为直通式凸模和台阶式凸模。

直通式凸模的工作部分和固定部分的形状与尺寸一样，如图 2-19（a）所示。当模具工作部分尺寸较大且形状较复杂时，为便于加工，常采用直通式凸模。

台阶式凸模的工作部分与固定部分的形状不一样，如图 2-19（b）所示。当模具工作部分尺寸较小时，为使凸模有足够的强度，通常采用台阶式凸模。

② 凸模的固定方法　对凸模的固定要满足稳定可靠和拆装方便这两个基本要求。常用的固定方法有机械固定法、浇注固定法和拼块固定法等，其中机械固定法应用比较普遍。常用的机械固定法多采用凸模固定板，将装有凸模的凸模固定板连同垫板一起，用螺钉固定在上模座上。

③ 凸模长度的确定　凸模长度一般是根据结构需要确定的，如图 2-20 所示。采用固定卸料方式的凸模长度为

$$L = h_1 + h_2 + h_3 + h \qquad (2-29)$$

式中，h_1 为凸模固定板厚度，mm；h_2 为卸料板厚度，mm；h_3 为导料板厚度，mm；h 为附加长度，包括凸模的修模量、凸模进入凹模的深度（一般取 0.5～1mm）、凸模固定板与卸料板的安全距离（一般取 15～20mm）。

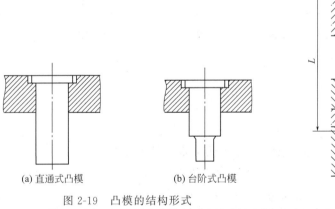

(a) 直通式凸模　　　(b) 台阶式凸模

图 2-19　凸模的结构形式

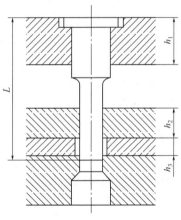

图 2-20　凸模长度

凸模一般不必进行强度的校核，只有当板料很厚、强度很大、凸模很细长时才进行强度校核。凸模强度校核包括耐压强度的校核和抗纵向弯曲能力的校核两方面。

④ 凸模的材料　模具刃口要有高的耐磨性，并能承受冲裁时的冲击力，还应具有高的硬度和适当的韧性。形状简单的凸模常选用碳素工具钢，如 T10A 和 T12A 等；形状复杂、淬火变形大的应选用合金工具钢，如 Cr12 和 CrWMn 等，其热处理硬度取 58～62HRC。

（2）凹模设计

① 凹模的结构型式　凹模的结构型式按其孔侧壁的形状可以分为直壁式凹模和斜壁式凹模。直壁式凹模主要有如图 2-21（a）～（c）所示的 3 种，斜壁式凹模主要有如图 2-21（d）～（f）所示的 3 种。直壁式凹模冲件精度较高，刃口强度也较好，但冲裁时磨损大、刃磨量大、总寿命低。直壁式凹模主要用于带顶料装置的上出件模具和形状复杂或精度较高的

冲裁件。而斜壁式凹模的特点与直壁式凹模相反，它广泛应用于工件或废料向下落的模具中。

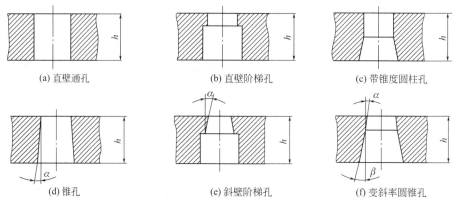

(a) 直壁通孔   (b) 直壁阶梯孔   (c) 带锥度圆柱孔

(d) 锥孔   (e) 斜壁阶梯孔   (f) 变斜率圆锥孔

图 2-21 凹模型孔侧壁形状

刃口的高度 h 和倾斜角 α、β 值见表 2-17，当用电火花加工型孔时，α 一般取 $4°\sim20°$。

表 2-17 凹模刃口参数

材料厚度 t/mm	h/mm	α	β
≤0.5	≥4	$15'$	$2°$
0.5～1.0	≥5	$15'$	$2°$
1.0～2.5	≥6	$15'$	$2°$
2.5～6.0	≥8	$30'$	$3°$

② 凹模厚度及凹模壁厚的确定 冲裁时，凹模承受冲裁力和侧向力的作用，其厚度和壁厚一般采用下列的经验公式计算：

凹模厚度为

$$H = Kb \tag{2-30}$$

凹模壁厚为

$$C = (1.5 \sim 2)H \tag{2-31}$$

式中，K 为凹模厚度系数，其值见表 2-18；b 为冲裁件最大外形尺寸，mm。

当工件尺寸较大或形状复杂时，凹模壁厚 C 应取较大值，一般不低于 15mm。

表 2-18 凹模厚度系数

b/mm ＼ 材料厚度 t/mm	0.5	1.0	2.0	3.0	≥3.0
≤50	0.30	0.35	0.42	0.50	0.60
50～100	0.20	0.22	0.28	0.35	0.42
100～200	0.15	0.18	0.20	0.24	0.30
>200	0.10	0.12	0.15	0.18	0.22

③ 凹模的材料及固定方法 凹模的材料可与凸模的材料相同或者优于凸模，淬火的硬度也可与凸模相同或者高于凸模，可取 $60\sim64$HRC。凹模的固定一般采用机械法固定，用螺钉和销钉固定在下模座上。螺钉和销钉的数量和规格等可在相关标准中查到，也可根据结构的需求做适当的调整。

2.4.2　冲裁模的定位零件设计

冲裁模定位零件的作用是控制正确的送料方向以及送料步距。定位零件可分为控制送料步距的纵向定位零件（如挡料销、导正销和侧刃等）和控制送料方向的横向定位零件（如导料销和导料板等）。

① 挡料销　挡料销有固定挡料销和活动挡料销两种，在级进模中还要使用初始挡料销。固定挡料销分圆形和钩形两种，如图 2-22 所示。圆形挡料销结构简单，制造容易，销孔离凹模刃口较近，会削弱凹模的强度；钩形挡料销可离凹模刃口远一些。常用活动挡料销如图 2-23 所示。

这些挡料销都有相应的国家标准可供参考。

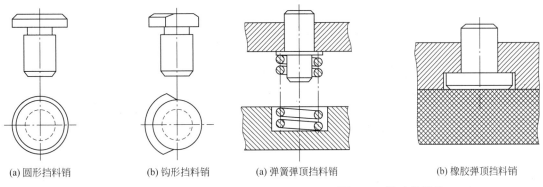

(a) 圆形挡料销　　(b) 钩形挡料销　　　　　(a) 弹簧弹顶挡料销　　(b) 橡胶弹顶挡料销

图 2-22　固定挡料销　　　　　　　　图 2-23　活动挡料销

② 导正销　当定位精度要求较高时，一般需要增加导正销来精确定位。导正销由导入和定位两部分组成。标准导正销有 A、B、C、D 4 种型号，其结构型式如图 2-24 所示。导正销直径的基本尺寸应比冲孔凸模的直径小，材料可用 T10A 和 9Mn2V 等，热处理硬度为 52～56 HRC。

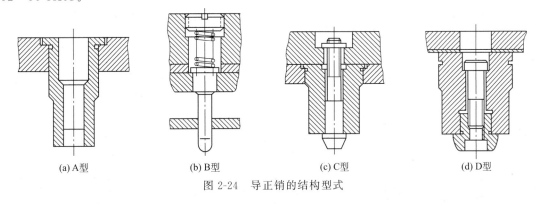

(a) A型　　　　　(b) B型　　　　　(c) C型　　　　　(d) D型

图 2-24　导正销的结构型式

③ 侧刃　侧刃用于级进模中控制送料步距，其步距定位精度高，操作方便，生产效率高。标准侧刃按工作端面的形状分为 Ⅰ 类（平头侧刃）和 Ⅱ 类（阶梯侧刃），每类又有 A、B、C 3 种型号，如图 2-25 所示。

④ 导料板与导料销　送料时，一般需采用导料板或导料销进行导正。导料板一般设在条料的两侧，两导料板的距离要比条料宽度大 0.02～1mm，长度尺寸可与凹模外形尺寸相同。导料板有分离式和整体式（与刚性卸料板制成整体）两种结构。导料销的结构简单，常用于单工序模和复合模中，一般两个导料销设置在条料的同侧，导料销分为固定式和活动式两种。

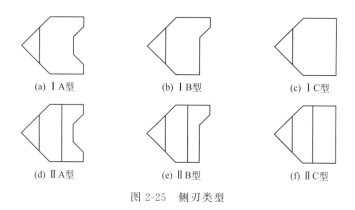

(a) ⅠA型   (b) ⅠB型   (c) ⅠC型

(d) ⅡA型   (e) ⅡB型   (f) ⅡC型

图 2-25　侧刃类型

2.4.3　卸料装置与推、顶件装置设计

（1）卸料装置

卸料装置的作用是在一次冲裁结束后，将条料或工序件与落料凸模或者冲孔凹模脱离。卸料装置分为刚性卸料装置和弹性卸料装置两种。刚性卸料装置结构简单、卸料力大，常用于较硬、较厚且精度要求不太高的冲裁工件，如图 2-26 所示。弹性卸料装置一般由卸料板、弹性元件和卸料螺钉组成，常用于冲裁厚度小于 1.5mm 的材料，如图 2-27 所示。

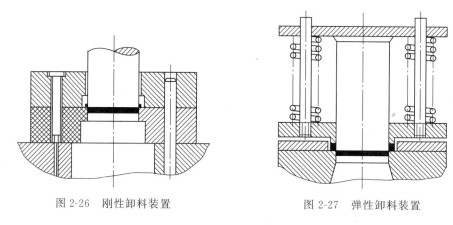

图 2-26　刚性卸料装置   图 2-27　弹性卸料装置

（2）推、顶件装置

当凹模安装在上模时，将工件或废料自上而下推出的部件称为推件装置，推件装置也分为刚性推件装置和弹性推件装置两种，如图 2-28 所示为典型的弹性推件装置。当凹模安装在下模时，将工件或废料自下而上顶出的部件称为顶件装置，顶件装置通常是弹性的，如图 2-29 所示为典型的顶件装置。

（3）弹性元件的选用与计算

弹性卸料装置和弹性顶件装置中用的弹性元件主要是弹簧和橡胶垫。在选择弹性元件时，主要应满足以下几点要求：一是弹性元件的外形尺寸和数量要符合冲裁模的结构要求；二是弹性元件的最小预压力要大于卸料力；三是弹性元件的总变形量要小于弹性元件自身所允许的最大变形量。

① 弹簧的选用与计算　常用的弹簧为普通圆柱螺旋弹簧，材料一般为 65Mn 或 60Si2Mn，两端压紧磨平，热处理后硬度为 40～48HRC。弹簧的计算步骤如下：

a. 初步确定弹簧的个数 n，一般是 2～4 个。

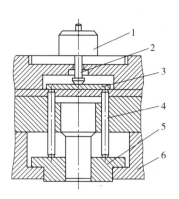

图 2-28　弹性推件装置

1—模柄；2—打料杆；3—打料板；
4—打料销；5—推件器；6—凹模

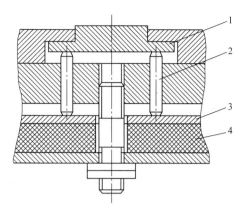

图 2-29　顶件装置

1—顶件块；2—顶杆；3—托板；4—橡胶

b. 根据总的卸料力 F_x，确定单个弹簧的预压力 F_y

$$F_y = F_x/n \qquad (2\text{-}32)$$

c. 根据弹簧的预压力，查弹簧规格的设计资料，初步确定弹簧的规格。

d. 根据弹簧的变形量与压力之间的关系，计算预压变形量

$$h_y = \frac{F_y h_j}{F_j} \qquad (2\text{-}33)$$

式中，h_y 为弹簧的预压变形量，mm；h_j 为弹簧的极限变形量，mm；F_j 为弹簧的极限负载，N。

e. 核定弹簧的总变形量是否小于弹簧允许的最大变形量。如果总变形量大于弹簧允许的最大变形量，则重复以上的步骤重新选择弹簧的规格，直到满足条件为止。

② 橡胶垫的选用与计算　一般橡胶垫允许承受的载荷比弹簧要大，而且安装使用方便，因此应用很广泛。冲裁模中用的橡胶垫一般为聚氨酯橡胶，橡胶垫的计算步骤如下：

a. 橡胶垫自由高度 H 的计算公式为

$$H = H_j/\varepsilon_j \qquad (2\text{-}34)$$

式中，H 为橡胶垫的自由高度，mm；H_j 为橡胶垫的极限压缩量，mm；ε_j 为极限压缩率，一般不超过 45%，对于聚氨酯橡胶，ε_j 应小于 35%。

b. 橡胶垫的安装高度 H_a 的计算公式为

$$H_a = H\varepsilon_y \qquad (2\text{-}35)$$

式中，H_a 为橡胶垫的安装高度，mm；H 为橡胶垫的自由高度，mm；ε_y 为预压缩率，一般为 85%～90%。

c. 橡胶垫的截面面积 S 的计算公式为

$$S = F/f_q \qquad (2\text{-}36)$$

式中，S 为橡胶垫的截面面积，mm^2；F 为橡胶垫所承受的总压力，N；f_q 为橡胶垫所承受的单位压力，MPa，其值见表 2-19。

表 2-19　橡胶压缩率与单位压力 f_q

橡胶压缩率 ε	橡胶单位压力 f_q/MPa	
	合成橡胶	聚氨酯橡胶
10%	0.26	1.1

橡胶压缩率 ε	橡胶单位压力 f_q/MPa	
	合成橡胶	聚氨酯橡胶
15%	0.50	
20%	0.70	2.5
25%	1.06	
30%	1.52	4.2
35%	2.10	5.6

2.4.4　导向零件设计

① 导板　将固定卸料式模具的固定卸料板与凸模制成小间隙配合，称为导板。导板的型孔按凸模刃口尺寸配作成小间隙配合。导板的功能有两个，一是在冲程时起上模与下模之间的导向作用；二是在回程的时候兼作卸料用。导板的长宽尺寸与凹模相同，厚度可以取凹模厚度的 0.8～1 倍，主要适合厚度大于 0.8mm、形状简单的落料加工。

② 导柱和导套　导柱和导套配合使用才能使凸模正确导向。导柱和导套的结构与尺寸都可以从国家标准中选用。导柱的长度要合适，应保证冲模在最低工作位置时，导柱顶端和上模座顶面的距离不小于 10～15mm，这样可以保证凹、凸模刃口磨损变短、变薄后，导柱不会影响冲模的正常使用。导柱和导套大都使用低碳钢制造，经渗碳和淬火处理后，导柱硬度为 58～62HRC，导套硬度为 56～60HRC。

2.4.5　固定零件设计

① 模柄　中小型模具一般都使用模柄将上模座与压力机滑块相连接，对于大型模具则可以使用螺钉、压板将上模座与压力机滑块连接。标准模柄主要有刚性模柄和浮动模柄两大类，刚性模柄与上模座不能发生相对运动，而浮动模柄则可以相对于上模座做微小的运动。

常用模柄的结构型式如图 2-30 所示。图 2-30（a）所示为通用式，将凸模插入模柄孔内，再用螺钉从模柄侧面将其紧固；图 2-30（b）所示为压入式，固定端与上模座孔采用过渡配合 H7/m6，装配后与上模座有较好的垂直度；图 2-30（c）所示为旋入式，通过螺纹与上模座连接；图 2-30（d）所示为凸缘式，在上模座加工出沉孔与凸缘配合，并用螺钉固定，以上 4 种都属于刚性模柄。图 2-30（e）所示为浮动式，在模柄接头与活动模柄之间有一个凹球面垫块，模柄在工作过程中可以产生少许浮动，这样可以减少滑块对导向件的磨损，浮动式模柄多用于具有高精度导向装置的模具。

② 上、下模座　上、下模座是冲裁模零件安装的基体，承受和传递冲压力，因此，要有足够的强度、刚度和外形尺寸。常用的模座已经标准化，可由专业的厂家提供。标准模座中，应用最广的是用导柱、导套作为导向装置的模座，根据导柱、导套配制的不同又可分为后侧导柱、中间导柱、对角导柱、四导柱 4 种基本型式。

模座要有足够的厚度，一般取凹模厚度的 1～1.5 倍，矩形模座的长度比矩形凹模的长度大 40～70mm，其宽度可与凹模宽度相等或稍大。模座常用灰铸铁制造，冲裁力大时可选用铸钢。

③ 凸模固定板　凸模固定板用于在模座上固定凸模。固定板的外形尺寸一般与凹模尺寸相同或略小。凸模的固定方法通常是将凸模压入固定板内，常采用过渡配合 H7/m6，凸

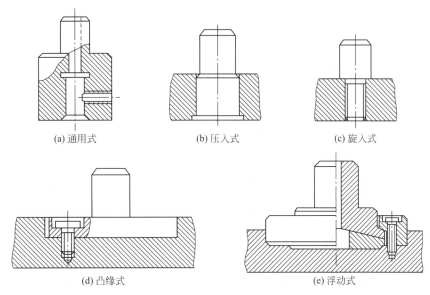

图 2-30　模柄的结构型式

模装入固定板后，其顶面要与固定板顶面一起磨平。对于大尺寸的凸模，也可以直接用螺钉和销钉将其固定到模座上。

④　垫板　垫板装在固定板和上模座之间，其作用是承受和扩散凸模上的压力，减少上模座所承受的压力，保护凸模顶端的上模座面不被凸模顶端压陷。当模座上单位压力超过模座材料的许用压力时，模具必须要用垫板。垫板常用 45 钢，淬火硬度为 43～48HRC，厚度为 4～12mm，其具体尺寸可在标准中查得，上下面需磨平。

综上所述，冲裁模的一般设计流程及主要设计内容如图 2-31 所示。

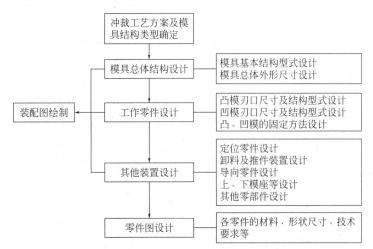

图 2-31　冲裁模的一般设计流程及主要设计内容

2.5　冲裁模设计实例

零件名称：圆片，结构如图 2-32 所示。

材料：Q235A 钢板，料厚 t 如图 2-32 所示。

生产批量：小批量。

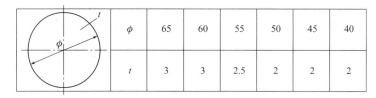

ϕ	65	60	55	50	45	40
t	3	3	2.5	2	2	2

图 2-32 圆片结构

（1）加工工艺分析

该零件外形简单，尺寸精度及冲裁断面质量要求均不高，冲裁件未注公差的线性尺寸的极限偏差按 GB/T 15055—2007《冲压件未注公差尺寸极限偏差》选取，具体数值参见附录 A-1。

一般来说，冲裁金属件内外形的经济精度为 IT12～IT14 级。生产中，一般要求落料件精度最好低于 IT10 级，冲孔件最好低于 IT9 级，而料厚不大于 3mm 的冲裁件的断面粗糙度一般能保证在 $Ra12.5\mu m$ 以下。

根据附录 A-1，可查得直径为 60mm 未注尺寸 f 级精度的公差为 $\pm0.40mm$，相当于 IT14 级，处于冲裁加工经济精度内，可见，该零件的加工工艺性良好。

（2）模具结构

采用的模具结构如图 2-33 所示。

（3）设计分析

① 模具工作过程　模具工作时，剪切好的条料利用导料板 6 侧面定位，可调定位板 1 径向定位，凹模 5、凸模 8 完成板料落料后，通过卸料块 7 完成卸料。

② 模具的特点　图 2-33 所示为无导向通用开式落料模的典型结构，其具有以下特点：

a. 标准化与通用化程度高。除工作零件凸、凹模是可换的非标准件零件外，其他零件均为工厂常用的和机械行业冷冲模成套标准件，可以通用。

b. 冲模结构通用性强，使用范围较广。根据使用的需要，更换模具中的凹模 5、凸模 8 成欲冲裁工件的凹、凸模，便可实现不同外形直径的圆片或相当尺寸的方形、矩形以及类似简单形状的平板冲裁件的落料。凸模 8 与模柄 9、凹模 5 与下模座 2 定位部位选用 H7/h6 配合。

两导料板 6 构成的导料槽宽窄与高低均可调，适用的料厚、条料宽度范围更广；可调定位板 1 不仅可调圆形工件的搭边大小，还可用于其他形状工件的落料定位。

③ 模具结构分析　图示冲模不但可用于零件的落料，也可用于工件的冲孔加工。落料时，零件的落料尺寸由凹模的制造尺寸保证，冲裁间隙通过与凹模相配合的凸模获得；冲孔时，零件的冲孔尺寸由凸模的制造尺寸保证，冲裁间隙通过与凸模相配合的凹模获得。凸模、凹模是冲裁加工的关键

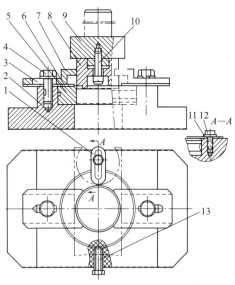

图 2-33 无导向通用开式落料模

1—可调定位板；2—下模座；3，10，12，13—螺钉；

4，11—垫圈；5—凹模；6—导料板；

7—卸料板；8—凸模；9—模柄

件，可根据冲裁零件的厚度及零件形状的复杂程度选用不同的材料，一般冲裁料厚小于 3mm 或形状简单的零件采用高碳工具钢 T8A、T10A 等制造，冲裁料厚大于 3mm 或形状较复杂采用合金工具钢 CrWMn，Cr12、Cr12MoV 等制造。不管使用何种材料，凸模、凹模均需进行热处理，一般凸模热处理硬度为 $58\sim60$HRC，凹模热处理硬度为 $60\sim62$HRC。

无导向开式冲模一般既无模架，也无导板与卸料板，甚至没有定位装置，只有整体结构的或镶拼组合结构的凸模与凹模，生产使用时，必须由操作人员对模具间隙进行调整，模具的导向由压力机滑块及导轨导向精度保证。

为简化模具结构以及卸料方便，同类模具中有的直接在凸模上装橡胶块或弹性卸料器，也有的采用在下模上安装图 2-33 所示的卸料板 7 用于卸料。

（4）设计评论

无导向开式冲模冲件质量不高，操作也不够安全，但由于结构简单、制造容易、成本低，能满足精度要求不高、形状简单、批量小的冲裁件的生产需要，因此在企业中应用仍较广泛。

① 无导向单工序冲裁模的使用场合　一般来说，无导向单工序冲裁模通常在以下场合使用：

a. 冲裁件尺寸精度不高，一般低于 IT12 级。

b. 冲裁料厚较大，通常 $t\geqslant1$mm。

c. 冲裁件形状为圆形、方形、矩形、长圆形或多角形以及类似或接近的、规则而简单的几何形状，冲裁件圆滑、平直、无锐角与齿形、小凸台，以及悬壁等冲切形状。

d. 冲裁件产量不大。

e. 对冲裁件冲切面质量、毛刺及平面度无要求。

f. 冲裁件尺寸较大，推荐冲裁件尺寸（长×宽×料厚）$\geqslant25$mm×10mm×1mm；更小尺寸及更薄料厚的冲裁工件，为安全计，不推荐用敞开模冲制。

② 其他通用冲模的结构　本实例冲裁加工零件的料厚、大小有多种规格，精度要求不高，形状简单、批量较小，因此，应将无导向模设计成通用型结构。

常见的通用冲裁模按其上、下模座的组成型式可分为两类，图 2-34（a）所示为上模座和下模座连成一个整体模座的通用冲裁模结构，由于上、下模座连成一个整体模座后，其外型像字母"C"，故习惯称为 C 形冲模、弓形架单元冲模。图 2-34（b）、（c）所示结构的上模座和下模座均为单独组成的分体结构，多为敞开式冲模。

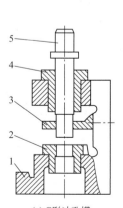

(a) C形冲孔模
1—C形架；2—凹模；
3—卸料板；4—导套；5—凸模

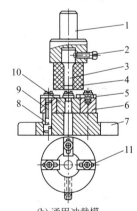

(b) 通用冲裁模
1—模柄；2，9—螺钉；3—凸模；
4—卸料橡皮；5—定位板；6—凹模套；
7—模座；8—销钉；10—凹模；11—调节螺钉

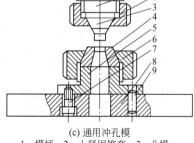

(c) 通用冲孔模
1—模柄；2—上紧固锥套；3—凸模；
4—凹模；5—凹模座；6—下紧固锥套；
7—螺钉；8—底座；9—销钉

图 2-34　通用冲裁模结构

图 2-34（a）所示的 C 形冲孔模，由于 C 形架上的凹模孔和导套装配孔是一次装夹加工的，所以有较高的同轴度。模具中的凸模 5 既是冲孔加工的凸模，又可通过安装在模座 1 上孔内的导套 4 进行导向，头部还起模柄作用与压力机滑块进行连接。为保证冲模的精度，凸模 5 与导套 4 内孔应加工成 H6/h5 间隙配合精度，同轴度不超过 0.003mm。凹模 2 直接安装在模座 1 的下孔内。卸料板 3 用螺钉固定在模座的中间。整个冲模结构紧凑、加工工艺性能良好，只要更换模柄凸模 5、凹模 2、卸料板 3（工作尺寸及形状改变），即可冲裁不同形状的轴、孔类零件。

图 2-34（b）所示为另一种可冲裁方形、矩形等外形形状的通用落料与冲孔模结构。整套模具通用性强，在冲压不同形状及不同直径的孔时，只要更换凸模 3、凹模 10 即可。当需要落料时，可以适当拆去部分定位板 5，并将凸模 3 和凹模 10 换成落料凸模、凹模便可进行落料冲裁。若需冲孔时，可更换凸模 3 和凹模 10，按落料件外形调整 3 个定位板 5 使之定位便可进行冲孔。

图 2-34（c）所示为一副通用冲孔模结构。其具有以下特点：

a. 模柄 1 的下端设计有细牙螺纹，外旋上紧固锥套 2，其圆锥角为 60°。

b. 凸模 3 上半部也设计成锥形，以锥面卡在紧固锥套内，并依靠圆锥面自动定心。

c. 紧固锥套 2 外缘有扳手沟槽，可用勾头扳手扳紧，将凸模 3 固定。

d. 采用硬橡胶套在凸模 3 上卸料。

e. 凹模 4 也设计成圆锥形外缘，并与凹模座 5 通过下紧固锥套 6 利用细牙螺纹紧固。

本章小结

本章对冲裁工艺及连续模模具设计进行了较详细的阐述，包括冲裁变形过程、冲裁件工艺性、排样设计、冲裁间隙、压力中心、冲裁工序力及单工序模、复合模和连续的设计。

介绍了冲裁件的结构工艺性能，满足冲裁工艺要求的制件的形状、精度、粗糙度和结构。

模具工艺设计介绍了典型模具结构、排样设计、冲裁间隙、冲裁工序力和压力中心计算；模具结构设计介绍了典型的模具结构和主要零部件的设计要求。

本章的学习目标是使读者具备冲裁模设计的基础知识，通过典型模具结构和实例的讲解，掌握模具设计的基础知识及冲裁模设计的一般流程。

思考与练习题

2-1 什么是冲裁？冲裁工艺的含义是什么？有哪些主要用途？

2-2 冲裁件的断面特征是什么？

2-3 什么是冲裁合理间隙？对于 $t=2$mm，08 钢板的落料，试查其合理间隙值。

2-4 冲模刃口的制造方法有哪几种？它们是什么含义？

2-5 降低冲裁力的措施有哪些？其原理是什么？

2-6 什么是排样？排样的方法有哪几种？

2-7 什么叫搭边？搭边的作用有哪些？

2-8 如何判定冲裁件的工艺性？

2-9　条料在模具中如何定位？

2-10　冲模定位零件在冲模中起何作用？它有哪几种类型？

2-11　冲模常用卸料方式有哪几种类型？各有什么特点？

2-12　什么是冲模的闭合高度？在设计冲模时应怎样确定冲模的闭合高度？

2-13　什么是冲模压力中心？冲模压力中心与冲模设计有何关系？

2-14　设计冲模时，选择冲模结构应注意哪些方面？

2-15　在本章开始的引言中列举了许多冲裁加工制品图。通过本章学习后请思考这些工具的加工方法有哪些？如果采用模具生产，如何完成模具设计？

2-16　冲裁如题 2-16 图所示零件。其中图（a）所示冲裁件料厚为 6mm，图（b）所示冲裁件料厚为 2mm，材料均为 45 钢。试计算所用冲裁模的刃口尺寸及其制造公差，并画出冲裁图（b）所示零件的落料模结构草图和复合冲裁图（b）所示零件的复合模结构草图。

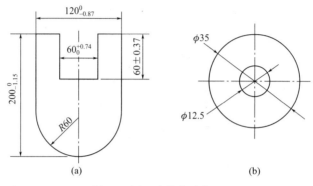

题 2-16 图　冲裁件零件图

第 **3** 章

弯曲工艺与弯曲模设计

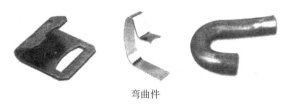

弯曲件

弯曲件在生产生活中经常见到，如下图所示的电器元件和弯管均为弯曲件。这些产品的共同特点是：不管是板类件还是管形件，都有一定的弯曲角度。另外，很多弯曲上有孔，是先冲孔还是先弯曲？如何判断并制定加工的先后顺序呢？

3.1 弯曲工艺

① 弯曲工艺与弯曲模 弯曲是指把金属坯料弯成一定角度或形状的过程，是冲压生产中应用较广泛的一种工艺。弯曲时所使用的模具称为弯曲模。弯曲工艺可用于制造大型结构零件，也可以用于生产中小型机器及电子仪器仪表零件。

② 弯曲方法 弯曲的方法很多，有压弯、折弯、滚弯、拉弯等，如图 3-1 所示。所用的设备也很多，有压力机、折弯机、滚弯机（卷板机）、拉弯机等。本章只介绍在压力机上进行的压弯工艺及弯曲模的设计。

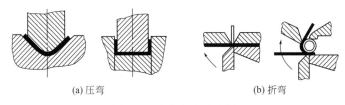

(a)压弯 　　　　　　　　　　　　　　　(b)折弯

图 3-1　弯曲方法示意图

常见的弯曲件有 V 形、U 形和其他形状，如图 3-2 所示。弯曲件的毛坯可以是板料、棒料、管材或型材。弯曲成型应用很广泛，可以在压力机上利用模具压弯，也可以在专用设备上使材料弯曲成型，如折弯机上折弯、滚弯机上滚弯、拉弯机上拉弯等。

3.1.1　弯曲变形过程

在压力机上利用模具将材料弯曲变形的过程如图 3-3 所示。弯曲开始时，坯料在凸模的压力 P 作用下，在凹模两圆角半径处的支撑下开始变形，相当于双支梁弯曲；随着凸模的下压，坯料的内弯曲半径逐渐减小；当凸模与坯料、凹模三者完全吻合时，弯曲过程便完成了。

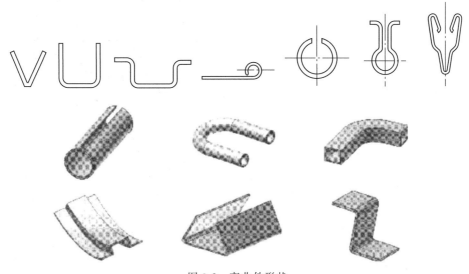

图 3-2 弯曲件形状

弯曲分自由弯曲和校正弯曲。自由弯曲是指弯曲终了时，凸模与毛坯、凹模未完全吻合或吻合后不再发生冲击作用。而校正弯曲是指凸模与毛坯、凹模吻合后继续发生冲击，对材料起校正作用，可有效抑制弯曲件的回跳。

3.1.2 弯曲件的变形特点

① 弯曲时，内侧材料受压缩作用，外侧材料受拉伸作用。

② 弯曲变形主要集中在半径 r_0、圆心角 α 的区域内。

③ 在外侧拉伸和内侧压缩之间，有一个中性层 $O—O$（见图 3-4），它的长度不发生变化。

④ 弯曲时，对较厚的材料，外侧宽度会减小，而内侧宽度会增大（见图 3-4）。当宽度小于料厚 3 倍时的窄板弯曲尤为显著，而宽板料弯曲时，这种畸变几乎接近于零。

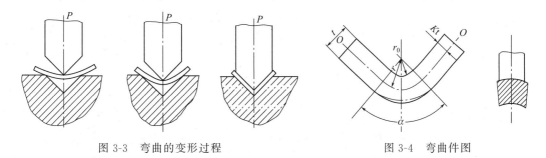

图 3-3 弯曲的变形过程　　　　　　　　　图 3-4 弯曲件图

3.1.3 最小弯曲半径

材料弯曲时，弯曲变形主要集中在半径为 r_0、圆心角 α 的扇形区域内（见图 3-4），内弯曲半径 r_0 大小直接影响弯曲变形质量，当 r_0 过小时，会在弯曲件角部外侧出现裂纹。

材料弯曲时，允许使用的最小弯曲半径数值与材料性能、材料热处理状态有关，最小许可弯曲半径见表 3-1。

当弯曲线与板料纤维方向（纹向）夹角为 90°或 0°时，取表 3-1 中垂直或平行的相应数值。

当工件的弯曲角小于90°时，可按表 3-1 中相应数值乘以表 3-2 中所列修正系数。

表 3-1　最小许可弯曲半径

材料	退火状态		冷作硬化状态	
	弯曲线位置（与纤维方向）			
	垂直	平行	垂直	平行
08、10、Q215	$0.1t$	$0.4t$	$0.4t$	$0.8t$
20、Q235	$0.2t$	$0.5t$	$0.6t$	$1.2t$
45、Q255	$0.5t$	$1t$	$1t$	$1.7t$
65Mn、7	$1t$	$2t$	$2t$	$3t$
1Cr18Ni9	$1t$	$2t$	$3t$	$4t$
半硬黄铜	$0.1t$	$0.4t$	$0.5t$	$1.2t$
软黄铜			$0.4t$	$0.8t$
纯铜			$1t$	t
铝			$0.5t$	$1t$
铝合金	$2t$	$3t$	$3t$	$4t$
磷青铜			$2t$	$3t$

注：1. 表列数值为弯曲角90°时。
2. 表中 t 为弯曲材料厚度。

表 3-2　最小弯曲半径修正系数

弯曲角	修正系数
90°	1.0
60°～90°	1.3～1.1
45°～60°	1.5～1.3

为满足产品设计要求，简化工艺，提高最小许可弯曲半径可采取以下工艺措施：

① 选用塑性较好的材料　如改用含碳量较低的钢板、采用退火软化状态的材料，可以适当增大最小许可弯曲半径。

② 改变板料的纤维方向与弯曲线夹角　图 3-5 所示为材料纤维方向与弯曲线的关系。轧制板材存在纤维结构组织，板料上垂直和平行于纤维的方向具有不同的力学性能，垂直于纤维方向的力学性能较差，若弯曲线与纤维方向平行，在工件外侧常会产生裂口，如图 3-5（b）所示。对某些硬材料如硬钢、锡磷青铜等，制定弯曲工艺时应尽力避免弯曲线与板料纤维方向平行。如工件有两个不同方向的弯曲时，应使弯曲线与板料纤维方向的夹角不小于30°（见图 3-6）。

3.1.4　选择弯曲方向

确定弯曲件弯曲方向时，应尽量使毛坯的冲裁断裂带在弯曲件内侧，以避免断裂带的微裂纹在拉力作用下扩展成裂口，同时冲裁毛刺的一面置于弯曲件内侧（见图 3-7），这样有利于采用较小的弯曲圆角半径。这一点对硬料、脆性材料尤为重要。

(a) 垂直纤维方向的合理弯曲

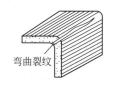
弯曲裂纹
(b) 平行纤维方向的错误弯曲
图 3-5　材料纤维方向与弯曲线的关系

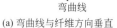

纤维方向

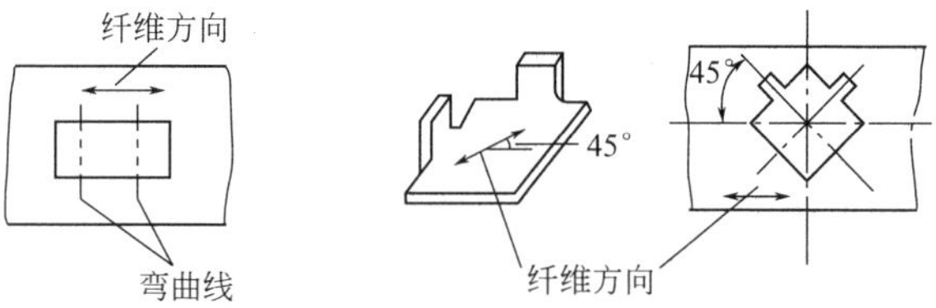

弯曲线

(a) 弯曲线与纤维方向垂直

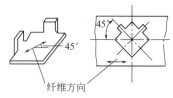

45°

45°

纤维方向

(b) 两个方向上弯曲，呈45°的排样法

图 3-6 弯曲件在板料上的排列

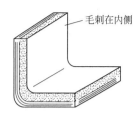

毛刺在内侧

图 3-7 弯曲方向的选择

3.2 弯曲毛坯展开尺寸计算

3.2.1 弯曲中性层的位置

当材料弯曲时，外层材料受拉而伸长，内层材料受压而缩短，在伸长与缩短之间存在一个长度保持不变的纤维层，称为中性层。

在塑性弯曲过程中，毛坯的中性层不在料厚的正中。对板料进行弯曲时，中性层在弯曲中心的内侧，相对弯曲半径 r/t 越小，即变形程度越大，中性层离毛坯内侧越近。

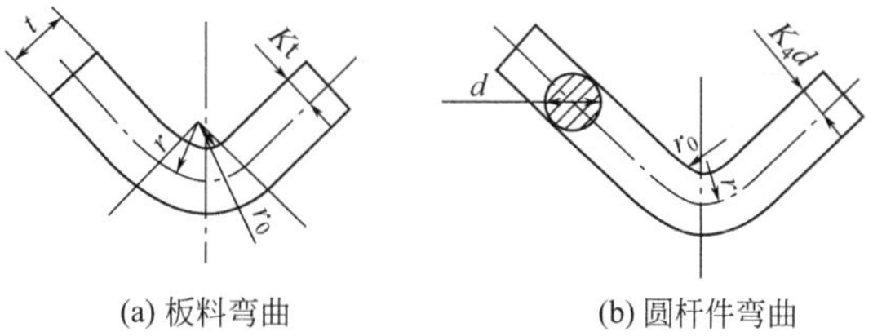

中性层的弯曲半径 r（见图 3-8）为

$$r = r_0 + Kt \tag{3-1}$$

式中 r_0——内弯曲半径；

t——材料厚度；

K——中性层系数（见表 3-3、表 3-4）。

(a) 板料弯曲　　　　(b) 圆杆件弯曲

图 3-8 弯曲中性层

表 3-3 板料弯曲中性层系数 K

r_0/t	0.1	0.2	0.25	0.3	0.4	0.5	0.6	0.8	1.0
K_1(V)	0.30	0.33	0.35	0.36	0.37	0.38	0.39	0.41	0.42
K_2(U)	0.23	0.29	0.31	0.32	0.35	0.37	0.38	0.40	0.41
K_3(O)						0.72	0.70	0.67	0.63
r_0/t	1.2	1.5	1.8	2	3	4	5	6	8
K_1(V)	0.43	0.45	0.46	0.46	0.47	0.48	0.48	0.49	0.50
K_2(U)	0.42	0.44	0.45	0.45	0.46	0.47	0.48	0.49	0.50
K_3(O)	0.59	0.56	0.52	0.50					

注：K_1（V）、K_2（U）、K_3（O）分别适用于 V 形弯曲、U 形弯曲和卷圆。

表 3-4 圆杆件弯曲中性层系数 K

r_0/d	≥1.5	1	0.5	0.25
K_d	0.5	0.51	0.53	0.55

注：d 为杆件直径。

3.2.2　弯曲毛坯长度计算

图 3-9 所示为不同角度的弯曲件。弯曲中性层可分成直线段和圆弧段两部分。

当 $\alpha < 90°$、$\alpha = 90°$ 和 $\alpha > 90°$ 时，弯曲毛坯长度可用下式计算。

$$L = L_1 + L_2 + A \tag{3-2}$$

$$A = \pi(r_0 + Kt)\frac{\alpha}{180°} \tag{3-3}$$

式中　K——中性层系数，详见表 3-3、表 3-4。

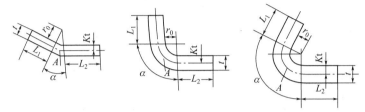

图 3-9　不同角度的弯曲件

3.2.3　各种弯曲形状的展开尺寸计算

① $r < \dfrac{1}{2}t$ 时　弯曲件展开尺寸计算公式见表 3-5。

表 3-5　$r < \dfrac{1}{2}t$ 时，弯曲件展开尺寸计算公式

序号	弯曲特征	简图	计算公式
1	单角弯曲		$L = a + b + 0.4t$
			$L = a + b - 0.4t$
			$L = a + b - 0.43t$
2	双角同时弯曲		$L = a + b + c + 0.6t$
3	三角同时弯曲		$L = a + b + c + d + 0.75t$
4	一次同时弯两个角，第二次弯另一个角		$L = a + b + c + d + t$

序号	弯曲特征	简图	计算公式
5	四角同时弯曲		$L = a + 2b + 2c + t$
6	分两次弯四个角		$L = a + 2b + 2c + 1.2t$

② $r > \dfrac{1}{2}t$ 时 弯曲件展开尺寸计算公式见表 3-6。

表 3-6 $r > \dfrac{1}{2}t$ 时，弯曲件展开尺寸计算公式

序号	弯曲特征	简图	计算公式
1	单直角弯曲		$L = a - b + \dfrac{\pi}{2}(t - Kt)$
2	双直角弯曲		$L = a + b + c + \pi(r + Kt)$
3	四直角弯曲		$L = 2a + 2b + c + \pi(r_1 + K_1 t) + \pi(r_2 + K_2 t)$
4	圆管形工件的弯曲		$L = \pi D = \pi(d + 2Kt)$

③ 铰链弯曲毛坯长度计算 铰链型式如图 3-10 所示。毛坯长度计算公式如下。

a 型 $\quad L = \dfrac{\pi R \alpha}{180°} + L_1$ (3-4)

b 型 $\quad L = \dfrac{\pi R \alpha}{180°} + L_1 + L_2$ (3-5)

式中，$R = r_0 + Kt$。

铰链弯曲中性层系数 K 见表 3-7。

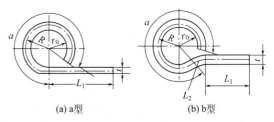

(a) a型   (b) b型

图 3-10 铰链型式

表 3-7 铰链弯曲中性层系数 K

r_0/t	>0.5~0.6	>0.6~0.8	>0.8~1.0	>1.0~1.2	>1.2~1.5	>1.5~1.8	>1.8~2	>2~2.2	>2.2
K	0.76	0.73	0.7	0.67	0.64	0.61	0.58	0.54	0.5

④ 不同弯曲形状 展开尺寸计算公式见表 3-8。

⑤ 直接查表法　90°角的弯曲部分中性层弧长 A 可由表3-9查出，$A = 1.57(r - Kt)$。

表 3-8　不同弯曲形状展开尺寸计算公式

序号	往复曲线形部分简图	计算公式
1		$$A = \frac{Rl_1}{l}\sin\beta = \frac{R360°}{\pi\alpha}\sin\frac{\alpha}{2}\sin\beta$$ 式中　l——弧长 l_1——弦长
2		$$A = \sqrt{2B(R_1+R_2)-B^2}$$ $$\cos\beta = \frac{R_1+R_2-B}{R_1+R_2}$$
3		$$A = B\cot\beta - (R_1+R_2)\tan\frac{\beta}{2}$$ $$y = \frac{B}{\sin\beta} - (R_1+R_2)\tan\frac{\beta}{2}$$ $$= \sqrt{A^2+H^2-(R_1+R_2)^2}$$
4		卷圆首次弯曲半径 $$R_2 = \left(\frac{180°}{\beta}-1\right)R_1$$ 式中，R_1 为工件图上卷圆半径 当 $R_2 = R_1$ 时　$A = 4R_1\sin\frac{\beta}{2}$ 当 $R_2 \neq R_1$ 时　$A = 2\sin\frac{\beta}{2}(R_2+R_1)$

表 3-9　90°角的弯曲部分中性层的弧长 A　　　　　　　单位：mm

r ＼ t	0.3	0.5	0.8	1	1.2	1.5	2	2.5	3	4	5	6	8	10
0.1	0.312 / 0.328	0.385 / 0.410	0.465 / 0.516	0.518 / 0.628										
0.3	0.661 / 0.668	0.759 / 0.774	0.908 / 0.922	0.973 / 1.136	1.051 / 1.130	1.154 / 1.248	1.287 / 1.460	1.403 / 1.680	1.554 / 1.880					
0.5	0.992 / 0.995	1.102 / 1.155	1.265 / 1.271	1.356 / 1.382	1.445 / 1.484	1.562 / 1.638	1.738 / 1.884	1.923 / 2.080	2.067 / 2.288	2.324 / 2.719	2.591 / 2.740			
1.0	1.790 / 1.792	2.023 / 2.027	2.105 / 2.113	2.214 / 2.229	2.325 / 2.341	2.475 / 2.493	2.732 / 2.763	2.914 / 3.022	3.124 / 3.280	3.517 / 3.768	3.847 / 4.161	4.113 / 4.447	4.647 / 5.438	6.180 / 6.280
1.5	2.580 / 2.581	2.719 / 2.784	2.915 / 2.922	3.040 / 3.046	3.158 / 3.167	3.321 / 3.344	3.595 / 3.623	3.847 / 3.870	4.098 / 4.145	4.490 / 4.660	4.867 / 5.181	5.275 / 5.652	5.872 / 6.399	6.437 / 7.301
2	3.366 / 3.368	3.610 / 3.614	3.704 / 3.712	3.845 / 3.854	3.973 / 3.980	4.152 / 4.167	4.427 / 4.458	4.710 / 4.741	4.953 / 4.968	5.464 / 5.526	5.888 / 6.045	6.249 / 6.331	7.530 / 7.536	7.693 / 8.321
2.5	4.152 / 4.156	4.300 / 4.302	4.504 / 4.517	4.664 / 4.647	4.771 / 4.782	4.958 / 4.973	5.256 / 5.278	5.534 / 5.574	5.814 / 5.861	6.330 / 6.455	6.830 / 6.908	7.250 / 7.429	7.994 / 8.484	8.792 / 8.420

r \ t	0.3	0.5	0.8	1	1.2	1.5	2	2.5	3	4	5	6	8	10
3	4.930/4.940	5.086/5.088	5.300/5.307	5.439/5.448	5.573/5.577	5.767/5.782	6.070/6.092	6.374/6.398	6.641/6.690	7.181/7.247	7.698/7.740	8.185/8.290	8.980/9.319	9.748/10.362
4	6.510/6.519	6.659/6.662	6.870/6.988	7.021/7.027	7.158/7.167	7.351/7.368	7.690/7.709	8.002/8.019	8.305/8.333	8.838/8.918	9.420/9.483	9.916/9.935	10.927/11.058	11.775/12.080
5	8.081/8.085	8.233/8.235	8.453/8.454	8.399/8.504	8.741/8.747	8.942/8.959	9.288/9.290	9.612/9.636	9.918/9.945	10.313/10.557	11.069/11.147	11.537/11.712	12.648/12.711	13.639/13.816
6	9.661/9.665	9.804/9.805	10.025/10.029	10.172/10.177	10.319/10.321	10.532/10.541	10.871/10.895	11.206/11.222	11.535/11.563	12.158/12.183	12.745/12.795	13.282/13.326	14.381/14.381	15.385/15.482
8	12.791/12.795	12.945/12.945	13.173/13.175	13.315/13.322	13.464/12.470	13.690/13.697	14.049/14.054	14.689/14.713	14.722/14.741	15.380/15.417	15.005/15.038	15.610/15.652	17.709/17.825	18.849/18.565
10	15.032	16.086/16.087	16.314/16.317	16.465/16.469	16.610/16.614	16.825/16.835	17.193/17.207	17.553/17.568	17.895/18.589	18.576/18.589	19.225/19.272	19.845/19.892	21.081/21.134	22.137/22.294
12	19.072	19.227/19.228	19.456/19.458	19.608/19.611	19.759/19.753	19.977/19.982	20.344/20.354	20.708/20.720	21.063/21.082	21.754/21.792	22.412/22.435	23.070/23.125	24.316/24.386	25.497/25.581
18	23.782	23.988/23.929	24.065/24.065	24.219/24.321	24.471/24.473	24.699/24.754	25.064/25.073	25.430/25.442	25.797/25.811	26.302/25.533	27.192/27.240	27.861/27.883	29.189/29.213	30.395/30.458
20	31.683	31.789	32.013/32.014	32.172/32.174	32.323/32.327	32.551/32.556	32.922/32.939	33.256/33.307	33.851/33.874	34.396/34.414	35.105/35.137	35.789/35.846	37.153/37.178	38.446/38.545

注：表中分子值用于有压板弯曲，分母值用于无压板弯曲。

⑥ 90°角小圆角弯曲件毛坯长度计算　采用扣除计算的方法较为简单、方便。本方法适用于内圆角半径小于或等于料厚的情况。计算公式为

$$L = a + b - K \tag{3-6}$$

式中，K 为扣除值，K 值可查表 3-10；a、b 见表 3-10 中图示。

表 3-10　90°角小圆角弯曲件展开计算 K 值　　单位：mm

r \ t	0.5	0.8	1	1.2	1.5	1.8	2	2.5	3	3.5	4	4.5	5	6	8	10	12
0.6	0.77	1.22	1.48	1.60	2.85	2.94	3.25	4.01	4.38								
0.8	0.94	1.23	1.51	1.73	2.47	3.07	3.41	4.29	4.57								
1	1.04	1.23	1.58	1.84	2.48	3.16	3.46	4.13	4.58								
1.2	1.06	1.23	1.66	1.87	2.68	3.25	3.51	4.27	4.69								
1.5	1.10	1.35	1.71	2.26	2.94	3.37	3.66	4.41	5.21	5.84	6.25	6.80	7.36	9.06			
2	1.25	1.37	1.75	2.45	3.13	3.38	3.83	4.00	5.31	6.03	6.41	7.11	8.15	9.16			
2.5	1.36	1.68	1.87	2.52	3.24	3.58	4.56	4.87	5.59	6.18	6.61	7.23	8.84	9.85			
3	1.62	1.83	2.22	2.64	3.31	3.96	4.26	5.03	5.80	6.43	6.92	7.43	9.00	10.1			
3.5	1.64	2.20	2.66	2.93	3.44	4.02	4.38	5.14	6.05	6.64	7.18	7.64	9.10	10.2	13.8	16.1	20.0
4	1.66	2.68	2.70	3.10	3.68	4.04	4.34	5.26	6.10	6.85	7.45	7.85	9.18	10.3	13.5	16.4	20.4
4.5	2.39	2.93	3.10	3.41	3.78	4.35	4.39	5.35	6.20	7.06	7.72	7.95	9.25	10.7	13.6	16.5	20.7
5	2.68	3.05	3.38	3.62	4.03	4.37	4.56	6.30	6.30	7.21	7.75	8.25		11.4	13.9	19.0	20.9
6	3.01	3.41	3.82	4.04	4.42	4.77	5.37	5.64	6.44	7.41	7.80	8.50	9.35	11.6	14.2	17.2	21.4
8	4.04	4.45	4.68	4.00	5.28	5.67	5.84	6.54	7.01	7.81	8.30	8.94	10.1	12.2	15.3	18.2	22.0

续表

$\dfrac{t}{r}$	0.5	0.8	1	1.2	1.5	1.8	2	2.5	3	3.5	4	4.5	5	6	8	10	12
10	5.01	5.28	5.63	5.77	6.14	6.27	6.79	7.39	8.14	8.61	9.05	9.32	10.4	12.6	15.9	19.0	22.7
12	5.87	6.15	6.51	6.84	7.01	7.31	7.65	7.88	8.86	9.40	9.70	10.21	11.8	13.5	16.9	19.5	23.9

例 3-1 计算图 3-11 所示弯曲件的毛坯展开尺寸。

解 采用两种方法计算。

方法一：按表 3-6 中公式 2，有

$$L = a + b + c + \pi(r + Kt)$$

其中　$a = 30 - 2 - 2 = 26(\text{mm})$

$b = 26(\text{mm})$

$c = 40 - 2 \times (2 + 2) = 32(\text{mm})$

$r = 2(\text{mm})\quad t = 2(\text{mm})$

图 3-11　U 形弯曲件

查表 3-3，当 $\dfrac{r}{t} = \dfrac{2}{2} = 1$ 时，$K_2 = 0.41$。

$$L = 26 + 26 + 32 + \pi(2 + 0.41 \times 2) = 92.86(\text{mm})$$

方法二：按表 3-9 中 A 值查表后计算。

$r = 2$、$t = 2$ 时，$A = 4.43(\text{mm})$（U 形件有压板弯曲）

$L = a + b + c + 2A$

其中　$a = b = 30 - 2 - 2 = 26(\text{mm})$

$c = 40 - 2 \times (2 + 2) = 32(\text{mm})$

$L = 26 + 26 + 32 + 2 \times 4.43 = 92.86(\text{mm})$

3.3　回跳及减少回跳的措施

3.3.1　回跳

弹性变形是材料在受到一定的外力而发生变形，当这个外力去掉后，又恢复到原来形状的性能。

由于金属材料都具有弹性变形的性能，在弯曲后，工件的形状、尺寸会与模具产生一定差异，这就叫回跳（也称回弹）作用。

回跳的大小、弯曲材料的性能和厚度、工件的形状、弯曲半径和是否采用校正弯曲有关。材料越硬、屈服点越高、弯曲半径和材料厚度之比（相对弯曲半径）越大，回跳值就越大。

影响回跳的因素较多，因而回跳值不能完全由理论计算，可取经验数值，或先计算回跳值、再在模具调试中修正。

（1）正回跳和负回跳

如图 3-12 所示，工件弯曲角度为 α_1，相对模具角度为 α_1，当 $\alpha_1 > \alpha$ 时称为正回跳，当 $\alpha_1 < \alpha$ 时称为负回跳。

相对弯曲半径较小时，有可能出现负回跳，如 $\dfrac{r}{t} < 0.2 \sim$

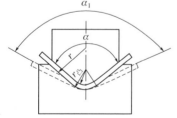

图 3-12　弯曲件回跳

0.3 的 V 形工件进行校正弯曲时，回跳值为负值或零。

（2）回跳值的计算

当 $\dfrac{r}{t} > 8 \sim 10$ 时，回跳值较大，要分别计算弯曲半径和弯曲角的回跳值，再在模具调试中修正。计算方法如下。

$$r_凸 = \frac{r}{1 + \dfrac{3\sigma_s}{E} \cdot \dfrac{r}{t}} \quad (\text{设 } \frac{3\sigma_s}{E} = A) \tag{3-7}$$

$$\alpha_凸 = 180° - \frac{r}{r_凸}(180° - \alpha) \tag{3-8}$$

式中　$r_凸$——凸模圆角半径，mm；

$\quad\quad r$——工件圆角半径，mm；

$\quad\quad \alpha_凸$——凸模的弯曲角度，（°）；

$\quad\quad \alpha$——工件的弯曲角度，（°）；

$\quad\quad t$——工件材料厚度，mm；

$\quad\quad E$——工件材料的弹性模量，MPa；

$\quad\quad \sigma_s$——工件材料的屈服极限，MPa；

$\quad\quad A$——简化系数，常用材料的 A 值见表 3-11。

表 3-11　简化系数 A 值

材料	状态	A
1035、1200	退火	0.0012
	冷硬	0.0041
2A11	软	0.0064
	硬	0.0175
2A12	软	0.007
	硬	0.026
T1、T2、T3	软	0.0019
	硬	0.0088
H62	软	0.0033
	半硬	0.008
	硬	0.015
H68	软	0.0026
	硬	0.0148
QSn6.5-0.1	硬	0.015
QBe2	软	0.0064
	硬	0.0265
QA15	硬	0.0047
08、10、Q215		0.0032
20、Q235		0.005

续表

材料	状态	A
30、35、Q255		0.0068
50		0.015
T8	退火	0.0076
	冷硬	—
1Cr18Ni9Ti	退火	0.0044
	冷硬	0.018
65Mn	退火	0.0076
	冷硬	0.015
60Si2MnA	冷硬	0.021

（3）90°单角弯曲时的回跳角度

当 $r/t<(5\sim8)$ 时，弯曲半径的回跳值一般不大，实际生产中只考虑角度的回跳。回跳值常按经验数值选用，然后在模具调试中修正。回跳角度见表 3-12、表 3-13。

表 3-12　较软金属材料 90°单角校正弯曲回跳角度 $\Delta\alpha$

材料	r/t		
	≤1	1～2	2～3
Q215、Q235	$-1\sim1°30'$	$0°\sim2°$	$1°30'\sim2°30'$
纯铜、黄铜、铝	$0°\sim1°30'$	$0°\sim3°$	$2°\sim4°$

表 3-13　90°单角自由弯曲时的回跳角度 $\Delta\alpha$

材料	r/t	材料厚度 t/mm		
		≤0.8	0.8～2	＞2
钢（碳：0.08%～0.2%）铝 软黄铜 锌	≤1	4°	2°	0°
	1～5	5°	3°	10°
	＞5	6°	4°	2°
中硬钢 硬黄铜 硬青铜	≤1	5°	2°	0°
	1～5	6°	3°	1°
	＞5	8°	5°	3°
钢（碳：0.5%～0.6%）	≤1	7°	4°	2°
	1～5	9°	5°	3°
	＞5	12°	7°	6°
铝合金	≤2	2°	3°	4°30'
	2～5	4°	6°	8°30'

（4）U 形弯曲时的回跳角度

U 形弯曲时的回跳角度值与材料性能、相对弯曲半径 r/t 和弯曲凸、凹模的间隙大小有关，推荐回跳角度 $\Delta\alpha$ 见表 3-14。

表 3-14　U 形弯曲时的回跳角度 Δα

材料的牌号和状态	r/t	凹模和凸模的间隙 $Z/2$						
		0.8t	0.9t	1t	1.1t	1.2t	1.3t	1.4t
		回跳角度 $\triangle \alpha$						
2A12(Y)	2	−2°	0°	2°30′	5°	7°30′	10°	12°
	3	−1°	1°30′	4°	6°30′	9°30′	12°	14°
	4	0°	3°	30°	8°30′	11°30′	14°	16°30′
	5	1°	4°	7°	10°	12°30′	15°	18°
	6	2°	5°	8°	11°	13°30′	16°30′	19°30′
2A12(M)	2	−1°30′	0°	1°30′	3°	5°	7°	8°30′
	3	−1°30′	0°30′	2°30′	4°	6°	8°	9°30′
	4	−1°	1°	3°	4°30′	6°30′	9°	10°30′
	5	−1°	1°	3°	5°	7°	9°30′	11°
	6	−0°30′	1°30′	3°30′	6°	8°	10°	12°
7A04(Y)	3	3°	7°	10°	12°30′	14°	16°	17°
	4	4°	8°	11°	13°30′	15°	17°	18°
	5	5°	9°	12°	14°	16°	18°	20°
	6	6°	10°	13°	15°	17°	20°	23°
	8	8°	13°30′	16°	19°	21°	23°	26°
7A04(M)	2	−3°	−2°	0°	3°	5°	6°30′	8°
	3	−2°	−1°30′	2°	3°30′	6°30′	8°	9°
	4	−1°30′	−1°	2°30′	4°30′	7°	8°30′	10°
	5	−1°	−1°	3°	5°30′	8°	9°	11°
	6	9°	−0°30′	3°30′	6°30′	8°30′	10°	12°
20(已退火的)	1	−2°30′	−1°	0°30′	1°30′	3°	4°	5°
	2	−2°	−0°30′	1°	2°	3°30′	5°	6°
	3	−1°30′	0°	2°30′	3°	4°30′	6°	7°30′
	4	−1°	0°30′	2°30′	4°	5°30′	7°	9°
	5	−0°30′	1°30′	3°	5°	6°30′	8°	10°
	6	−0°30′	2°	4°	6°	7°30′	9°	11°
30CrMnSiA	1	−2°	−0°30′	0°	1°	2°	4°	5°
	2	−1°30′	−1°	1°	2°	4°	5°30′	7°
	3	−1°	0°	2°	3°30′	5°	6°30′	8°30′
	4	−0°30′	1°	3°	5°	6°30′	8°30′	10°
	5	0°	1°30′	4°	6°	8°	10°	11°
	6	0°30′	2°	5°	7°	9°	11°	13°
1Cr18Ni9Ti	1	−2°	−1°	−0°30′	0°	0°30′	1°30′	2°
	2	−1°	−0°30′	0°	1°	1°30′	2°	3°
	3	−0°30′	0°	1°	2°	2°30′	3°	4°
	4	0°	1°	2°	2°30′	3°	4°	5°
	5	0°30′	1°30′	2°30′	3°	4°	5°	6°
	6	1°30′	2°	3°	4°	5°	6°	7°

3.3.2 减少回跳的措施

（1）工件设计方面

改进工件设计结构可以减少回跳。如图 3-13 所示，在弯曲变形区设置加强筋，可增大弯曲件的刚性和弯曲变形程度，减少回弹。

工件材料选用弹性模数大、屈服极限小的材料。

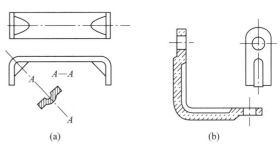

图 3-13　在弯曲件上添置加强筋

（2）工艺设计方面

对于经过冷作硬化的材料，在弯曲前应先进行退火，降低硬度以减小回跳，待弯曲后再进行热处理。这种方法对于热处理不能强化的材料不宜采用。

采用校正弯曲可大大减小回跳值。

（3）模具结构方面

单角弯曲时，可在凸、凹模上预先减去回跳角度［见图 3-14(a)］；也可在凸模和顶板上做倾斜度，补偿弹性回跳［见图 3-14(b)］。

对于弹性大的材料，如 Q235、45、50 钢、65Mn、硬黄铜等，当弯曲半径大于材料厚度时，可改变凸模和凹模的几何形状，使回跳量得到补偿，如图 3-14（c）所示。

对于一般材料，如 Q215、10、20 钢，当回跳角度小于 5°时，工件材料厚度公差较小，可将凸模侧面加工成斜面，角度 α 为回跳角，而凸模与凹模之间的间隙取最小料厚，如图 3-14（d）所示。

对材料厚度大于 1mm 的一般材料，可采用如图 3-14（e）、（f）所示的凸模形状，对材料变形区进行整形来减少回跳量。

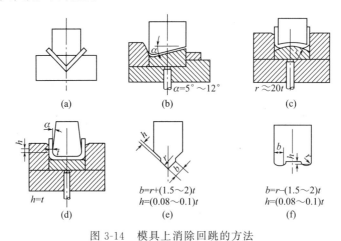

图 3-14　模具上消除回跳的方法

3.4　弯曲力计算

3.4.1　概略计算方法

概略计算时，可按以下公式计算。

$$P = \frac{0.25\sigma_b t}{10000} B \tag{3-9}$$

式中　P——弯曲力，N；

　　　σ_b——弯曲材料的抗拉强度，MPa；

　　　t——弯曲材料厚度，mm；

　　　B——弯曲线长度，mm。

当 $B = 10\text{mm}$ 时，常用材料的弯曲力可查表 3-15。

表 3-15　当 $B = 10\text{mm}$ 时的弯曲力数值/10kN

材料厚度/mm	低碳结构钢		不锈钢	铝		铝合金		铜		黄铜		
	10	20	1Cr18Ni9Ti	1050A		2A12		T2；T3；T4		H62；H68		
	退火的		冷作硬化的	退火的	冷作硬化的	退火的	冷作硬化的	软的	硬的	软的	半硬的	硬的
0.5	0.053	0.063	0.088	0.014	0.018	0.027	0.058	0.025	0.038	0.038	0.044	0.050
0.8	0.084	0:100	0.140	0.022	0.028	0.043	0.092	0.040	0.060	0.060	0.070	0.080
1.0	0.105	0.125	0.175	0.028	0.035	0.054	0.115	0.050	0.075	0.075	0.088	0.100
1.5	0.158	0.188	0.263	0.042	0.053	0.081	0.173	0.070	0.113	0.113	0.132	0.150
2.0	0.210	0.250	0.350	0.056	0.070	0.108	0.230	0.100	0.150	0.150	0.175	0.200
2.5	0.263	0.312	0.440	0.070	0.088	0.135	0.288	0.125	0.188	0.188	0.219	0.250
3.0	0.315	0.375	0.525	0.084	0.105	0.162	0.345	0.150	0.225	0.225	0.263	0.300
3.5	0.368	0.438	0.613	0.098	0.125	0.189	0.403	0.175	0.263	0.263	0.307	0.350
4.0	0.420	0.500	0.700	0.112	0.140	0.216	0.460	0.200	0.300	0.300	0.350	0.400
4.5	0.473	0.563	0.788	0.126	0.158	0.243	0.518	0.225	0.338	0.338	0.394	0.450
5	0.525	0.625	0.875	0.140	0.175	0.270	0.575	0.250	0.375	0.375	0.438	0.500
6	0.630	0.750	1.050	0.168	0.210	0.324	0.690	0.300	0.450	0.450	0.525	0.600
8	0.840	1.000	1.400	0.224	0.280	0.432	0.920	0.400	0.600	0.600	0.700	0.800
11	1.050	1.250	1.750	0.280	0.350	0.540	1.150	0.500	0.750	0.750	0.876	1.000

3.4.2　弯曲力和校正力的计算公式

实际生产中计算时采用经验公式和数据。

（1）V 形件自由弯曲

$$P = P_1 = \frac{Bt^2\sigma_b}{r+t} \tag{3-10}$$

（2）V 形件校正弯曲

$$P = P_1 = F_q \tag{3-11}$$

（3）U 形用弹顶器不校正弯曲

$$P = P_1 + Q = \frac{Bt^2\sigma_b}{r+t} + 0.8P_1 = \frac{1.8Bt^2\sigma_b}{r+t} \tag{3-12}$$

（4）U 形用弹顶器加校正的弯曲

$$P = P_2 = Fq \tag{3-13}$$

式中　P——弯曲时总弯曲力，N；

　　　P_1——弯曲力，N；

　　　P_2——校正力，N；

Q——最大弹顶力，N，$Q=0.8P_1$；

B——弯曲线长度，mm；

t——材料厚度，mm；

r——内弯曲半径，mm；

F——材料校正部分投影面积，mm^2；

σ_b——材料的抗拉强度，MPa；

q——校正弯曲时的单位压力，MPa，详见表 3-16。

表 3-16　校正弯曲所需单位压力 q/MPa

材料	材料厚度 t/mm			
	$\leqslant 1$	$1\sim 2$	$2\sim 5$	$5\sim 10$
铝	$10\sim 15$	$15\sim 20$	$20\sim 30$	$30\sim 40$
黄铜	$15\sim 20$	$20\sim 30$	$30\sim 40$	$40\sim 60$
$10\sim 20$ 钢	$20\sim 30$	$30\sim 40$	$40\sim 60$	$60\sim 80$
$25\sim 35$ 钢	$30\sim 40$	$40\sim 50$	$50\sim 70$	$70\sim 100$

3.5　弯曲凸、凹模尺寸计算

3.5.1　弯曲凸、凹模间隙的确定

V 形工件弯曲不需要确定间隙，可依靠调整压力机的闭合高度控制。

U 形和其他形状工件弯曲，必须确定适当间隙（见图 3-15）。间隙过大，回跳值大，工件精度降低；间隙过小，会使材料变薄，降低模具寿命。

有色金属（铜、铝）用弯曲凸、凹模间隙为

$$\frac{Z}{2}=t_{最小}+nt \tag{3-14}$$

黑色金属用弯曲凸、凹模间隙为

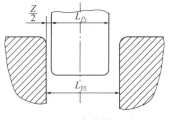

图 3-15　弯曲模间隙

$$\frac{Z}{2}=t(1+n) \tag{3-15}$$

式中　$t_{最小}$——材料最小厚度，mm；

　　　t——材料厚度，mm；

　　　n——系数，详见表 3-17。

表 3-17　系数 n

弯曲件高度 H/mm	材料厚度 t/mm							
	$\leqslant 0.5$	$>0.5\sim 2$	$\geqslant 2\sim 4$	$\geqslant 4\sim 5$	$\leqslant 0.5$	$>0.5\sim 2$	$>2\sim 4$	$>4\sim 7.5$	$>7.5\sim 12$
	$B\leqslant 2H$				$B>2H$				
10	0.05	0.05	0.04	0.03	0.10	0.10	0.08		
20	0.05	0.05	0.04	0.03	0.10	0.10	0.08		

弯曲件高度	材料厚度 t/mm								
H/mm	≤0.5	>0.5~2	≥2~4	≥4~5	≤0.5	>0.5~2	>2~4	>4~7.5	>7.5~12
	$B \leqslant 2H$				$B > 2H$				
35	0.07	0.05	0.04	0.03	0.15	0.10	0.08	0.06	0.06
50	0.10	0.07	0.05	0.04	0.20	0.15	0.10	0.06	0.06
75	0.10	0.07	0.05	0.05	0.20	0.15	0.10	0.06	0.06
100	—	0.07	0.05	0.05	—	0.15	0.10	0.10	0.08
150	—	0.10	0.07	0.05	—	0.20	0.15	0.10	0.08
200	—	0.10	0.07	0.07	—	0.20	0.15	0.10	0.10

注：B 为弯曲件宽度。

3.5.2　弯曲凸、凹模工作部分尺寸计算

（1）弯曲件标注外形尺寸（见图 3-16）

工件为双向偏差时，凹模尺寸为

$$L_凹 = \left(L - \frac{\Delta}{2}\right)_0^{+\delta_凹} \tag{3-16}$$

工件为单向负偏差时，凹模尺寸为

$$L_凹 = \left(L - \frac{3}{4}\Delta\right)_0^{+\delta_凹} \tag{3-17}$$

凸模尺寸 $L_凸$ 按凹模实际尺寸配制，保证间隙 Z。

（2）弯曲件标注内形尺寸（见图 3-17）

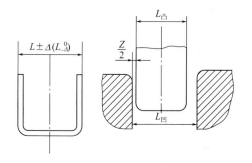

图 3-16　弯曲件标注外形尺寸

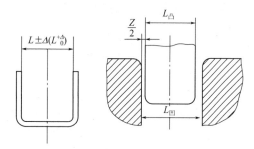

图 3-17　弯曲件标注内形尺寸

工件为双向偏差时，凸模尺寸为

$$L_凸 = \left(L + \frac{1}{2}\Delta\right)_{-\delta_凸}^{0} \tag{3-18}$$

工件为单向正偏差时，凸模尺寸为

$$L_凸 = \left(L + \frac{1}{4}\Delta\right)_{-\delta_凸}^{0} \tag{3-19}$$

凹模尺寸 $L_凹$ 按凸模实际尺寸配制，保证间隙 Z。

式中，$L_凸$，$L_凹$ 分别为凸、凹模工作部分尺寸，mm；Δ 为弯曲件偏差，mm；$\delta_凸$、$\delta_凹$ 分别为凸、凹模制造公差，采用精度等级 IT9。

（3）非90°弯曲时凸模和凹模的尺寸差

图 3-18 所示为非90°弯曲时的凸模和凹模，其尺寸单面差为

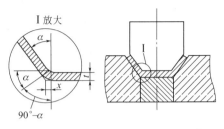

图 3-18　非90°弯曲时的凸模和凹模

$$x = t\tan\frac{90° - \alpha}{2} = tA \quad (3-20)$$

$$A = \tan\frac{90° - \alpha}{2} \quad (3-21)$$

式中　t——材料厚度，mm；

　　　A——系数，详见表3-18。

表 3-18　不同弯曲角度时的系数 A 值

α	1°	2°	3°	4°	5°	6°	7°	8°	9°	10°	11°	12°	13°	14°	15°
A	0.983	0.966	0.946	0.933	0.916	0.900	0.885	0.869	0.854	0.839	0.824	0.810	0.795	0.781	0.76
α	16°	17°	18°	19°	20°	21°	22°	23°	24°	25°	26°	27°	28°	29°	30°
A	0.754	0.740	0.727	0.713	0.700	0.687	0.675	0.662	0.649	0.637	0.625	0.613	0.600	0.589	0.577
α	31°	32°	33°	34°	35°	36°	37°	38°	39°	40°	41°	42°	43°	44°	45°
A	0.566	0.554	0.543	0.532	0.521	0.510	0.499	0.488	0.477	0.466	0.456	0.445	0.435	0.424	0.414
α	46°	47°	48°	49°	50°	51°	52°	53°	54°	55°	56°	57°	58°	59°	60°
A	0.404	0.394	0.384	0.374	0.364	0.354	0.344	0.335	0.325	0.315	0.306	0.296	0.287	0.277	0.268
α	61°	62°	63°	64°	65°	66°	67°	68°	69°	70°	71°	72°	73°	74°	75°
A	0.259	0.249	0.240	0.231	0.222	0.213	0.203	0.194	0.185	0.176	0.167	0.158	0.149	0.141	0.132
α	76°	77°	78°	79°	80°	81°	82°	83°	84°	85°	86°	87°	88°	89°	90°
A	0.123	0.114	0.105	0.096	0.087	0.079	0.070	0.061	0.052	0.044	0.035	0.026	0.017	0.009	—

3.5.3　典型弯曲模类型及结构

弯曲件的种类较多，形状各异，因此，弯曲模的结构类型也较多，常见的有单工序模、级进弯曲模、复合弯曲模和通用弯曲模。单工序模中常见的有 V 形件弯曲模、U 形件弯曲模和 Z 形件弯曲模等。

（1）V 形件弯曲模

V 形件弯曲模形状简单、弯曲变形容易，因此，模具结构也较简单，一般对称的 V 形件可采用如图 3-19 所示的模具结构。毛坯由定位板 5 定位，凸模 3 下行进行弯曲，弯曲后由顶杆 4 顶出弯曲件。顶杆 4 还具有压料作用，可防止毛坯偏移。

（2）U 形件弯曲模

如图 3-20 所示为常用的 U 形件弯曲模结构。毛坯由定位板 5 定位，凹模 6 上有个顶板 4，弯曲时顶板能对弯曲件底部施加一定的顶压力，这样能保持弯曲件底部的平整，这个顶压力主要来自装在下模座 7 底部的通用弹顶装置。

（3）Z 形件弯曲模

如图 3-21 所示为常用的 Z 形件弯曲模结构。冲压前，活动凸模 1 在橡胶 5 作用下与凸模 2 端面齐平；冲压时，活动凸模 1 与顶板 7 将坯料压紧，由于橡胶 5 产生的弹压力大于顶板 7 下方缓冲器产生的弹顶力，因此，推动顶板 7 下移使坯料左端发生弯曲变形；当顶板 7 接触到下模座 9 后，橡胶 5 压缩，凸模 2 相对于活动凸模 1 下移，使坯料右端发生弯曲变形；当压块 4 与上模座 3 相碰时，可以校正弯曲件。

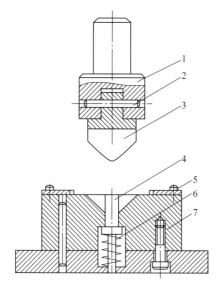

图 3-19　V 形件弯曲模

1—模柄；2—销；3—凸模；4—顶杆；
5—定位板；6—弹簧；7—凹模

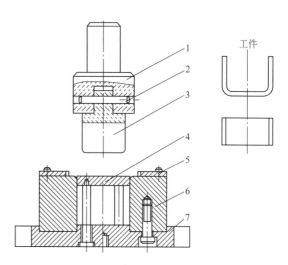

图 3-20　U 形件弯曲模

1—模柄；2—销；3—凸模；4—顶板；
5—定位板；6—凹模；7—下模座

（4）级进弯曲模

一些小型弯曲件，采用单工序模加工不方便，生产效率也不高。如果采用级进模，将冲裁和弯曲工序安排在同一副模具上进行加工，则可改善单工序模存在的一些问题，这也是现代冲压模具的发展趋势。图 3-22 所示为同时进行冲孔、落料和弯曲的级进弯曲模，用于加工侧壁带有孔的双角弯曲件。工作时，条料进给用导尺导向，从卸料板下面送入模内到挡块 6 右侧。滑块下行，弯曲凸模 5 落料并压弯成型，同时冲孔凸模 2 在条料的设计位置冲出一孔。回程时，卸料板卸下条料，同时顶件销 4 在弹簧作用下推出制件，这样除第一次外每次冲压均可以得到一件弯曲成品件。

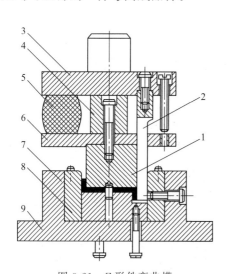

图 3-21　Z 形件弯曲模

1—活动凸模；2—凸模；3—上模座；4—压块；5—橡胶；
6—凸模托板；7—顶板；8—反侧压块；9—下模座

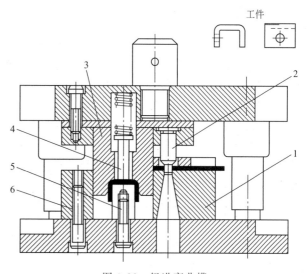

图 3-22　级进弯曲模

1—冲孔凹模；2—冲孔凸模；3—弯曲凹模；
4—顶件销；5—弯曲凸模；6—挡块

在设计模具结构的时候，根据弯曲件的形状和变形特点，应注意以下几点：

① 坯料要有可靠、准确的定位，防止变形过程中发生偏移。

② 弯曲结束时，应使弯曲件在模具中得到校正，以减少回弹量。

③ 模具应具有一定的强度和刚度，以防止弯曲件弯曲或校正时模具变形。

④ 模具结构不应限制弯曲过程中应有的动作，以防止弯曲过程中坯料断面产生畸形。

⑤ 模具结构要便于坯料的安放和弯曲件的取出，操作方便、安全，且便于制造和维修。

3.6 弯曲模实例分析

3.6.1 实例一：V、U 形件弯曲模设计分析

- 零件名称：V 形件结构如图 3-23（a）所示；U 形件结构如图 3-23（b）所示。
- 材料：料厚 2mm 的 Q235A 钢板。
- 生产批量：中等生产批量。

（1）工艺性分析

该零件外形简单，尺寸精度及冲裁断面质量要求均不高，弯曲件中未注尺寸的极限偏差按 GB/T 15055—2007《冲压件未注公差尺寸极限偏差》选取（见附录 A-4）。具体公差等级的选择级别一般由企业标准确定。

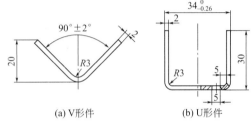

(a) V 形件　　(b) U 形件

图 3-23　V、U 形件结构图

一般零件弯曲能保证的角度公差为表 3-19 中所列的经济级，表中精密级角度公差需增加整形工序方能达到。

表 3-19　弯曲件角度公差

弯曲件短边尺寸/mm	>1～6	>6～10	>10～25	>25～63	>63～160	>160～400
经济级	±1°30′～3°	±1°30′～3°	±50′～2°	±50′～2°	±25′～1°	±15′～30′
精密级	±1°	±1°	±30′	±30′	±20′	±10′

为提高加工零件的制造工艺性，一般弯曲件的尺寸经济公差等级最好在 IT13 级以下，增加整形等工序可以达到 IT11 级。

一般弯曲件的最小弯曲半径均不得小于表 3-20 中所列的数据，否则，需增加整形工序。

图 3-23 所示零件的弯曲内角 $R3$ 大于表 3-20 所列的弯曲件最小弯曲半径 $0.5t=0.5×2=1mm$（按弯曲 Q235 钢，方向为平行碾压纹向选取），故不易造成变形区外层材料的破裂，零件弯曲内角的加工工艺性较好。

表 3-20　弯曲件的最小弯曲半径

材料	退火或正火		冷作硬化	
	弯曲线位置			
	垂直碾压纹向	平行碾压纹向	垂直碾压纹向	平行碾压纹向
纯铜、锌	0.1t	0.35t	t	2t
黄铜、铝	0.1t	0.3t	0.5t	t
磷青铜	—	—	t	3t

材料	退火或正火		冷作硬化	
	弯曲线位置			
	垂直碾压纹向	平行碾压纹向	垂直碾压纹向	平行碾压纹向
08、10、Q215	$0.1t$	$0.4t$	$0.4t$	$0.8t$
15～20、Q235	$0.1t$	$0.5t$	$0.5t$	t
25～30、Q255	$0.2t$	$0.6t$	$0.6t$	$1.2t$
35～40、Q275	$0.3t$	$0.8t$	$0.8t$	$1.5t$
45～50、Q295	$0.5t$	t	t	$1.7t$
55～60、Q315	$0.7t$	$1.3t$	$1.3t$	$2t$
65Mn、T7	t	$2t$	$2t$	$3t$
硬铝（软）	t	$1.5t$	$1.5t$	$2.5t$
硬铝（硬）	$2t$	$3t$	$3t$	$4t$
镁锰合金 MB1、MB8	$2t$（加热至 300～400℃）	$3t$（加热至 300～400℃）	$7t$（冷作状态） $5t$（冷作状态）	$9t$（冷作状态） $8t$（冷作状态）
钛合金 TA2、TA5	$1.5t$（加热至 300～400℃）	$2t$（加热至 300～400℃）	$3t$（冷作状态） $4t$（冷作状态）	$4t$（冷作状态） $5t$（冷作状态）

注：1. 当弯曲线与碾压纹路成一定角度时，视角度的大小，可采用中间的数值，如 45°时可取中间值。

2. 对在冲裁或剪裁后未经退火的窄毛坯做弯曲时，应作为硬化金属来选用。

3. 弯曲时，使冲裁毛刺于弯曲后转到弯角的内侧，即弯曲时应将坯料毛刺一面朝向凸模。

4. 表中 t 为弯曲板料的料厚，单位为 mm。

除上述分析外，为简化加工工艺过程，提高待弯曲件的公差等级，并简化模具设计，弯曲件的工艺性还应考虑以下方面内容。

① 弯曲件孔边距 L。带孔的板料在弯曲时，如果孔位于弯曲变形区内，则孔的形状会发生畸变。因此，孔边到弯曲半径中心的距离要保证：

当 $t<2mm$ 时，$L \geqslant t$；

当 $t \geqslant 2mm$ 时，$L \geqslant 2t$。

如不能满足上述条件，可采取冲凸缘形缺口或月牙槽的措施或在弯曲变形区冲出工艺孔，以转移变形区。

② 弯曲件的直边高度 H。当弯 90°角时，为使弯曲时有足够的弯曲力臂，必须使弯曲边高度 $H>2t$，最好大于 $3t$。当 $H<2t$ 时，可开槽后弯曲或增加直边高度，弯曲后再除去。

③ 弯曲件的形状。弯曲件的形状应对称，弯曲半径应左右一致，以保证板料不会因摩擦阻力不均而产生滑动，造成工件偏移。

对照弯曲件的工艺性要求，图 3-23（a）所示 V 形件弯曲角度 90°±2°属于弯曲加工的经济级，图 3-23（b）所示 U 形件 $34_{-0.26}^{0}$约相当于 IT12 级，处于弯曲加工经济精度内，显然，该零件的加工工艺性良好。

（2）弯曲模结构

采用的 V 形及 U 形弯曲模结构分别如图 3-24（a）、（b）所示。

（3）设计分析

① 模具工作过程　图 3-24（a）所示模具工作时，毛坯放在凹模 5 的上工作面上，由定位销 10 定位，上模下行至接触坯料后，继续下压毛坯，在凸模 3 和顶杆 9 的双重夹持下逐步成型。

同样，图 3-24（b）所示模具工作时，毛坯放在凹模 3 的上工作面上，由定位板 8 定位，由凸模 7 及凹模 3、顶件板 4 共同作用将毛坯弯成 U 形。

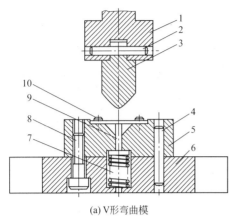
(a) V形弯曲模

1—模柄；2，4—销钉；3—凸模；5—凹模；
6—下模板；7—弹簧；8—螺钉；
9—顶杆；10—定位销

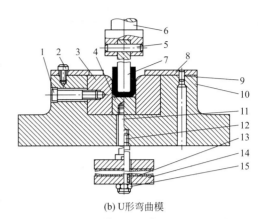
(b) U形弯曲模

1，2—螺钉；3—凹模；4—顶件板；5，9—圆柱销；
6—模柄；7—凸模；8—定位板；10—下模座；
11—顶料螺钉；12—螺杆；13—橡胶；14—托板；15—螺母

图 3-24　V 形及 U 形弯曲模

② 模具结构特点　图 3-25 所示为 V 形及 U 形弯曲模的典型结构，为防止压弯时坯料的偏移，模具中均采用了压料装置。在压弯结束后，压料装置还起着将工件顶出凹模型腔的作用。

③ 模具结构分析　弯曲模工作部分的结构设计主要有：确定凸、凹模圆角半径，凹模深度及凸、凹模的尺寸与制造公差，对 U 形弯曲模还涉及模具间隙等。

凸模圆角半径一般取略小于弯曲件内圆角半径的数值，凹模圆角半径不能太小，否则会擦伤材料表面。凹模深度要适当，过小，则工件两端的自由部分太多，弯曲件回弹大，不平直，影响零件质量；过大，则多消耗模具钢材，且需较长的压力机行程。

a. 对 V 形件弯曲，其模具的结构如图 3-25 所示，凹模厚度 H 及槽深 h 的尺寸的确定可查表 3-21 选取。

表 3-21　弯曲 V 形件尺寸 h 和 H 的确定　　　　　　　　单位：mm

材料厚度	<1	1～2	2～3	3～4	4～5	5～6	6～7	7～8
h	3.5	7	11	14.5	18	21.5	25	28.5
H	20	30	40	45	55	65	70	80

注：1. 当弯曲角度为 85°～95°，$L_1=8t$ 时，$r_凸=r_1=t$。
2. 当 K（小端）$\geqslant 2t$ 时，h 值按 $h=L_1/2-0.4t$ 公式计算。

b. V 形与 U 形弯曲的圆角半径 $r_凹$、深度 L_0 及计算间隙公式中的系数 c 的确定可参考图 3-26 及表 3-22。

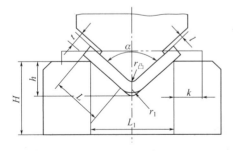
图 3-25　弯曲 V 形件模具结构示意图

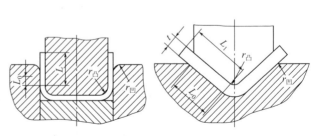
图 3-26　弯曲模结构尺寸

表 3-22　弯曲模的圆角半径 $r_凹$、深度 L_0 及计算间隙公式中的系数 c　　单位：mm

弯边长度 L	材料厚度 t											
	<0.5			0.5～2			2～4			4～7		
	L_0	$r_凹$	c	L_0	$r_凹$	c	L_0	$r_凹$	c	L_0	$r_凹$	c
10	6	3	0.1	10	3	0.1	10	4	0.08			
20	8	3	0.1	12	4	0.1	15	5	0.08	20	8	0.06
35	12	4	0.15	15	4	0.1	20	6	0.08	25	8	0.06
50	15	5	0.2	20	6	0.15	25	8	0.1	30	10	0.08
75	20	6	0.2	25	8	0.15	30	10	0.1	35	12	0.1
100	25	6	0.2	30	10	0.15	35	12	0.1	40	15	0.1
150	30	6	0.2	35	12	0.2	40	15	0.15	50	20	0.1
200	40	6	0.2	45	15	0.2	55	20	0.15	65	25	0.15

　　c. 弯曲模的间隙。凸模与凹模之间的间隙大小和圆角半径一样，对弯曲所需的压力及零件的质量影响很大。由于弯曲 V 形工件时，凸、凹模间隙是靠调整压力机闭合高度来控制的，因此不需要在模具结构上确定间隙。对 U 形类工件（生产中习惯称为双角弯曲）则必须选择适当的间隙，间隙的大小对于工件质量和弯曲力有很大的关系。若过大，则回跳量大，降低零件的精度；间隙愈小，所需的弯曲力愈大，同时零件受压部分变薄愈甚；但若间隙过小，则可能发生划伤或断裂，降低模具寿命，甚至造成模具损坏。

　　对于一般弯曲件的间隙可由表 3-23 查得，也可由下列近似计算公式直接求得。

有色金属（纯铜、黄铜）

$$Z=(1\sim1.1)t \tag{3-22}$$

钢

$$Z=(1.05\sim1.15)t \tag{3-23}$$

　　当工件精度要求较高时，其间隙值应适当减少（取 $Z=t$）。生产中，当对材料厚度变薄要求不高时，为减少回跳等，也取负间隙，取 $Z=(0.85\sim0.95)t$。

表 3-23　弯曲模凹模和凸模的间隙　　单位：mm

材料厚度 t	材料		材料厚度 t	材料	
	铝合金	钢		铝合金	钢
	间隙 Z			间隙 Z	
0.5	0.52	0.55	2.5	2.62	2.58
0.8	0.84	0.86	3	3.15	3.07
1	1.05	1.07	4	4.2	4.1
1.2	1.26	1.27	5	5.25	5.75
1.5	1.57	1.58	6	6.3	6.7
2	2.1	2.08			

　　在双角弯曲时，间隙与材料的种类、厚度、厚度公差以及弯边长度 L 都有关系，间隙值按下式确定

$$Z=t_{max}+ct=t+\Delta+ct \tag{3-24}$$

式中　Z——凸模与凹模单边的间隙，mm；

　　t_{max}——材料厚度的上限值，mm；

　　t——材料的公称厚度，mm；

　　c——弯曲模的间隙系数，mm，见表 3-22；

　　$\triangle$——材料厚度的上偏值，mm。

（4）设计点评

模具的使用场合　图 3-24 所示 V 形及 U 形弯曲模结构主要用于有一定要求的各种单角或双角弯曲作用。对两直边长度不等且带有圆孔的 V 形弯曲件，还可采用如图 3-27 所示的模具进行加工。

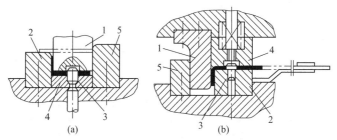

图 3-27　带有压料装置及定位销的弯曲模
1—凸模；2—凹模；3—定位销；4—压料板；5—止推块

通过在模具中设置压料装置，以定位销定位，保证定位的准确性；为克服弯曲时侧向力的作用，通过设置止推块 5，使凸模接触坯料前先行与止推块 5 紧贴，防止毛坯及凸模的偏移，从而保证弯曲件的质量。

对形状及尺寸要求不高的 V、U 形件弯曲件，也可采用图 3-28 所示最简单的敞开式 V、U 形弯曲模。这种模具制造方便，通用性强，但采用这种模具弯曲时，板料容易滑动，弯曲件的边长不易控制，工件弯曲精度不高且易造成 U 形件底部不平整。生产中，对常见的V 形、U 形、Z 形等弯曲件，一般可采用通用弯曲模完成零件的加工。

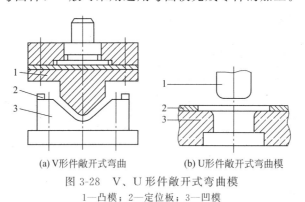

(a) V 形件敞开式弯曲　　　　　　(b) U 形件敞开式弯曲模

图 3-28　V、U 形件敞开式弯曲模
1—凸模；2—定位板；3—凹模

图 3-29 所示为在压力机上使用的弯曲 V 形件的通用弯曲模结构。这种模具的特点是：两凹模 7 配合可做成 4 种角度，并与 4 种不同角度的凸模相配，弯曲不同角度的 V 形件。工作时坯料通过定位板 4 定位，其定位板可以根据坯料大小进行前后、左右调整。工件弯曲后，可由顶杆 2 通过缓冲器顶出，并防止工件底面挠曲。

图 3-30 所示为在压力机上使用的弯曲 U、⊔ 形件的通用弯曲模结构。整套模具的工作零件（主凸模、副凸模及凹模）采用活动结构，可完成不同宽度、不同料厚、不同形状（U、⊔ 形）零件的加工。

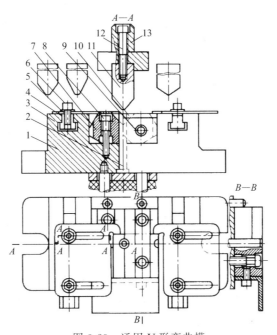

图 3-29　通用 V 形弯曲模

1—模座；2—顶杆；3—T 形块；4—定位板；5—垫圈；6，8，9，12—螺钉；
7—凹模；10—托板；11—凸模；13—模柄

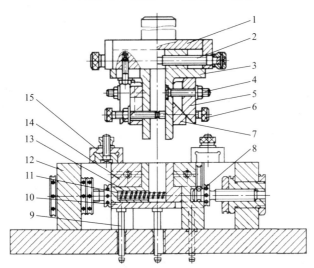

图 3-30　U、弯形件通用弯曲模

1—模柄；2，4—螺栓；3—主凸模；5—斜顶块；6—特制螺栓；7—副凸模；8—调节螺栓；
9—顶杆；10—垫板；11—弹簧；12—模套；13—顶件块；14—凹模；15—定位装置

图 3-30 所示的模具中，一对活动凹模 14 装在模套 12 里，两凹模的工作宽度可根据不同的弯曲件宽度，通过调节螺栓 8 调节至合适尺寸；一对顶件块 13 在弹簧 11 的作用下始终紧贴凹模，并通过垫板 10 和顶杆 9 起压料和顶件作用。一对主凸模 3 装在特制模柄 1 内，凸模的工作宽度可通过螺栓 2 调节，因此，可很方便地完成不同宽度、不同料厚 U 形件的弯曲。

弯曲弯形件时，还需副凸模 7，副凸模的高低位置可通过螺栓 4、6 和斜顶块 5 调节。压弯 U 形件时，可把其调整到最高位置。

[*]3.6.2 实例二：铰链卷圆模设计分析

- 零件名称：铰链；结构如图 3-31 所示。
- 材料：料厚为 7mm 的 Q235 钢板。
- 生产批量：中等生产批量。

（1）加工工艺分析

图 3-31 所示铰链广泛用于产品中零件间的连接，因铰链头部呈封闭结构，给成型带来一定的难度，一般均需安排预弯工序。

根据产品零件使用要求的不同，零件的加工方案也不同，通常图 3-31（a）所示铰链由预弯、卷圆两道工序完成。

图 3-31（b）所示铰链，当 $r/t>0.5$ 并对卷圆质量要求较高时，采用两道预弯工序，然后卷圆成型；但当 $r/t=0.5\sim2.2$，且卷圆质量要求一般时，采用一次预弯即可卷圆。

卷圆时，可采用有芯棒和无芯棒两种结构型式。不论图 3-31（a）型或（b）型，当 $r/t\geqslant4$ 或对卷圆有较严格要求的场合，都应采用有芯棒卷圆。

一次预弯成形的形状如图 3-32 所示。

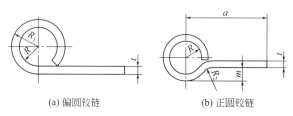

（a）偏圆铰链　　　　（b）正圆铰链

图 3-31　铰链结构图

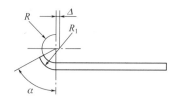

图 3-32　一次预弯成形的形状

预弯端部圆弧 $\alpha=75°\sim80°$，并将凹模的圆弧中心向内侧偏移 Δ 值，使其局部变薄成型，R_1 的偏移量 Δ 值按表 3-24 选取。

表 3-24　R_1 的偏移量 Δ 值　　　　　　　　　　单位：mm

模料厚度	1	1.5	2	2.5	3	3.5	4	4.5	5	5.5	6
偏移量 Δ	0.3	0.35	0.4	0.45	0.48	0.50	0.55	0.60	0.60	0.65	0.65

（2）模具结构

图 3-31（a）所示偏圆类铰链一次预弯成型的模具及其卷圆成型的模具结构如图 3-33 所示。

图 3-31（b）所示正圆类铰链二次预弯成型的模具及其卷圆成型的模具结构如图 3-34 所示。

（3）设计分析

① 模具的特点　图 3-33（b）所示卷圆模由于卷圆凹模从水平方向卷圆成型而称为卧式卷圆，因毛坯定位稳定可靠，压料方便，零件成型质量较好，在生产中应用广泛；同时，圆凹模从垂直方向卷圆成型称为立式卷圆。尽管立式卷圆易使立面材料发生失稳变形，零件成型质量不高，但模具结构简单，易制造且成本低，因此，在生产中仍有应用，常用于料较厚且直边长度较小，成型质量要求不高工件的卷圆。

② 模具结构分析　图 3-35 所示为铰链模的结构参数，设计中可参考使用。

（4）设计点评

铰链类弯曲模的设计比较规范，并大多已标准化，因此，设计难度不大。由于铰链形工

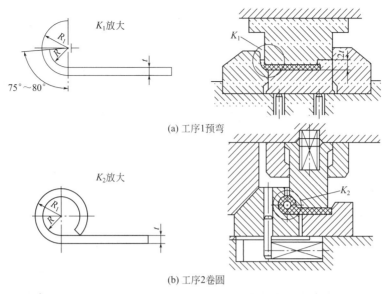

(a) 工序1预弯

(b) 工序2卷圆

图 3-33　偏圆类铰链卷圆的工序及模具

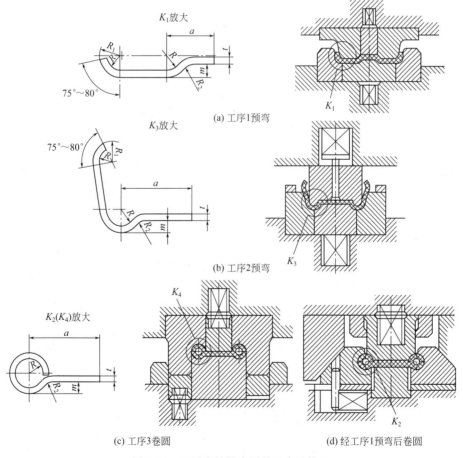

(a) 工序1预弯

(b) 工序2预弯

(c) 工序3卷圆

(d) 经工序1预弯后卷圆

图 3-34　正圆类铰链卷圆的工序及模具

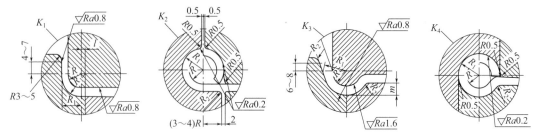

图 3-35　铰链模结构参数

件弯曲成型时，材料受到挤压和弯曲作用（与板料弯曲不同），中性层位置会由材料厚度的中间向外层方向移动，r/t 的比值愈小，中心层系数愈大，因此，铰链类零件展开料的求解应按表 3-25 所示的中性层系数 x 值进行。

表 3-25　中性层系数 x 的值

r/t	0.5~0.6	0.6~0.8	0.8~1	1~1.2	1.2~1.5	1.5~1.8	1.8~2	2~2.2	2.2~2.4	2.4~2.6	2.6~2.8	>2.8
x	0.76	0.73	0.70	0.67	0.64	0.61	0.58	0.54	0.52	0.51	0.5	0.5

 **本章小结**

　　本章讲述了弯曲工艺的特点、类型和质量要求，以及典型弯曲模类型。

　　在弯曲工艺的基本理论方面，主要应当理解弯曲变形的过程以及在变形过程中的应力应变机理，掌握弯曲变形中最小弯曲半径的确定方法及弯曲回跳（回弹）值的计算，了解弯曲件的工艺性。在弯曲模设计方面，应当了解弯曲模设计的基本内容，弯曲成型的工艺组合方式；掌握典型的弯曲模结构设计，着重于 V 形件弯曲模和 U 形件弯曲模的设计，能够按照模具设计的标准规范，计算弯曲件的展开尺寸，计算弯曲力；能够选择凸、凹模的间隙，设计凸、凹模各结构尺寸。

　　最后介绍了常见的典型弯曲模设计实例分析。

 思考与练习题

　　3-1　什么是弯曲变形？有什么特点？

　　3-2　板料的弯曲变形过程大致可分为哪几个阶段？各阶段的应力与应变状态如何？

　　3-3　弯曲工艺有什么特点？

　　3-4　什么是中性层？怎样确定变形中性层的位置？

　　3-5　为什么板料弯曲变形时，其中性层会产生内移？

　　3-6　什么是材料的相对弯曲半径？此参数对弯曲有何影响？

　　3-7　什么是最小弯曲半径？影响最小弯曲半径的因素有哪些？

　　3-8　什么是弯曲回跳（回弹）？减少回跳（回弹）的措施有哪些？

　　3-9　弯曲件工序安排的一般原则是什么？

　　3-10　何谓弯曲力？何谓校正力？

3-11 简述典型弯曲模类型。

3-12 在设计模具结构的时候应注意什么？

3-13 试用工序草图表示题 3-13 图所示的 3 种弯曲件的弯曲工序安排。

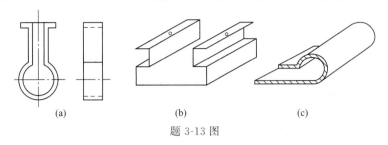

(a)   (b)   (c)

题 3-13 图

3-14 在本章开始的引言中列举了许多弯曲加工制品图。通过本章学习后请思考设计这些弯曲件模具要注意哪些问题，设计内容包括哪些？

* 3-15 如题 3-15 图所示，试计算弯曲凸、凹模工作部分的尺寸及公差，并标注在图 (b) 所示的模具结构草图上。零件材料为 10 钢板。计算弯曲时的总工艺力，并选择压力机吨位。

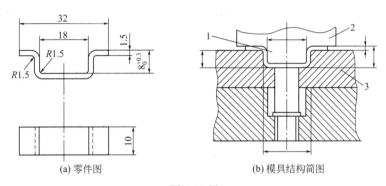

(a) 零件图   (b) 模具结构简图

题 3-15 图

1—弯曲零件；2—凸模；3—凹模

第 **4** 章

拉深工艺与拉深模设计

壳形件在生产生活中经常见到，如下图所示的机壳、电动机叶片、摩托车轮护瓦，还有诸如不锈钢饭盒、易拉罐等产品。这些零件从板料成为深腔件，就是通过拉深工艺实现的，其发生的塑性变形比较大，那么所用模具如何设计？这就是本章所要解决的问题。

(a) 机壳　　　　　　　　(b) 电动机叶片　　　　　　(c) 摩托车轮护瓦

4.1　拉深与拉深工艺的概念

（1）拉深的概念

利用拉深模具将平板毛坯制成开口空心件的冲压工艺叫拉深，拉深也称拉延。

用拉深工艺可以制成筒形、阶梯形、锥形、球形、方盒形和其他不规则形状的薄壁零件，如果与其他冲压成型工艺配合，还可以制造形状极为复杂的零件。拉深件的可加工尺寸范围也相当广泛，从几毫米的小零件到轮廓尺寸达 $2\sim3m$ 的大型零件，都可用拉深方法制成。因此，拉深方法的应用范围十分广泛，在电器、仪表、电子、汽车、航空等工业部门以及日常生活用品的冲压生产中，拉深工艺占据相当重要的地位。

（2）拉深工艺的概念

拉深是冲压工艺的基本工序之一，可分为变薄拉深和不变薄拉深。变薄拉深成型后的零件壁厚比拉深前的坯料壁厚明显变薄；而不变薄拉深成型后的零件壁厚与坯料的壁厚基本不变。在实际生产中，应用较多的是不变薄拉深工艺。

拉深工作示意图如图 4-1 所示。拉深模的主要零件有凸模 1、凹模 4 和压边圈 2。在凸模的作用下，原始直径为 D_0 的毛料，在凹模端面和压边圈之间的缝隙中变形，并被拉进凸模与凹模之间的间隙里形成空心零件。零件上高度为 H 的直壁部分是由毛料的环形部分（外径为 D_0、内径为 d）转化而成的，所以拉深时毛料的环形部分是变形区，而底部通常认为是不参

图 4-1　拉深工作示意图
1—凸模；2—压边圈；
3—毛料；4—凹模

与变形的不变形区。压边圈 2 的作用主要是防止拉深过程中毛料凸缘部分失稳起皱。其凸模与凹模和冲裁时不同，它们的工作部分都没有锋利的刃口，而是做成一定的圆角半径，凸、凹模之间的间隙大于冲裁模间隙且稍大于板料厚度。

4.2　拉深工艺分析

4.2.1　首次拉深变形

如图 4-1 所示，直径为 D_0、厚度为 t 的圆板毛料经拉深模拉深，得到了直径为 d 的开口圆筒形工件。

在拉深变形过程中，毛料的环形部分为变形区，变形区内金属因塑性流动而发生了转移。如图 4-2 所示，如果将圆板毛料的三角形阴影部分 b_1，b_2，b_3，…切除，留下狭条部分 a_1，a_2，a_3，…然后将这些狭条沿直径为 d 的圆周弯折过来，再把它们加以焊接，就可以得到直径为 d 的圆筒形工件。此时，圆筒形工件的高度为：$h = (D - d)/2$。但在实际拉深过程中，三角形阴影部分的材料并没有切掉，而是在拉深过程中由于产生塑性流动而转移了。这部分被转移的三角形材料，通常称之为"多余三角形"。所以，拉深变形过程，实际上是"多余三角形"因塑性流动而转移的过程。"多余三角形"材料转移的结果，一方面要增加工件的高度，使工件的实际高度 $H > (D - d)/2$；另一方面要增加工件口部的壁厚。

为了进一步分析金属的流动情况，可先在毛料上画出间距相等的同心圆和分度相等的辐射线所组成的网格。然后观察拉深后网格的变化情况，如图 4-3 所示。

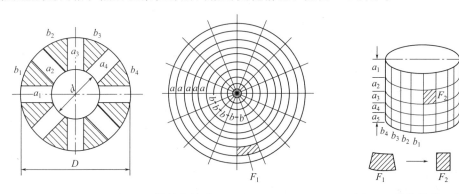

图 4-2　材料的转移　　　　　图 4-3　拉深件的网格变化

从图中可以看出，圆筒底部的网格形状在拉深前后基本上没有变化，而圆筒形件壁部的网格则发生了很大的变化：原来的同心圆变成了筒壁上的等高线，而且其间距也增大了，愈靠近筒的口部增大愈多，即

$$a_1 > a_2 > a_3 > \cdots > a$$

另外，变形前分度相等的辐射线变成了筒壁上的竖直平行线，其间距则相等，即

$$b_1 = b_2 = b_3 = \cdots = b$$

对于网格来说，是由变形前的扇形网格变成了长方形网格，即由 F_1 变成 F_2 这种网格的变化是由于应力作用的结果，其应力状态如图 4-4 所示。径向受拉应力 σ_1，切向受压应力 σ_3，如果有压边圈，则在厚度方向受压应力 σ_2。

综上所述，拉深过程中，变形区内受径向拉应力 σ_1 和切向压应力 σ_3 的作用，产生塑性变形，将毛料的环形部分变为圆筒件的直壁。塑性变形的程度，由底部向上逐渐增大，在圆筒顶部的变形达到最大值。该处的材料，在圆周方向受到最大的压缩，高度方向获得最大的伸长。拉深过程中，圆筒的底部基本上没有塑性变形。

4.2.2　拉深过程中的应力与应变

分析板料在拉深过程中的应力与应变，有助于拉深工作中工艺问题的解决和保证产品质量。在拉深过程中，材料在不同的部位具有不同的应力状态和应变状态。筒形件是最简单、最典型的拉深件。图4-5所示的是筒形件在有压边圈的首次拉深中某一阶段的应力与应变情况。图中，σ_1、ε_1为径向的应力与应变；σ_2、ε_2为厚度方向的应力与应变；σ_3、ε_3为切向的应力与应变。

根据应力应变状态的不同，可将拉深毛料划分为5个区域：Ⅰ区为凸缘部分，是拉深工艺的主要变形区；Ⅱ区为凹模圆角部分，是一个过渡区域；Ⅲ区为筒壁部分，起传递力的作用；Ⅳ区为凸模圆角部分，也是一个过渡区域；Ⅴ区是筒形件的底部，可认为没有塑性变形。

在筒壁与底部转角处稍上的地方，由于传递拉深力的截面积较小，因此产生的拉应力σ_1较大。同时，在该处所需要转移的材料较少，故该处材料的变形程度很小，加工硬化较低，材料的强度也就较低。而与凸模圆角部分相比，该处又不像凸模圆角处那样存在较大的摩擦阻力。因此在拉深过程中，在筒壁与底部转角处稍上的地方变薄最为严重，成为整个零件强度最薄弱的地方，通常称此断面为"危险断面"。若危险断面上的应力σ_1超过材料的强度极限，则拉深件将在该处拉裂，如图4-6所示。或者即使没有拉裂，但由于应力过大，材料在该处变薄过于严重，以致超差而使工件报废。

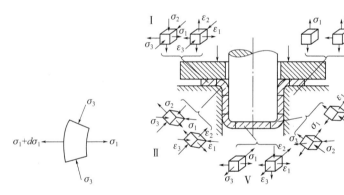 

图4-4　变形区的应力状态　　　　图4-5　拉深过程中的应力应变状态　　　　图4-6　拉深件破裂

4.2.3　拉深时的起皱、厚度变化及硬化

在拉深中经常遇到的问题，除上述的拉破问题外，还会出现起皱、厚度变化及材料硬化等，这会使拉深工作不能顺利进行或造成废品。

（1）起皱

拉深时凸缘部分受切向压应力作用，如果材料较薄，凸缘部分刚度不够，则当切向压应力足够大时，凸缘部分材料便会产生受压失稳，在凸缘的整个周围产生波浪形的连续弯曲，这就称为起皱，如图4-7所示。

当拉深件产生起皱后，轻者使工件口部产生浪纹，影响拉深件质量。起皱严重时，由于起皱后的边缘不能通过凸、凹模之间的间隙，会导致拉深件拉破。起皱是拉深中产生废品的主要原因之一。

防止起皱的有效措施是采用压边圈，用以限制凸缘部分波浪的产生。此外，板料厚度的增加，可以提高凸缘部分抵抗受压失稳的能力，起皱的可能性会减小。

（2）拉深时板料厚度的变化

拉深件的壁厚是不均匀的，壁厚沿高度方向的变化情况如图 4-8 所示。由图中可以看出，拉深件的上部变厚，愈靠近口部，变厚量愈大；拉深件的下部则出现变薄，在凸模圆角附近变薄最为严重，使该处成为危险断面，很容易拉破。

图 4-7　拉深件起皱

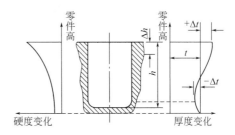

图 4-8　拉深件沿高度的壁厚和硬度变化

拉深件壁厚不均匀的程度与拉深变形的变形程度有关，变形程度越大，壁厚越不均匀。

（3）拉深时的硬化现象

由于拉深时将产生很大程度的塑性变形，毛料经过拉深后，将引起加工硬化，强度和硬度显著提高而塑性降低，从而给以后继续拉深造成困难。硬度沿拉深件高度的变化情况如图 4-8 所示。

对于需多次拉深成型的拉深件，一般要采用中间退火工序，以消除拉深过程中产生的加工硬化。

以上关于拉深时所产生的起皱、厚度变化和硬化现象，必须予以重视。起皱现象将会影响拉深件的质量，甚至阻碍拉深工作的顺利进行或产生废品。因此，必须设法避免产生起皱。厚度变化和硬化现象在拉深工作中是不可避免的，但要设法加以控制，使其不至影响拉深件质量或阻碍拉深工作的顺利进行。

4.2.4　以后各次拉深

通常，当筒形件高度较大时，由于受板料成型极限的限制，不可能一次拉成，而需要二次或多次拉深。以后各次拉深，就是指由浅筒形件拉成更深筒形件的拉深。

以后各次拉深大致有两种方法：一种是正拉深，如图 4-9（a）所示，为常用方法；另一种是反拉深，如图 4-9（b）所示。反拉深就是将经过拉深的半成品倒放在凹模上再进行拉深。这时，材料的内、外表面将互相转换。

反拉深时，由于毛料与凹模的包角为 180°（一般拉深为 90°），所以材料沿凹模流动的摩擦阻力及弯曲抗力明显大于一般正拉深，这就使变形区的径向拉应力 σ_1 大大增加，从而使切向压应力 σ_3 的作用相应减小，材料就不易起皱。因此，一般反拉深可以不用压边圈，这就避免了由于压边力不适当或压边力不均匀而造成的拉裂。所以，在某些情况下，反拉深的效果比一般正拉深更好一些。

反拉深可以用于圆筒形件的以后各次拉深，也可用于拉深如图 4-10 所示的特殊零件。锥形、球形和抛物线形等复杂旋转体零件，采用反拉深效果也较好。但是，由于模具结构复杂，这种方法主要用于板料较薄的大件和中等尺寸零件的拉深。这种方法的主要缺点是拉深凹模壁部的强度受拉深系数的限制。

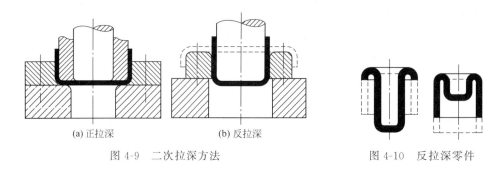

（a）正拉深　　　　　　　　　　　（b）反拉深

图 4-9　二次拉深方法　　　　　　　　图 4-10　反拉深零件

4.2.5　拉深件的工艺性

（1）拉深件的形状应尽量简单对称

旋转体零件在圆周方向上的变形是均匀的，模具加工也较容易，所以其工艺性最好。其他形状的拉深件，应尽量避免轮廓的急剧变化，否则，变形不均匀，拉深困难。

（2）拉深件凸缘的外轮廓最好与拉深部分的轮廓形状相似

如果凸缘的宽度不一致［见图 4-11（a）］，不仅拉深困难，需要添加工序，而且还需放宽修边余量，增加材料损耗。

（3）拉深件的圆角半径要合适

如图 4-11（b）所示，一般取 $r_1 \geqslant (2 \sim 3)t$，$r_2 \geqslant (3 \sim 4)t$。如最后一道工序是整形，则拉深件的圆角半径可取：$r_1 \geqslant (0.1 \sim 0.3)t$，$r_2 \geqslant (0.1 \sim 0.3)t$。

（4）拉深件底部孔的大小要合适

在拉深件的底部冲孔时，其孔边到侧壁的距离应不小于该处圆角半径加上板料厚度的一半，如图 4-11（b）中所示，$a \geqslant r_1 + 0.5t$。

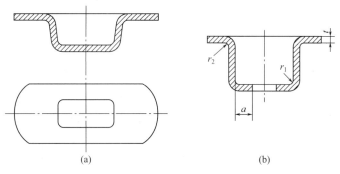

（a）　　　　　　　　　　　　　　　　（b）

图 4-11　拉深件的工艺性

（5）拉深件的精度要求不宜过高

拉深件的精度包括拉深件内形或外形的直径尺寸公差、高度尺寸公差等。其精度要求如表 4-1 所示。

表 4-1　拉深件的精度要求

材料厚度/mm	基本尺寸/mm											
	≤3	3～6	6～10	10～18	18～30	30～50	50～80	80～120	120～180	180～260	260～360	360～500
	精度等级（GB）											
≤1	IT12～IT13											

续表

材料厚度/mm	基本尺寸/mm											
	≤3	3~6	6~10	10~18	18~30	30~50	50~80	80~120	120~180	180~260	260~360	360~500
	精度等级(GB)											
1~2	IT14											
2~3	IT15											
3~5	IT15											

4.3 圆筒形零件拉深的工艺计算

4.3.1 毛料尺寸的计算

由于拉深后工件的平均厚度与毛料厚度差别不大，厚度的变化可以忽略不计，因此，毛料尺寸的确定可依照拉深前后毛料面积与工件面积相等的原则计算。

由于板料性能的各向异性，以及凸、凹模之间间隙不均等原因，拉深后工件口部一般都不平齐，而是在与板料碾压方向成45°的方向上产生4个凸耳，通常都需要修边，所以在计算毛料尺寸时，要考虑修边余量，即在拉深件高度方向加一段修边余量δ，如图4-12所示。

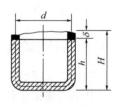

图 4-12 圆筒形拉深件余量图

修边余量的数值，根据生产经验，可参考表4-2选取。

表 4-2 圆筒形零件的修边余量 δ　　　　单位：mm

拉深高度 h	拉深相对高度 h/d			
	0.5~0.8	0.8~1.6	1.6~2.5	2.5~4
≤10	1.0	1.2	1.5	2
10~20	1.2	1.6	2	2.5
20~50	2	2.5	3.3	4
50~100	3	3.3	5	6
100~150	4	5	6.5	8
150~200	5	6.3	8	10
200~250	6	7.5	9	11
>250	7	8.5	10	12

注：1. 对于深拉深件必须规定中间修边工序。

2. 对于材料厚度小于0.5mm的薄材料做多次拉深时，应按表值增加30%。

圆筒形件为旋转体零件，通常将旋转体分成几个便于计算的简单部分，分别求出各部分的面积，然后相加即得到零件的总面积F。如图4-13所示，将零件分成3部分，各部分面积分别为

$$F_1 = \pi d (H - r)$$

$$F_2 = \frac{\pi}{4} \left[2\pi r (d - 2r) + 8r^2 \right]$$

$$F_3 = \frac{\pi}{4} (d - 2r)^2$$

零件总面积为

$$F = F_1 + F_2 + F_3 = \sum F$$

旋转体零件的毛料形状是圆形的，圆板毛料的面积为

$$F_0 = \frac{1}{4}\pi D^2$$

依据面积相等原则 $F = F_0$，即

$$\frac{1}{4}\pi D^2 = \sum F = \pi d(H-r) + \frac{\pi}{4}[2\pi r(d-2r) + 8r^2] + $$

$$\frac{\pi}{4}(d-2r)^2$$

因此，毛料直径为

$$D = \sqrt{(d-2r)^2 + 2\pi r(d-2r) + 8r^2 + 4d(H-r)} \quad (4\text{-}1)$$

在计算中，工件的直径按厚度中线计算；但当板 $t < 1\text{mm}$ 时，也可按工件的外径和内高（或按内径和外高）计算。

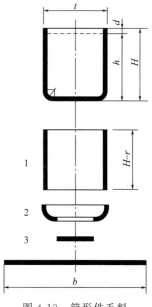

图 4-13　筒形件毛料尺寸的确定

4.3.2　拉深系数和拉深次数

（1）拉深系数

对于圆筒形零件来说，拉深后零件的直径 d 与毛料直径 D 之比称为拉深系数 m，即

$$m = \frac{d}{D} \quad (4\text{-}2)$$

从上式可以看出，拉深系数表示了拉深前后毛料直径的变化量，也就是说，拉深系数反映了毛料外边缘在拉深时切向压缩变形的大小，因此，拉深系数是拉深时毛料变形程度的一种简便而实用的表示方法。

对于第二次、第三次等以后的各次拉深，其拉深系数也可用类似的方法表示（见图 4-14），即

$$m_1 = d_1/D$$
$$m_2 = d_2/d_1$$
$$\vdots$$
$$m_n = d_n/d_{n-1}$$

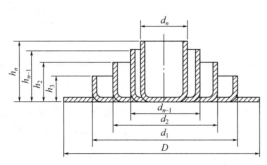

图 4-14　多次拉深时工件尺寸的变化

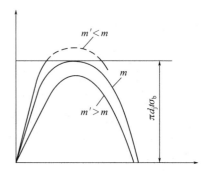

图 4-15　最大拉深力与工件危险断面承载能力的关系

（2）极限拉深系数

由于受到板料成型极限的限制，每次拉深变形的变形程度不允许太大，即拉深系数不能

太小，否则会引起工件的破坏。拉深过程中，工件的主要破坏形式是拉破和起皱，起皱问题可以通过防皱压边装置加以控制，因此，工件在危险断面上的破裂成了拉深工作中的首要问题。所谓极限拉深系数，就是工件在危险断面不至拉破的条件下，所能达到的最小拉深系数。

图 4-15 所示的是拉深时拉深力 F 和行程 h_1 的关系曲线。由图可知，最大拉深力的大小与拉深系数有关，拉深系数越小，拉深力曲线的峰值越高，即最大拉深力越大。当拉深系数达到极限值 m 时，拉深力的最大值接近于工件危险断面的承载能力，拉深仍可正常进行。当拉深系数小于极限拉深系数，即 $m' < m$ 时，拉深力的最大值超过危险断面的承载能力，此时，工件在危险断面上会发生破裂。

当前生产实践中采用的各种材料的极限拉深系数见表 4-3 和表 4-4。

表 4-3　无凸缘筒形件用压边圈拉深时的拉深系数

拉深系数	毛料相对厚度 $\frac{t}{D} \times 100$					
	2~1.5	1.5~1.0	1.0~0.6	0.6~0.3	0.3~0.15	0.15~0.08
m_1	0.48~0.50	0.50~0.53	0.53~0.55	0.55~0.58	0.58~0.60	0.60~0.63
m_2	0.73~0.75	0.75~0.76	0.76~0.78	0.78~0.79	0.79~0.80	0.80~0.82
m_3	0.76~0.78	0.78~0.79	0.79~0.80	0.80~0.81	0.81~0.82	0.82~0.84
m_4	0.78~0.80	0.80~0.81	0.81~0.82	0.82~0.83	0.83~0.85	0.85~0.86
m_5	0.80~0.82	0.82~0.84	0.84~0.85	0.85~0.86	0.86~0.87	0.87~0.88

注：1. 凹模圆角半径大时 $[r_d = (8 \sim 15)t]$，拉深系数取小值；凹模圆角半径小时 $[r_d = (4 \sim 8)t]$，拉深系数取大值。

2. 表中拉深系数适用于 08、10S、15S 钢与软黄铜 H62、H68。当拉深塑性更大的金属时（05、08Z 及 10Z 钢、铝等），应比表中数值减小 1.5%~2%。而当拉深塑性较小的金属时（20、25、Q215A、Q235A、酸洗钢、硬铝、硬黄铜等）、应比表中数值增大 1.5%~2%（符号 S 为深拉深钢；Z 为最深拉深钢）。

表 4-4　无凸缘筒形件不用压边圈拉深时的拉深系数

材料相对厚度 $\frac{t}{D} \times 100$	各次拉深系数					
	m_1	m_2	m_3	m_4	m_5	m_6
0.4	0.90	0.92	—	—	—	—
0.6	0.85	0.90	—	—	—	—
0.8	0.80	0.88	—	—	—	—
1.0	0.75	0.85	0.90	—	—	—
1.5	0.65	0.80	0.84	0.87	0.90	—
2.0	0.60	0.75	0.80	0.84	0.87	0.90
2.5	0.55	0.75	0.80	0.84	0.87	0.90
3.0	0.53	0.75	0.80	0.84	0.87	0.90
3 以上	0.50	0.70	0.75	0.78	0.82	0.85

注：此表适用于 08、10 及 15Mn 等材料。

在实际生产中，并不是在所有的情况下都采用极限拉深系数。因为过小的接近极限值的拉深系数能引起毛料在凸模圆角部位的过分变薄，而且在以后的拉深工序中这部分变薄严重的缺陷会转移到成品零件的侧壁上去，降低零件的质量。所以，当对零件质量有较高的要求时，必须采用大于极限值的拉深系数。

（3）影响极限拉深系数的因素

① 材料的机械性能　σ_s/σ_b 愈小，对拉深愈有利。因为 σ_s 小，材料容易变形，凸缘变形区的变形抗力减小；而 σ_s 大，则提高了危险断面处的强度，可减小破裂的危险。因此，σ_s/σ_b 小的材料与 σ_s/σ_b 大的材料相比，其极限拉深系数值小一些。材料延伸率 δ 值小的材

料，因容易拉断，故极限拉深系数要大一些。一般认为，$\sigma_s/\sigma_b \leqslant 0.65$，而 $\delta \geqslant 28\%$ 的材料具有较好的拉深性能。

② 材料的相对厚度 t/D　相对厚度愈大，对拉深愈有利。因为 t/D 大，凸缘处抵抗失稳起皱的能力提高，这样压边力可以减小甚至不需压边，这就相应地减小甚至完全没有压边圈对毛料的摩擦阻力，从而降低拉深力，减小工件拉破的可能性。

③ 润滑　润滑条件良好对拉深有利，可以减小拉深系数。

④ 模具的几何参数　凸、凹模的圆角半径和凸、凹模之间的间隙值对拉深系数也有影响，因此，决定拉深系数和决定模具的几何参数要结合起来加以考虑。

（4）拉深次数

实际上拉深系数有两个不同的概念，一个是零件所需的拉深系数 m_Σ，即

$$m_\Sigma = \frac{d}{D}$$

式中　m_Σ——零件总的拉深系数；

d——零件的直径，mm；

D——该零件所需毛料的直径，mm。

另一个是按材料的性能及加工条件等因素在一次拉深中所能达到的极限拉深系数 m，其值见表 4-3、表 4-4。如果零件所要求的拉深系数 m_Σ 值大于极限拉深系数 m，则所给零件可以一次拉深成型，否则必须多次拉深。

多次拉深时的拉深次数，其确定方法如下所述：

① 查表法　筒形件的拉深次数，可根据零件的相对高度 h/d 和毛料的相对厚度 $(t/D) \times 100$，查表 4-5 得出。

表 4-5　拉深件相对高度 h/d 与拉深次数的关系（无凸缘圆筒形件）

（材料：08F、10F）

拉深次数	毛料的相对厚度 $(t/D) \times 100$					
	2～1.5	1.5～1.0	1.0～0.6	0.6～0.3	0.3～0.15	0.15～0.08
1	0.94～0.77	0.84～0.65	0.71～0.57	0.62～0.5	0.52～0.45	0.46～0.38
2	1.88～1.54	1.60～1.32	1.36～1.1	1.13～0.94	0.96～0.83	0.9～0.7
3	3.5～2.7	2.8～2.2	2.3～1.8	1.9～1.5	1.6～1.3	1.3～1.1
4	5.6～4.3	4.3～3.5	3.6～2.9	2.9～2.4	2.4～2.0	2.0～1.5
5	8.9～6.6	6.6～5.1	5.2～4.1	4.1～3.3	3.3～2.7	2.7～2.0

注：1. 大的 h/d 值适用于第一道工序的大凹模圆角 $[r_d \approx (8 \sim 15)t]$。

2. 小的 h/d 值适用于第一道工序的小凹模圆角 $[r_d \approx (4 \sim 8)t]$。

② 推算法　筒形件的拉深次数，也可根据极限拉深系数 $m_1，m_2，m_3，\cdots$（其值见表 4-3、表 4-4），从第一道工序开始依次求半成品直径，即

$$d_1 = m_1 D$$
$$d_2 = m_2 d_2 = m_1 m_2 D$$
$$\vdots$$
$$d_n = m_n d_{n-1} = m_1 m_2 \cdots m_n D$$

一直计算到得出的直径不大于零件要求的直径为止。这样不仅可求出拉深次数，还可知道中间工序的尺寸。

（5）筒形件各次拉深的半成品尺寸

如前所述，半成品直径可根据拉深系数算出，即

$$d_1 = m_1 D$$
$$d_2 = m_2 d_1 = m_1 m_2 D$$
$$\vdots$$
$$d_n = m_n d_{n-1} = m_1 m_2 \cdots m_n D$$

$$(4-3)$$

式中　d_1，d_2，…，d_n——各次半成品直径，mm；

　　　m_1，m_2，…，m_n——各次拉深系数；

　　　　　　D——毛料直径，mm。

上述计算所得的最后一次拉深的直径 d_n 必须等于零件直径 d。如果计算所得的 d_n 小于零件直径 d，应调整各次拉深系数，使 $d_n = d$。调整时依照下列原则：变形程度逐次减小，即后一次的拉深系数大于前一次的拉深系数，$m_1 < m_2 < m_3 < \cdots < m_n$，且都大于相应各次的极限拉深系数

$$h_1 = 0.25\left(\frac{D^2}{d_1} - d_1\right) + 0.43\frac{r_1}{d_1}(d_1 + 0.32 r_1)$$
$$h_2 = 0.25\left(\frac{D^2}{d_2} - d_2\right) + 0.43\frac{r_2}{d_2}(d_2 + 0.32 r_2)$$
$$\vdots$$
$$h_n = 0.25\left(\frac{D^2}{d_n} - d_n\right) + 0.43\frac{r_n}{d_n}(d_n + 0.32 r_n)$$

$$(4-4)$$

式中　h_1，h_2，…，h_n——半成品各次拉深高度，mm；

　　　d_1，d_2，…，d_n——各次拉深后直径，mm；

　　　r_1，r_2，…，r_n——各次拉深后底部圆角半径，mm；

　　　　　　D——毛料直径，mm。

综上所述，拉深系数是反映毛料变形程度的一种表示方法，拉深系数越小，意味着变形程度越大。拉深系数也是进行工艺计算（如拉深次数的计算和半成品尺寸计算）的依据。同时，拉深系数值的大小决定拉深件的精度高低和质量的好坏，拉深系数值取得过小，会使拉深件在凸模圆角处严重变薄，甚至出现起皱或破裂，影响拉深件质量甚至出现废品。一般来说，较大的拉深系数值有利于工件质量的提高。显而易见，拉深系数是拉深工作中十分重要的工艺参数。

4.4　拉深模工作部分设计

4.4.1　凹模和凸模的圆角半径

凹模和凸模的圆角半径（见图 4-16）对拉深工作影响很大，其中凹模圆角半径 r_d 的影响更为显著。

拉深过程中，板料在凹模圆角部位滑动时产生较大的弯曲变形，由凹模圆角区进入直壁部分时又被重新拉直，或者在通过凸、凹模之间的间隙时受到校直作用。若凹模圆角半径过小，则板料在经过凹模圆角部位时的变形阻力以及在模具间隙里通过时的阻力都要增大，势必引起总拉深力增大和模具寿命降低。例如，厚度为 1mm 的软钢零件的拉深试验结果表明，当凹模圆角半

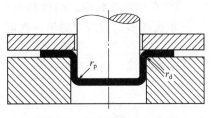

图 4-16　凸、凹模圆角半径

径由 6mm 减到 2mm 时，拉深力增加将近一倍。因此，当凹模圆角半径过小时，必须采用较大的极限拉深系数。在生产中，一般应尽量避免采用过小的凹模圆角半径。

凹模圆角半径过大，使在拉深初始阶段不与模具表面接触的毛料宽度加大，因而这部分毛料很容易起皱。在拉深后期，过大的圆角半径也会使毛料外缘过早地脱离压边圈的作用而起皱，尤其当毛料的相对厚度小时，起皱现象十分突出。因此，在设计模具时，应该根据具体条件选取适当的凹模圆角半径值。

凸模圆角半径对拉深工作的影响不像凹模圆角半径那样显著。但是过小的凸模圆角半径会使毛料在这个部位上受到过大的弯曲变形，结果降低了毛料危险断面的强度，这也使极限拉深系数增大。另外，即使毛料在危险断面不被拉裂，过小的凸模圆角半径也会引起危险断面附近毛料厚度局部变薄，而且这个局部变薄和弯曲的痕迹经过后道拉深工序以后，还会在成品零件的侧壁上遗留下来，以致影响零件的质量。在多工序拉深时，后道工序的压边圈的圆角半径等于前道工序的凸模圆角半径，所以当凸模圆角半径过小时，在后道的拉深工序里毛料沿压边圈的滑动阻力也要增大，这对拉深过程的进行是不利的。

假如凸模圆角半径过大，也会使在拉深初始阶段不与模具表面接触的毛料宽度加大，因而这部分毛料容易起皱。

在一般情况下，可按以下方法选取。

① 拉深凹模圆角半径可按下式确定：

$$r_{d} = 0.8 \sqrt{(D-d)t} \, (mm) \tag{4-5}$$

式中　D——毛料直径，mm；

　　　d——凹模内径，mm；

　　　t——板料厚度，mm。

当工件直径 $d > 200mm$ 时，拉深凹模圆角半径 r_{max} 应按下式确定：

$$r_{dmin} = 0.039d + 2 \, (mm) \tag{4-6}$$

拉深凹模圆角半径也可根据工件材料及其厚度来确定，见表 4-6。一般对于钢的拉深件，$r_d = 10t$；对于有色金属的拉深件（铝、黄铜、紫铜），$r_d = 5t$。

表 4-6　拉深凹模圆角半径 r_d

材料	厚度 t/mm	r_d/mm	材料	厚度 t/mm	r_d/mm
钢	<3	$(10\sim6)t$	铝、黄铜、紫铜	<3	$(8\sim5)t$
	$3\sim6$	$(6\sim4)t$		$3\sim6$	$(5\sim3)t$
	>6	$(4\sim2)t$		>6	$(3\sim1.5)t$

注：1. 对于首次拉深和较薄的材料，取表中的上限值。

　　2. 对于以后各次拉深和较厚的材料，取表中的下限值。

最好将上述 n 值作为第一次拉深的极值。以后各次拉深时，n 值应逐渐减小，其关系为

$$r_{dn} = (0.6 \sim 0.8) r_{dn-1} \tag{4-7}$$

但不应小于材料厚度的 2 倍。

② 在生产实际中，凸模圆角半径 r_p，决定如下：

单次或多次拉深中的第一次时，有

$$r_p = (0.7 \sim 1.0) r_d \tag{4-8}$$

多次拉深中的以后各次为

$$r_{pn-1} = \frac{d_{n-1} - d_n - 2t}{2} \tag{4-9}$$

式中　d_{n-1}，d_n——前后两道工序中毛料的过渡直径，mm。

最后一次拉深的凸模圆角半径即等于零件的圆角半径，但不得小于 $(2\sim3)t$。如零件的圆角半径要求小于 $(2\sim3)t$，则凸模圆角半径仍应取 $(2\sim3)t$，最后用一次整形来得到零件要求的圆角半径。

在生产当中，实际的情况是千变万化的，所以时常要根据具体条件对以上所列数值做必要的修正。例如，当毛料相对厚度大而不用压边圈时，凹模圆角半径还可以加大。当拉深系数较大时，可以适当地减小凹模的圆角半径。在实际设计工作中，也可以先取比表中略小一些的数值，然后在试模调整时再逐渐加大，直到冲成合格零件为止。

4.4.2 凸、凹模结构

凸、凹模结构型式设计得合理与否，不但关系到产品质量，而且直接影响拉深变形程度，亦即影响拉深系数的大小。下面介绍几种常见的结构型式。

（1）不用压边圈的拉深

① 浅拉深（即一次拉深的情况）　如图 4-17 所示。与普通的平端面凹模 [见图 4-17 (a)] 相比，用锥形凹模 [见图 4-17(b)] 拉深时，毛料的极限变形程度大。因为用锥形凹模拉深时，毛料的过渡形状（见图 4-18）呈曲面形状，因而具有更大一些的抗失稳能力，其结果就是减小了起皱的趋向。另外，用锥形凹模拉深时，由于建立了对拉深变形极为有利的变形条件，如凹模圆角半径造成的摩擦阻力和弯曲变形的阻力都减小到很低的程度，凹模锥面对毛料变形区的作用力也有助于使它产生切向压缩变形等，

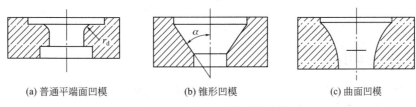

(a) 普通平端面凹模　　　　(b) 锥形凹模　　　　　(c) 曲面凹模

图 4-17　不用压边圈的拉深凹模

这样拉深所需的作用力要小些，因此可以采用较小的拉深系数。从不容易起皱的要求来看，锥形凹模的角度应取 $30°\sim60°$，而从减小拉深力出发，凹模的角度应为 $20°\sim30°$，为了兼顾这两方面的要求，通常采用 $30°$。

近年来，国内外都在对无压边拉深凹模口的成型曲面进行深入研究，出现了渐开线形凹模、椭圆曲线凹模、正弦曲线凹模、曳物线凹模，以及由几种曲线组合而成的凹模等。其中，曳物线凹模具有最小的拉深力和最大的抗失稳能力，从而能得到最小的拉深系数。与此同时，用优化方法寻求最合理的成型曲面，近年也取得了显著成效。

② 深拉深（二次以上拉深）　其结构如图 4-19 所示。

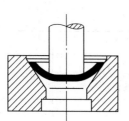

图 4-18　锥形凹模拉深时毛料过渡形状

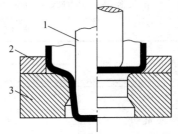

图 4-19　以后各次拉深无压边圈时的模具结构
1—凸模；2—定位环；3—凹模

（2）带压边圈的拉深（见图 4-20）

① 当零件尺寸 $d \leqslant 100\text{mm}$ 时的多次拉深用（a）型。

② 当零件尺寸 $d > 100\text{mm}$ 时的多次拉深用（b）型。

图 4-20（b）所示的斜角形状的结构，除具有一般的锥形凹模的特点外，还可能减轻毛料的反复弯曲变形，提高冲压件侧壁的质量。

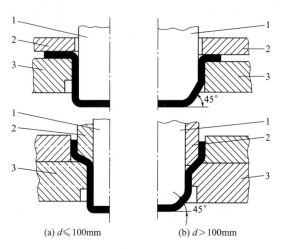

(a) $d \leqslant 100\text{mm}$ (b) $d > 100\text{mm}$

图 4-20 带压边圈的拉深模
1—凸模；2—压边圈；3—凹模

4.4.3 拉深模的间隙

拉深模的间隙 $[Z = (d_\text{d} - d_\text{p})/2]$ 是指单边间隙。间隙的影响如下：

① 拉深力 间隙愈小，拉深力愈大。

② 零件质量 间隙过大时容易起皱，而且毛料口部的变厚得不到消除。另外，也会使零件出现锥度。而间隙过小则会使零件容易拉断或变薄特别严重。故间隙过大或过小均会引起工件破坏。

③ 模具寿命 间隙小，则磨损加剧。

因此，确定间隙的原则为：既要考虑板料本身的公差，又要考虑毛料口部的增厚现象。

间隙 Z 一般应比毛料厚度略大一些。其值可按下式计算：

$$Z = t_\text{max} + ct \tag{4-10}$$

式中 t_max——材料的最大厚度，$t_\text{max} = t + \Delta$；

    Δ——板料的正偏差；

    c——增大系数，其值见表 4-7。

表 4-7 增大系数 c 值

拉深工序数		材料厚度/mm		
		0.5~2	2~4	4~6
1	第一次	0.2/0	0.1/0	0.1/0
2	第一次	0.3	0.25	0.2
	第二次	0.1	0.1	0.1

拉深工序数		材料厚度/mm		
		0.5～2	2～4	4～6
3	第一次	0.5	0.4	0.35
	第二次	0.3	0.25	0.2
	第三次	0.1/0	0.1/0	0.1/0
4	第一、二次	0.5	0.4	0.35
	第三次	0.3	0.25	0.2
	第四次	0.1/0	0.1/0	0.1/0
5	第一、二次	0.5	0.4	0.35
	第三次	0.5	0.4	0.35
	第四次	0.3	0.25	0.2
	第五次	0.1/0	0.1/0	0.1/0

注：表中数值适于一般精度零件的拉深。具有分数的地方，分母的数值适于精密零件（IT10～IT12）的拉深。

生产实际中，在不用压边圈拉深时，考虑到起皱的可能性，单边间隙值取材料厚度上限值的 1～1.1 倍。间隙较小的数值用于末次拉深或用于精密拉深件，较大数值则用于中间的拉深或不精密的拉深件。

4.4.4 凹模和凸模的尺寸及其公差

对最后一道工序的拉深模，其凹模、凸模的尺寸及其公差应按工件的要求来确定。

当工件要求外形尺寸时［见图 4-21（a）］，以凹模为基准，凹模尺寸为

$$D_\mathrm{d} = \left(D - \frac{3}{4}\Delta\right)^{+\delta_\mathrm{d}} \qquad (4\text{-}11)$$

凸模尺寸为

$$D_\mathrm{p} = \left(D - \frac{3}{4}\Delta - 2Z\right)_{-\delta_\mathrm{p}} \qquad (4\text{-}12)$$

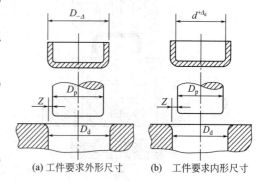

(a) 工件要求外形尺寸　　(b) 工件要求内形尺寸

图 4-21　工件尺寸与模具尺寸

当工件要求内形尺寸时［见图 4-21（b）］，以凸模为基准，凸模尺寸为

$$D_\mathrm{p} = (d + 0.4\Delta)_{-\delta_\mathrm{p}} \qquad (4\text{-}13)$$

凹模尺寸为

$$D_\mathrm{d} = (d + 0.4\Delta + 2Z)^{+\delta_\mathrm{d}} \qquad (4\text{-}14)$$

对于多次拉深时的中间过渡拉深，毛料的尺寸公差没有必要予以严格限制，这时模具的尺寸只要等于毛料过渡尺寸即可。若以凹模为基准时，凹模尺寸为

$$D_\mathrm{d} = D^{+\delta_\mathrm{d}}$$

凸模尺寸为

$$D_\mathrm{p} = (D - 2Z)_{-\delta_\mathrm{p}}$$

式中　凸模制造公差——一般按公差等级 IT6～IT8 选取；

　　　凹模制造公差——一般按公差等级 IT6～IT8 选取。

4.5　拉深件的起皱及其防止措施

在拉深过程中，假如毛料的相对厚度较小，则拉深毛料的变形区（即凸缘部分）在切向压应力的作用下，很可能因为失稳而发生起皱现象。毛料严重起皱后，由于不可能通过凸模与凹模之间的间隙而被拉断，就会造成废品。即使轻微起皱的毛料，可能勉强能通过间隙，但也会在零件的侧壁上遗留下起皱的痕迹，影响拉深件的表面质量。因此，一般来说，拉深过程中的起皱现象是不允许的，必须设法消除。

最常用的防止拉深毛料变形区起皱的方法是，在拉深模上设置压边圈。

（1）压边装置的形式

目前在生产实际中常用的压边装置有两大类，即弹性压边装置和刚性压边装置。

① 弹性压边装置　这种装置多用于普通冲床。这一类通常有如下 3 种：

a. 橡皮压边装置［见图 4-22(a)］。

b. 弹簧压边装置［见图 4-22(b)］。

c. 气垫式压边装置［见图 4-22(c)］。

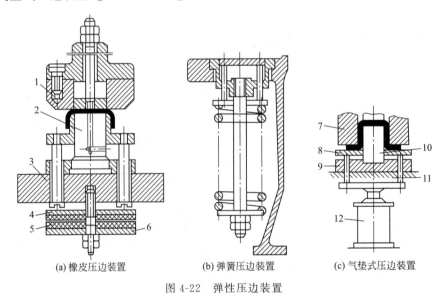

(a) 橡皮压边装置　　(b) 弹簧压边装置　　(c) 气垫式压边装置

图 4-22　弹性压边装置

1,7—凹模；2,10—凸模；3—下模板；4—上托板；5—橡皮；6—下托板；
8—压边圈；9—下模座；11—压力机工作台；12—气缸

橡皮及弹簧压边装置的压边力随拉深深度的增加而增大，尤以橡皮压边装置更为严重。这种情况会使拉深力增大，从而导致零件断裂。因此橡皮及弹簧压边装置通常只用于浅拉深。

气垫式压边装置的压边效果较好，是国内目前改进冲床构造的发展方向之一。弹簧与橡皮压边装置虽有缺点，但结构简单，对单动的中小型压力机采用橡皮或弹簧装置是很方便的。根据生产经验，只要正确地选择弹簧规格及橡皮的牌号和尺寸，就能尽量减少它们的不利方面，充分发挥作用。

② 刚性压边装置（见图 4-23）　这种装置的特点是压边力不随行程变化，其大小可通

过调节压边圈与凹模面之间的间隙来调整。这种压边装置的拉深效果较好，且模具结构简单。这种结构用于双动压力机，凸模装在压力机的内滑块上，压边装置装在外滑块上。

（2）压边力和拉深力

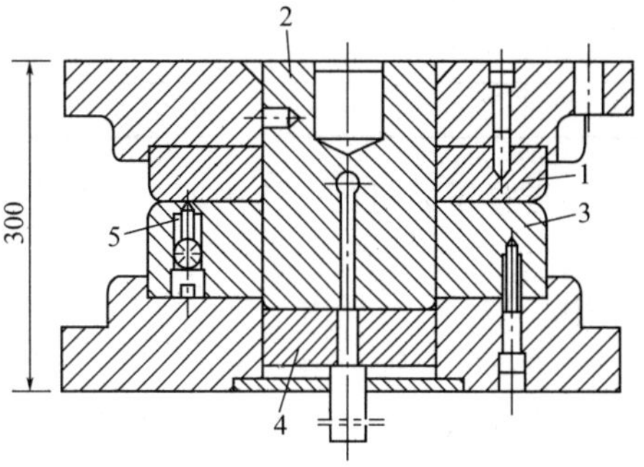

防皱压边圈的作用力应在保证毛料凸缘部分不致起皱的前提下，选取尽量小的数值。压边力能够引起毛料凸缘部分与凹模平面和压边圈表面之间的摩擦阻力，如果这项阻力过大，就可能引起毛料破裂。

为了使压边圈能可靠地工作，通常使压边力 Q 的值稍大于防皱作用所需的最低值，并可用下式求得

$$Q = \frac{\pi}{4}(D^2 - d^2)q \qquad (4-15)$$

图 4-23 刚性压边装置
1—压边圈；2—凸模；3—凹模；
4—顶件块；5—定位销

式中 Q——压边力，N；

D——毛料直径，mm；

d——拉深件直径，mm；

q——单位压边力，N/mm²，其值决定于板料的机械性能（σ_b 与 σ_s）、拉深系数、板料的相对厚度和润滑等。一般说来，当板料的强度高、相对厚度小、拉深系数小时，所需的最小单位压边力 q 较大，反之，q 值较小。在生产中可以参考表4-8选取单位压边力 q 的值，该表适用于圆筒形拉深件。

表 4-8 单位压边力 q 的值

材料	$q/(\text{N/mm}^2)$
铝	0.8～1.2
铜	1.2～1.8
黄铜	1.5～2.0
深拉深用钢（厚度大于 0.5mm）	2.0～2.5
深拉深用钢（厚度小于 0.5mm）	2.5～3.0
不锈钢	3.0～4.5

$$F_1 = 1.25\pi t\sigma_b(D - d_1) \qquad (4-16)$$

以后各次拉深

$$F_n = 1.3\pi t\sigma_b(d_{n-1} - d_n) \qquad (4-17)$$

筒形件有压边圈时：

第一次拉深

$$F_1 = \pi d_1 t\sigma_b k_1 \qquad (4-18)$$

以后各次拉深

$$F_n = \pi d_n t\sigma_b k_2 \qquad (4-19)$$

式中 $F_1, \cdots, F_n$——各次拉深的拉深力，N；

$d_1, \cdots, d_n$——各次拉深后的直径，mm；

D——毛料直径，mm；

t——材料厚度，mm；

σ_b——材料的强度极限，N/mm²；

k_1, k_2——修正系数，见表4-9。

表 4-9　修正系数 k_1、k_2 的值

m_1	0.55	0.57	0.60	0.62	0.65	0.67	0.70	0.72	0.75	0.77	0.80
k_1	1.00	0.93	0.86	0.79	0.72	0.66	0.60	0.55	0.50	0.45	0.40
m_2	0.70	0.72	0.75	0.77	0.80	0.85	0.90	0.95			
k_2	1.00	0.95	0.90	0.85	0.80	0.70	0.60	0.50			

选择压力机的总压力时，应根据拉深力和压边力的总和，即

$$F_{总} = F + Q \tag{4-20}$$

式中　F——拉深力，N；

　　　Q——压边力，N。

当拉深行程较大，特别是采用落料拉深复合模时，不能简单地将落料力与拉深力叠加去选择压力机，因为压力机的公称压力是指在接近下死点时的压力机压力。因此，应注意压力机的压力曲线。一般可按下式概略计算：

第一次拉深时

$$F_{总} \leqslant (0.7 \sim 0.8) F_0 \tag{4-21}$$

以后各次拉深时

$$F_{总} \leqslant (0.5 \sim 0.6) F_0 \tag{4-22}$$

式中　$F_{总}$——总的冲压力，包括拉深力、压边力，采用落料拉深复合模时，还包括其他力；

　　　F_0——压力机的公称压力。

4.6　拉深模典型结构

拉深工序可在单动冲床上进行，也可在双动冲床上进行。这里仅介绍在单动冲床上的拉深模具。

4.6.1　首次拉深模

（1）无压边装置的简单拉深模（见图 4-24）

这种模具的结构简单，上模往往是整体的。当凸模直径过小时，可以加上模柄以增加上模与滑块的接触面积。在凸模中应有直径 $\not> 3\text{mm}$ 的小通气孔，否则，工件有可能紧贴在凸模上难以取下。凹模下部装有刮件环，其作用是在凸模拉深完后回程时，将工件从凸模上刮下。这种结构一般适用于毛料厚度较大（$t > 2\text{mm}$）及拉深深度较小的情况。

（2）有压边圈的简单拉深模（见图 4-25）

有压边圈的拉深模用于拉深材料薄及深度大且易于起皱的工件。与无压边圈的简单拉深模相比，其上模部分多了一个弹性压边圈，凹模下部则无需刮件环。工作时，凸模下降，压边圈也一同下降，压边圈接触毛料后停止下行，而凸模部分继续下行，压边圈压住毛料，使工件的环形部分在压紧的状态下变形，不易起皱。凸模回程时，压边圈在弹性力作用下可以将工件从凸模上刮下。

图 4-25 所示的模具中，压边圈是通过螺钉与上模部分弹性连接的，压边圈安装在上模部分。由于上模的空间有限，不能安装粗大弹簧，因而这种模具仅适用于压边力小的拉深件。

拉深大而厚的工件，需要有较大的压边力，这时，应将压边装置安装在下模部分，压边装置的结构如图 4-22（a）所示。

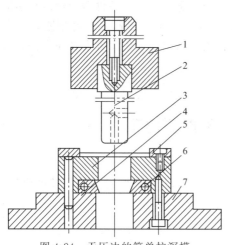

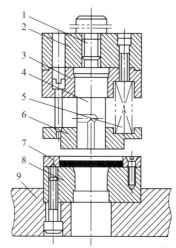

图 4-24 无压边的简单拉深模
1—模柄；2—凸模；3—凹模；4—刮件环；
5—定位板；6—拉簧；7—下模板

图 4-25 有压边圈在上模的拉深模
1—模柄；2—上模板；3—凸模固定板；4—凸模；5—弹簧；
6—压边圈；7—定位板；8—凹模；9—下模板

4.6.2 以后各次拉深模

在大多数情况下，以后各次的拉深模具有压边装置，以保证工件质量。

有压边装置的以后各次拉深模如图 4-26 所示。模具的压边装置装在下模，毛料为第一次拉深后的半成品，拉深前套在压边圈上实现定位，拉深时由弹性压边装置实现压边。

拉深后顶料板将工件顶出凹模，与此同时，压边圈从凸模上把工件卸下。

4.6.3 落料—拉深模

图 4-27 所示为落料—拉深模。凸凹模既是落料凸模，又起拉深凹模的作用。工作时，在凸凹模和落料凹模作用下进行落料，接着由凸凹模与拉深凸模进行拉深。拉深过程中，顶

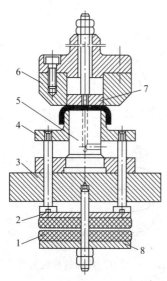

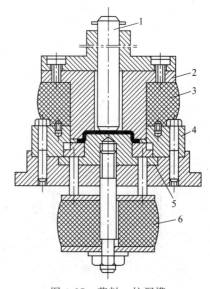

图 4-26 有压边的以后各次拉深模
1—卸料杆；2—凸凹模；3—橡皮；4—落料凹模；
5—凸模；6—凹模；7—顶料板；8—下托板

图 4-27 落料—拉深模
1—橡皮；2—上托板；3—下模板；
4—压边圈；5—拉深凸模；6—顶件机构

件器兼起压边圈的作用，可防止工件在拉深过程中产生起皱现象。顶件器上部的压边圈在弹性元件作用下，通过顶杆获得压力，当落料工作完成后，压边圈就将毛料压紧在凸凹模面上，实现压边。当拉深完毕上模回程时，压边圈将工件顶出。如果工件卡在拉深凹模（凸凹模）内，则由卸料杆将工件击落。

4.7　带凸缘圆筒形件的拉深

带凸缘的圆筒形件如图 4-28 所示，在冲压生产中是经常遇到的。它有时是成品零件，有时是形状复杂的冲压件的中间过渡形状。

4.7.1　小凸缘件的拉深

对 $d_p/d=1.1\sim1.4$ 的凸缘件称为小凸缘件。这类零件因凸缘很小，可以看作一般圆筒形件进行拉深，只在倒数第二道工序时才拉出凸缘或拉成具有锥形的凸缘，最后通过整形工序压成水平凸缘。若 $d_p/d\leqslant1$ 时，则第一次即可拉成口部具有锥形凸缘的圆筒形，而后整形即可。

4.7.2　宽凸缘件的拉深

对应 $d_p/d>1.4$ 的凸缘件称为宽凸缘件。宽凸缘件的总的拉深系数用下式表示：

$$m=\cfrac{1}{\sqrt{\left(\dfrac{d_p}{d}\right)^2+4\,\dfrac{h}{d}-1.72\,\dfrac{r_d+r_p}{d}+0.56\,\dfrac{r_d^2-r_p^2}{d^2}}} \qquad (4\text{-}23)$$

宽凸缘件的第一次拉深与圆筒形件的拉深相似，只是不把毛料边缘全部拉入凹模，而在凹模面上形成凸缘。它是筒形件拉深的一种中间状态。

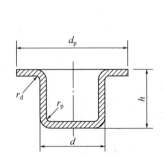

图 4-28　带凸缘的圆筒零件

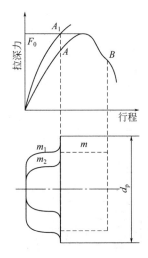

图 4-29　拉深力与拉深过程的关系

宽凸缘件允许第一次极限拉深系数 m。一般比相同内径的圆筒形件的拉深系数小些。这是因为一般宽凸缘工件拉深时，由于凸缘部分并未全部转为筒壁，即当凸缘区的变形抗力还未达到最大拉深力时，拉深工作就中止了。其理由从图 4-29 中可以看出。图中，m 为圆筒形件拉深系数；m、m_2 为凸缘件拉深系数，$m_1 = m$，$m_2 < m_1$；F_b 为危险断面所能承受的载荷。

从图中可以看出，在取凸缘件的 m_1 等于圆筒形件的极限拉深系数 m 时，凸缘件的拉深工作在拉深力曲线的 A 点就结束了，远未达到极限状态。为了充分利用材料的塑性，可以将 m_1 减小到 m_2，即 A_1 点。

宽凸缘件的变形程度 m 受 d_p/d 和 h/d 的影响，特别是 d_p/d 的影响较大。从图 4-29 中可以看出，当毛料直径一定时，若凸缘直径 d_p 愈大，A 点左移，则极限拉深系数可以取得更小一些。这从表 4-10 中也可以看出来。

表 4-10　凸缘件第一次拉深的拉深系数（适用于 08、10 钢）

凸缘相对直径 d_p/d	毛料相对厚度 $(t/D) \times 100$				
	0.06～0.2	0.2～0.5	0.5～1	1～1.5	>1.5
～1.1	0.59	0.57	0.55	0.53	0.50
1.1～1.3	0.55	0.54	0.53	0.51	0.49
1.3～1.5	0.52	0.51	0.50	0.49	0.47
1.5～1.8	0.48	0.48	0.47	0.46	0.45
1.8～2.0	0.45	0.45	0.44	0.43	0.42
2.0～2.2	0.42	0.42	0.42	0.41	0.40
2.2～2.5	0.38	0.38	0.38	0.38	0.37
2.5～2.8	0.35	0.35	0.34	0.34	0.33

另外，对于一定的凸缘件来讲，总的拉深系数确定后，则 d_p/d 与 h/d 之间的关系也确定了，因此，也常用 h/d 来表示凸缘件的变形程度。其关系见表 4-11。

表 4-11　凸缘件第一次拉深的最大相对高度（适用于 08、10 钢）

凸缘相对直径 d_p/d	毛料相对厚度 $(t/D) \times 100$				
	0.06～0.2	0.2～0.5	0.5～1.0	1.0～1.5	>1.5
～1.1	0.45～0.52	0.50～0.62	0.57～0.70	0.60～0.80	0.75～0.90
1.1～1.3	0.40～0.47	0.45～0.53	0.50～0.60	0.56～0.72	0.65～0.80
1.3～1.5	0.35～0.42	0.40～0.48	0.45～0.53	0.50～0.63	0.58～0.70
1.5～1.8	0.29～0.35	0.34～0.39	0.37～0.44	0.42～0.53	0.48～0.58
1.8～2.0	0.25～0.30	0.29～0.34	0.32～0.38	0.36～0.46	0.42～0.51
2.0～2.2	0.22～0.26	0.25～0.29	0.27～0.33	0.31～0.40	0.35～0.45
2.2～2.5	0.17～0.21	0.20～0.23	0.22～0.27	0.25～0.32	0.28～0.35
2.5～2.8	0.16～0.18	0.15～0.18	0.17～0.21	0.19～0.24	0.22～0.27
2.8～3.0	0.10～0.13	0.12～0.15	0.14～0.17	0.16～0.20	0.18～0.22

注：1. 零件圆角半径较大时 $[r_d$、r_p 为 $(10 \sim 20)t]$ 取较大值。
　　2. 零件圆角半径较小时 $[r_d$、r_p 为 $(4 \sim 8)t]$ 取较小值。

宽凸缘件的拉深原则：若零件所给的拉深系数 m 大于表 4-10 所给的第一次拉深系数极限值，零件的相对高度 h/d 小于表 4-11 所给的数值，则该零件可一次拉成。

反之，若零件所给的拉深系数 m 值小于表 4-10 中所给值或其相对高度 h/d 大于表 4-11 中所给值，则该零件需要多次拉深。

多次拉深的方法：按表 4-10 所给的第一次极限拉深系数或表 4-10 所给的相对拉深高度

拉成凸缘直径等于零件尺寸 d_p 的中间过渡形状，以后各次拉深均保持 d_p 不变，只按表 4-12 中的拉深系数逐步减小筒形部分直径，直到拉成所需零件为止。

表 4-12　凸缘件以后各次的拉深系数（适用于 08、10 钢）

拉深系数 m	毛料相对厚度 $(t/D) \times 100$				
	2.0～1.5	1.5～1.0	1.0～0.6	0.6～0.3	0.3～0.15
m_2	0.73	0.75	0.76	0.78	0.80
m_3	0.75	0.78	0.79	0.80	0.82
m_4	0.78	0.80	0.82	0.83	0.84
m_5	0.80	0.82	0.84	0.85	0.86

以后各道工序的拉深系数按下式决定：

$$m_n = \frac{d_n}{d_{n-1}} \tag{4-24}$$

从表 4-10 可以明显看出，当 $d_p/d < 1.1$ 时，带凸缘零件的极限拉深系数与拉深普通圆筒形件时相同；而当 $d_p/d = 3$ 时，带凸缘零件的极限拉深系数很小（$m = 0.33$），但是这并不表示需要完成很大的变形，因为当 $m = d/D = 0.33$ 时，可得出

$$D = \frac{d}{0.33} \approx 3d = d_p$$

即毛料的初始直径等于凸缘直径，这相当于变形程度为零的情况，即毛料直径在变形时不收缩，而靠局部变薄成型。

生产实践中，凸缘件多次拉深工艺过程通常有两种具体情况。

① 对于中小型零件（$d_p < 200$mm）　通常靠减小筒形部分直径、增加高度来达到，这时圆角半径 r_p 及 r_d 在整个变形过程中基本上保持不变。如图 4-30（a）所示。

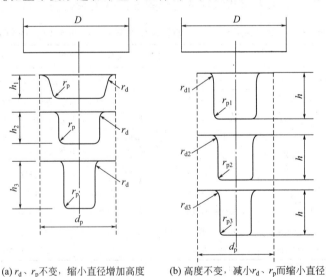

(a) r_d、r_p 不变，缩小直径增加高度　　(b) 高度不变，减小 r_d、r_p 而缩小直径

图 4-30　凸缘件拉深方法

② 对于大件（$d_p > 200$mm）　通常采用改变圆角半径 r_d、r_p，逐渐缩小筒形部分的直径来达到。零件高度基本上一开始即已形成，而在整个过程中基本保持不变，如图 4-30（b）所示。此法对厚料更为合适。

自然也可以有以上两种情况的结合。

用第二种方法［见图 4-30(b)］制成的零件表面光滑平整，而且厚度均匀，不存在中间拉深工序中圆角部分的弯曲与局部变薄的痕迹。但是，这种方法只能用于毛料相对厚度较大的情况，否则在第一次拉深成大圆角的曲面形状时容易起皱。

当毛料的相对厚度小，而且第一次拉成曲面形状具有起皱危险时，则应采用图 4-30（a）所示的方法。用这种方法制成的零件，表面质量较差，容易在直壁部分和凸缘上残留有中间工序中形成的圆角部分弯曲和厚度的局部变化的痕迹，所以最后要加一道需要较大力的整形工序。

当零件的底部圆角半径较小，或者当对凸缘有不平度要求时，上述两种方法都需要一道最终的整形工序。

在拉深宽凸缘件中要特别注意的是，在形成凸缘直径 d_p 之后，在以后的拉深中，凸缘直径 d_p 不再变化，因为凸缘尺寸的微小变化（减小）都会引起很大的变形抗力，而使底部危险断面处拉裂。这就要求正确计算拉深高度和严格控制凸模进入凹模的深度。

各次拉深高度确定如下：

第一次拉深高度为

$$h_1 = \frac{0.25}{d_1}(D^2 - d_p^2) + 0.43(r_p + r_d) + \frac{0.14}{d_1}(r_p^2 - r_d^2) \tag{4-25}$$

以后各次拉深高度为

$$m_n = \frac{d_n}{d_{n-1}} \tag{4-26}$$

$$h_n = \frac{0.25}{d_n}(D^2 - d_p^2) + 0.43(r_{pn} + r_{dn}) + \frac{0.14}{d_n}(r_{pn}^2 - r_{dn}^2) \tag{4-27}$$

凸缘件拉深时，凸、凹模圆角半径的确定与普通圆筒形件拉深一样。

除了精确计算拉深件高度和严格控制凸模进入凹模的深度以外，为了保证凸缘不受拉力，通常使第一次拉成的筒形部分金属表面积比实际需要的多 3%～5%。这部分多余的金属逐步分配到以后备道工序中去，最后这部分金属会逐渐使筒口附近凸缘加厚，但这不会影响零件质量。

4.8　精选拉深模具设计实例分析

4.8.1　实例一：炒锅双动拉深模设计

- 零件名称：炒锅，结构如图 4-31 所示。
- 材料：料厚 1mm 的 1Cr18Ni9Ti 不锈钢板。
- 生产批量：小批量生产。

（1）加工工艺分析

该零件属于半球形件，带有凸缘且向上翻边18mm。用模具拉深时参与变形的区域已经扩展到包括凹模口内中间部分的全部毛坯上，而中间部分开始拉深时凸模与毛坯只有一个很小的面接触，由于接触面要承受全部拉深力，故该处的材料易发生严重变薄。另外在拉深过程中，材料的很大部分未被压边圈压住，故极易起皱，而且产生皱纹

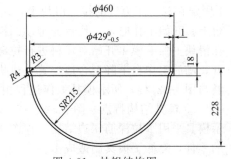

图 4-31　炒锅结构图

后，因间隙大，也不易消除。尤其是 1Cr18Ni9Ti 不锈钢在拉深过程中冷作硬化严重，硬度

增加和塑性降低都很明显，很难拉深成型。

对零件选取适当的修边余量后，根据毛坯的计算公式，可算出毛坯直径为 $\phi665$。

毛坯相对厚度 $t/D \times 100 = 1/665 \times 100 = 0.15 < 0.5$，故可确定需采用带拉深筋的拉深模拉深。因为该零件带有凸缘，且凸缘部分的 R 角要达 $R3$ 和 $R4$，并且向上翻边，而第一道拉深模达不到要求，第一道拉深凹模必须采用较大的圆角，即 $R9$ 和 $R10$，如图 4-32（a）中的 A 放大图所示，故需增加整形工序。

考虑到零件结构及生产批量，确定加工方案为：数控切割坯料→拉深→整形。

（2）模具结构

设计的双动拉深模与双动整形模结构分别如图 4-32（a）、（b）所示。

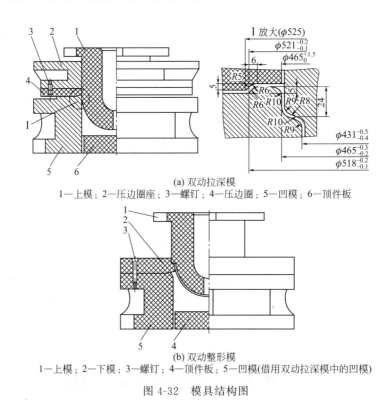

(a) 双动拉深模

1—上模；2—压边圈座；3—螺钉；4—压边圈；5—凹模；6—顶件板

(b) 双动整形模

1—上模；2—下模；3—螺钉；4—顶件板；5—凹模(借用双动拉深模中的凹模)

图 4-32　模具结构图

（3）设计分析

① 模具工作过程　图 4-32（a）所示模具置于 Y28—450 双动薄板压力机上工作，上模 1 固定在双动压力机的拉深滑块上，压边圈座 2 固定在压边滑块上，而凹模 5 则固定在工作台上。开始工作时，工作台先带动凹模 5 上升，将坯料压紧并停留在此位置，同时固定在拉深滑块上的上模 1 开始对坯料进行拉深，至拉深滑块下降到拉深结束位置后，拉深滑块先上升，随后工作台下降至合适位置，压机气缸通过顶件板 6 将零件顶出。图 4-32（b）所示模具与图 4-32（a）所示模具工作过程相类似。

② 模具结构特点　图 4-32（a）、（b）所示均为双动压力机用模具，其中图 4-32（a）所示模具采用了拉深筋压边结构，而图 4-32（b）所示双动整形模部分零件借用了双动拉深模的零件，降低了模具制造成本。

③ 模具结构分析　图 4-32（a）所示双动拉深模单边间隙选取（$1.0 \sim 1.2$）z；双动整形模单边间隙选取（$1.0 \sim 1.1$）t，两套模具在凸模上都开设了排气孔，以便在成型时不形成封闭的型腔，使坯件压平整，从凸模上脱下不发生变形。

为使整形过程中的不锈钢零件不被拉毛与模具黏结，两套模具都采用球墨铸铁制造，以保持润滑作用。

（4）设计点评

双动拉深模必须在双动冲床上才能完成零件的加工。这种压力机主要由拉深滑块、压边滑块、工作台 3 个工作部分组成，通过拉深滑块和工作台的移动来实现双动，拉深过程中，压边滑块保持不动。

在双动压力机工作前，首先要调整压料圈与拉深凹模的距离，使之略大于板厚（考虑到毛坯凸缘变形区在拉深过程中板厚有增大现象），以保证压边适度。

① 模具的使用场合　双动拉深模主要用于大型拉深件或拉深、成型都很复杂的汽车覆盖件，需要较大压边力拉深件等的加工。

② 模具的设计难点　本零件为半球形结构，其加工难点在于工艺方案的确定。如图 4-31 所示为半球形拉深件，由于半球形件的拉深系数对任何直径均为定值，其值为

$$m = \frac{d^-}{D} = \frac{d}{\sqrt{2d^2}} = \frac{1}{1.414} = 0.71$$

因此，它不能作为制定工艺方案的根据。由于毛坯的相对厚度 t/D 值愈小出现起皱就愈快，拉深就愈困难，故 t/D 值就成为了决定成型难易和选定拉深方法的主要依据。半球形拉深模的设计依据如下。

a. 当毛坯相对厚度 $t/D \times 100 > 3$ 时，不用压边圈，利用简单模即可拉成。为保证球形件的表面质量、几何形状和尺寸精度，凹模应设计成带球形底，以便拉深结束时，能在凹模内对零件做一次校形，模具结构如图 4-33 所示。

b. 当毛坯相对厚度 $t/D \times 100 = 0.5 \sim 3$ 时，需采用带压边圈的拉深模，以防止起皱。此时，压边圈的作用除了防止中间悬空部分产生起皱外，同时也靠压边力造成的摩擦阻力引起径向拉应力和增加胀形成分。

c. 当毛坯相对厚度 $t/D \times 100 < 0.5$ 时，需采用反拉深法或带有拉深筋的拉深模。

*4.8.2　实例二：球壳正、反拉深模设计分析

- 零件名称：球壳，结构如图 4-34 所示。
- 材料：料厚 1mm 的优质低碳 08 钢板。
- 生产批量：小批量生产。

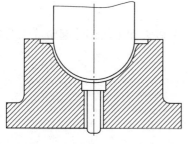

图 4-33　球形件拉深简图

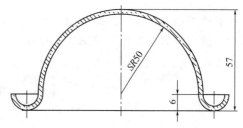

图 4-34　球壳结构图

（1）加工工艺分析

该零件为带有球形边缘的球形体结构，外形尺寸不大，精度要求不高，有利于成型，但球形结构的曲面零件在拉深开始时，由于凸模与毛坯中间部分仅在顶点附近接触，接触处要承受全部拉深力，将使凸模顶点附近的材料发生较严重的变薄，在凸模顶点附近的材料处于

双向受拉的应力状态，具有胀形的变形特点。另外，在拉深过程中，材料在凸模的外缘部分有很大的一部分未被压边圈压住，而这部分材料在由平面变成曲面的过程中，在其切向仍要产生相当数量的切向压缩变形，易起皱，这种缺陷对薄料更易产生。

依据毛坯直径 D 计算公式：$D=\sqrt{\dfrac{4}{\pi}\sum A_i}$（式中 A_i 为拉伸零件各部件面积），可计算出毛坯直径 D 为 167.7mm。

毛坯相对厚度 $t/D\times100=1/167.7\times100=0.6$，属于 0.5～3 范围。故设计的拉深模需采用带压边圈结构，以防止起皱。

考虑到零件球形边缘成型方向与 $SR50$ 半球形成型方向相反，在拉深过程中能显著地改善成型性能，经分析，决定设计正反拉深模，一次性生产出零件，满足产品要求，加工工艺方案为：切割展开料→拉深。

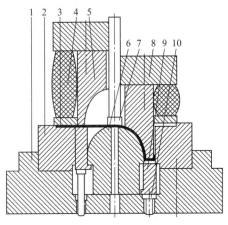

图 4-35　正反拉深模

1—下模板；2—凹模；3—压边圈；4—聚氨酯块；
5—凸凹模；6—凸模；7—顶杆；8—上模板；
9—卸料块；10—下顶杆

（2）模具结构

设计的正反拉深模如图 4-35 所示。

（3）设计分析

① 模具工作时，将切割好的坯料置于凹模 2 平面适当位置，随着压力机滑块的下行，压边圈 3 在聚氨酯块 4 弹力作用下将毛坯压紧；随后，凸凹模 5 首先与卸料块 9 接触，开始对坯料进行反向拉深；在边缘反向拉深的同时，凸凹模 5 与凸模 6、卸料块 9 也开始共同作用对坯料进行拉深，逐渐成型出 $SR50$ 半球体，直至卸料块 9 与下模板 1 上端面接触，完成整个零件的正反拉深。

② 模具结构特点　整套模具置于普通压力机上便可完成。为消除拉深过程中空气压力可能对零件的拉深成型质量造成影响，在凸模 6 上开设了排气孔。

③ 模具结构分析　为保证正反拉深过程中，金属坯料能有序、平稳、通畅地从反拉深的边缘凸缘向 $SR50$ 半球体正拉深部位流动，凸凹模 5 和凹模 2 反拉深的单侧间隙取 1.2～1.4mm，凸凹模 5 和凸模 6 正拉深的单侧间隙取 1.1～1.2mm；为保证拉深时压边力足够，聚氨酯块 4 选用邵氏硬度为 75A 的聚氨酯制造。

（4）设计点评

本案例采用的正反拉深模适用于拉深时易产生顶部变薄破裂和中间部分起皱等工艺缺陷的球形、抛物线形或锥形等拉深件的拉深。

 **本章小结**

本章介绍了拉深工艺的基本原理和拉深模（又称为引伸模）的设计。在拉深工艺的基本理论方面，应当了解拉深变形的过程及拉深过程中各部位的应力应变状态。理解极限拉深系数的概念，能够正确选择各次拉深的拉深系数，能够分析拉深件的结构工艺性。此外，对圆筒形拉深件的工艺计算是本章的重要内容，应当掌握用等面积法计算毛坯的展开尺寸，掌握拉深力的计算方法，进而掌握圆筒件拉深的各工序尺寸的设计计算。在模具结构设计方面，

应当了解典型的拉深模结构，掌握拉深模的凸、凹模的间隙选定和各结构型式、尺寸的设计。

在本章的最后精选了两套拉深模具设计实例分析，作为读者设计拉深模的参考。

 思考与练习题

4-1 什么是拉深？简述拉深的基本过程。

*4-2 拉深时材料的应力应变状态怎样？

4-3 什么是拉深系数？拉深系数对拉深工作有何意义？

4-4 旋转体拉深件的毛料尺寸是怎样确定的？

4-5 什么是极限拉深系数？影响极限拉深系数的因素有哪些？怎样确定拉深次数？

4-6 拉深模中，凸、凹模的圆角半径对拉深工作有何影响？怎样选择凸、凹模的圆角半径？

4-7 什么是拉深间隙？拉深间隙对拉深工艺有何影响？

4-8 怎样确定凸、凹模工作部分尺寸及其制造公差？

4-9 压边圈在拉深中起何作用？

4-10 压边装置有哪些常用的型式？各有何优缺点？

4-11 什么情况下会产生拉裂？拉深工艺顺利进行的必要条件是什么？

4-12 试述产生起皱的原因及消除方法。

4-13 筒形件的拉深有什么特点？

4-14 圆筒形拉深件的主要质量问题有哪些？可采取什么措施加以解决？

4-15 有凸缘圆筒形件拉深与无凸缘圆筒形件拉深的本质区别是什么？

4-16 有一圆筒件拉深件，拉深后发现壁部破裂、凸缘起皱，请分析破裂、起皱的原因，并指出预防的方法。

4-17 在本章开始的引言中列举了许多拉深加工制品图。请思考电动机叶片模具的制造过程中包括哪些冲压工序。

4-18 题 4-18 图所示的拉深件，材料为 08 钢，厚度为 1mm。试计算毛坯尺寸、拉深次数，确定各工序尺寸以及凸、凹模工作部分尺寸。

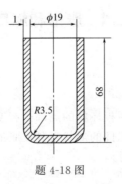

题 4-18 图

第 5 章

其他冲压工艺和模具

在冲压工艺中，还有一些使板料或工件局部变形来改变其形状和尺寸的冲压成型工艺。仔细观察下图所示产品，注意到不锈钢锅有鼓肚现象，水瓶口部有收缩现象，而第三种产品则有底部边缘翻起现象。虽然与前面介绍的拉深现象有近似之处，但显然不能采用前面讲过的冲压工序成型来完成最终的加工。那么应该采用什么样的成型方法呢？这就是下面所讲的内容。

(1) 胀形　　　　　　(2) 缩口　　　　　　(3) 边缘翻边

这些成型工艺（缩口和胀形、翻孔和翻边、校形、旋压、冷挤压等）既可以与冲裁、弯曲和拉深等工艺配合应用，也可以独自应用以制造形状各异的零件。这些成型工艺的共同点是通过材料的局部变形来改变坯料或者工件的形状，按照变形的特点可以分为：变形区主要受拉应力作用产生塑性变形的拉深成型类，如圆孔翻边、校形等；变形区主要受压应力作用产生塑性变形的压缩成型类，如外凸外缘翻边、缩口等；变形区在拉应力和压应力共同作用下产生塑性变形的成型类，如旋压等。

5.1　胀形和缩口

5.1.1　胀形

（1）胀形件实例

在冲压生产中，利用模具强迫平板坯料的局部凸起变形和强迫空心件或管状件沿径向向外扩张的成型工序统称为胀形。从工件的形状来分，胀形分为平板毛坯的胀形和空心毛坯的胀形。图 5-1 所示为几种胀形件实例。

（2）胀形工艺方法

胀形可以采用不同的方法来实现，一般有机械胀形、橡皮胀形和液压胀形 3 种。机械胀形是利用分块的凸模，由锥形心块将其顶开，以使毛料胀出所需形状，如图 5-2 所示。

橡皮胀形（见图 5-3）是以聚氨酯橡胶作为凸模，在压力作用下聚氨酯橡胶变形而使工件沿凹模胀出所需的形状。

(a) 平板坯料胀形例1

(b) 平板坯料胀形例2

(c) 空心坯料胀形例1

(d) 空心坯料胀形例2

图 5-1　胀形件实例

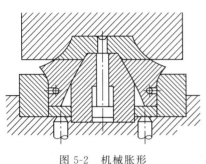
图 5-2　机械胀形

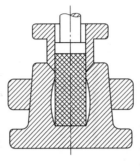
图 5-3　聚氨酯橡胶胀形

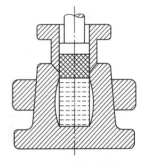
图 5-4　液压胀形

图 5-4 所示的是液压胀形的一种。工作前先在毛料内灌注液体，当压床外滑块下行时，先把工件的口边压住，然后内滑块下行，通过橡皮垫使液体产生高压将毛料胀压成型。

胀形的变形特点主要是材料受切向和母线方向拉伸。胀形的变形程度受材料的极限延伸率限制，常以胀形系数 k 表示胀形变形程度。

$$k = \frac{d_{\max}}{d_0} \tag{5-1}$$

式中　$d_{\max}$——胀形后的最大直径；

　　　d_0——坯料原始直径。

胀形系数和坯料延伸率 ε 的关系为

$$\varepsilon = \frac{d_{\max} - d_0}{d_0} = k - 1 \tag{5-2}$$

或

$$k = 1 + \varepsilon \tag{5-3}$$

由式（5-2）和式（5-3）可知，只要知道材料的延伸率，便可以求出相应的极限胀形系数。

胀形零件的尺寸（见图 5-5）的计算公式为：

毛料直径

$$d_0 = \frac{d_{\max}}{k} \tag{5-4}$$

毛料长度

$$L_0 = L[1 + (0.3 \sim 0.4)_\delta] + b \tag{5-5}$$

式中　L——零件的母线长度；

　　　δ——工件切向最大延伸率；

　　　b——切边留量，一般 $b = 10 \sim 20$mm。

系数 0.3～0.4 为因切向伸长而引起高度缩小所需的留量。

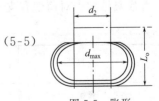
图 5-5　胀形
零件的尺寸

5.1.2　缩口

缩口和胀形是属于二次加工的两个成型工序，其毛料大多是管件或拉深件。缩口是把冲压件或管件的口部缩小，而胀形则是将毛料的某部分胀大。有时这两个工序也在同一零件中出现。

（1）缩口工艺

缩口是将管坯或预先拉深好的圆筒形件通过缩口模将其直径缩小的一种成型方法。缩口零件如图 5-6 所示。缩口工艺可用于子弹壳、炮弹壳、钢制气瓶、自行车车架立管、自行车坐垫、鞍管等零件的成型。

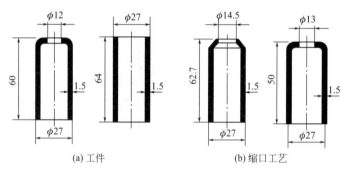

(a) 工件　　　　　　　　　　(b) 缩口工艺

图 5-6　缩口零件

对细长的管状类零件，若用缩口代替拉深加工某些零件，可以减少成型工序。如图 5-6 所示的工件，原来采用拉深工艺再底部冲孔需要 5 道工序，改用管料缩口工艺后只要 3 道工序。

（2）缩口成型的特点与变形程度

缩口工序的变形特点如图 5-7 所示。在变形区内的应力状态是纬向 σ_θ 和经向 σ_φ 都为负，而应变状态则是厚度方向 ε_t 和经向 ε_φ 为正，纬向 ε_θ 为负。在缩口变形过程中，材料主要受切向压应力，使直径减小，壁厚增加。切向压应力作用的结果是，缩口时毛料容易失稳起皱。同时，在非变形区的筒壁由于承受全部缩口压力，也易失稳产生变形。所以，防止失稳是缩口工艺的主要问题，因而缩口的极限变形程度也主要是受失稳条件的限制。

缩口变形程度用缩口系数 m 表示，即

$$m = \frac{d}{D} \tag{5-6}$$

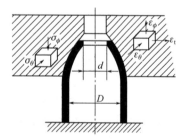

图 5-7　缩口工序变形特点

式中　d——缩口后的直径；
　　　　D——缩口前的直径。

极限缩口系数的大小主要与材料种类、厚度、模具型式和毛料表面质量有关。表 5-1 所示的是不同材料、不同厚度的平均缩口系数。表 5-2 所示的是不同材料、不同支承方式的允许缩口系数参考数值。从表 5-1 和表 5-2 所列数值可以看出：材料塑性越好，厚度越大，或者模具结构中对筒壁有支承作用的，许可缩口系数便较小。

表 5-1　平均缩口系数 m_0

材料	材料厚度 t/mm		
	<0.5	$0.5\sim1$	>1
黄铜	0.85	0.8～0.7	0.7～0.65
钢	0.85	0.75	0.7～0.65

表 5-2　缩口系数 m

材料	支承方式		
	无支承	外支承	内支承
软钢	0.70~0.75	0.55~0.60	0.3~0.35
黄铜 H62,H68	0.65~0.70	0.50~0.55	0.27~0.32
铝	0.68~0.72	0.53~0.57	0.27~0.32
硬铝(退火)	0.73~0.80	0.50~0.63	0.35~0.40
硬铝(淬火)	0.75~0.80	0.68~0.72	0.40~0.43

缩口模具的支承方式一般有 3 种：第一种是无支承，这种模具结构简单，但稳定性差；第二种是外支承，如图 5-8（a）所示，这种模具结构较前者复杂，但缩口过程中毛料稳定性较好，许可缩口系数也可取小些；第三种为内外支承方式，如图 5-8（b）所示，这种模具结构在 3 种形式中最为复杂，但稳定性也最好，许可缩口系数也是三者中最小的。

当工件需要进行多次缩口时，其中各次缩口系数可参考下面公式：

首次缩口系数 $\qquad m_1 = 0.9 m_0$ $\qquad$ (5-7)

再次缩口系数 $\qquad m_2 = (0.15 \sim 0.10) m_0$ $\qquad$ (5-8)

式中　m_0——平均缩口系数，见表 5-1。

缩口次数可按下式确定

$$n = \frac{\lg d_n - \lg D}{\lg m_0} \qquad (5-9)$$

缩口后，工件端部壁厚略为变大，一般可忽略不计。精确计算时，设备缩口前的厚度为 t_{n-1}，缩口后的厚度为 t_n，则

$$t_n = t_{n-1} \sqrt{\frac{d_{n-1}}{d_n}} \qquad (5-10)$$

缩口后，工件高度有变化。缩口毛料高度 H 按式（5-11）～式（5-13）计算。式中符号意义如图 5-9 所示。

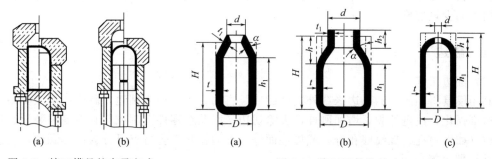

图 5-8　缩口模具的支承方式　　　　图 5-9　缩口工件的尺寸

图 5-9（a）型式为

$$H = 1.05 \left[h_1 + \frac{D^2 - d^2}{8D\sin\alpha} \left(1 + \sqrt{\frac{D}{d}} \right) \right] \qquad (5-11)$$

图 5-9（b）型式为

$$H = 1.05 \left[h_1 + h\sqrt{\frac{d}{D}} + \frac{D^2 - d^2}{8D\sin\alpha} \left(1 + \sqrt{\frac{D}{d}} \right) \right] \qquad (5-12)$$

图 5-9（c）型式为

$$H = h_1 + \frac{1}{4}\left(1 + \sqrt{\frac{D}{d}}\right)\sqrt{D^2 - d^2} \qquad (5\text{-}13)$$

缩口凹模的半锥角 α 对缩口成型过程有重要作用，一般使 $\alpha < 45°$，最好使 α 在 $30°$ 以下。当模具有合理的半锥角 α 时，允许的极限缩口系数 m 可以比平均缩口系数 m_0 小 $10\% \sim 15\%$。缩口后，由于回弹，工件尺寸要比模具增大 $0.5\% \sim 0.8\%$。

图 5-10 所示的是一种缩口模原理图。缩口时工件由下模的夹紧器夹住。夹紧器的夹紧动作由上模带锥度的套筒实现。凹模装在上模，通过凹模锥角的作用使工件逐步形成。

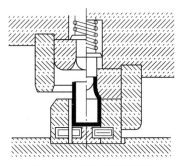

图 5-10　缩口模原理图

5.1.3　缩口和胀形工序特点

综上所述，缩口和胀形工序有以下特点：

① 缩口变形时工件主要受切向压应力，而胀形时工件则主要受切向拉应力。

② 缩口成型中主要防止工件失稳起皱，而胀形时则主要防止毛料受拉而胀裂。

③ 缩口变形程度和胀形变形程度都采用变形前后工件的直径比来表示，即

$$\text{变形程度} = \frac{\text{变形后直径}}{\text{变形前直径}}$$

其区别在于：胀形变形程度 $k > 1$，缩口变形程度 $m < 1$。

5.2　翻边和局部成型

翻边和局部成型都是局部变形的工序。翻边工序是在工件预制孔附近或边缘区域产生局部变形以形成竖边。而局部成型是使板料在凸模和凹模作用下，通过材料的变薄伸长，冲压出某些形状（如压筋、压印等），以达到零件的要求，其变形只限于这些筋和印的伸长变形及其附近的少量变形。

5.2.1　翻边

（1）翻边工艺

利用模具将工序件的孔边缘或外边缘翻成竖直的直边，称为翻边。翻边成型主要用于零件的边部强化，改进外貌，增加刚性，去除切边，以及在零件上制成与其他零件装配、连接的部位（如铆钉孔、螺纹底孔等）或焊接面等。翻边按其工艺特点可分为内孔翻边、变薄翻边和外缘翻边等。

（2）内孔翻边

① 内孔翻边的变形特点和变形程度　将画有距离相等的坐标网格［见图 5-11(a)］的坯料，放入翻边模内进行翻边［见图 5-11(c)］。翻边后从图 5-11(b) 所示的冲件坐标网格的变化可以看出：坐标网格由扇形变为矩形，说明金属沿切向伸长，越靠近孔口伸长越大。同心圆之间的距离变化不明显，即金属在径向变形很小。竖边的壁厚有所减薄，尤其在孔口处减薄较为显著。由此不难分析，翻孔时坯料的变形区是 d 和 D_1 之间的环形部分。变形区受两向拉应力——切向拉应力 σ_3 和径向拉应力 σ_1 的作用［见图 5-11(c)］；其中切向拉应力是最大主应力。在坯料孔口处，切向拉应力达到最大值。

因此，内孔翻边的成型障碍在于孔口边缘被拉裂。破裂的条件取决于变形程度的大小。变形程度用翻边前孔径 d 与翻边后孔径 D 的比值表示，即

$$K = \frac{d}{D} \qquad (5\text{-}14)$$

式中，K 称为翻边系数，K 值越小，则变形程度越大。

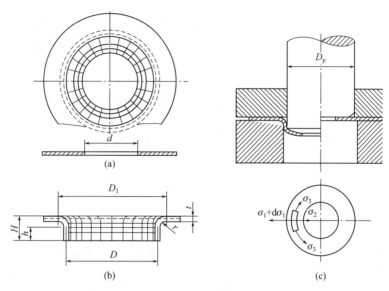

图 5-11　圆孔翻边时的应力与变形情况

翻边时孔边不破裂所能达到的最小 K 值，称为极限翻边系数。极限翻边系数的大小，取决于材料的塑性、待翻边孔的边缘质量、材料的相对厚度和凸模的形状等因素。表 5-3 列出了部分材料的一次翻边系数。当翻边壁上允许有不大的裂痕时，可以用 K_{min} 数值，一般情况下均采用 K 值。

表 5-3　部分材料的一次翻边系数

经退火的毛坯材料	翻边系数	
	K	K_{min}
镀锌钢板(白铁皮)	0.70	0.65
软钢 $t=0.25\sim2.0mm$ $T=3.0\sim6.0mm$	0.72 0.78	0.68 0.75
黄铜 H62 $t=0.5\sim6.0mm$	0.68	0.62
铝 $t=0.5\sim5.0mm$	0.70	0.64
硬质合金	0.89	0.80
钛合金 TA1(冷态) TA1(加热 300~400℃) TA5(冷态) TA5(加热 500~600℃)	0.64~0.68 0.40~0.50 0.85~0.90 0.70~0.65	0.55 0.45 0.75 0.55
不锈钢、高温合金	0.69~0.65	0.614~0.57

② 翻边的工艺计算。

a. 平板坯料翻边的工艺计算。如图 5-12 所示，在进行翻边之前，需要在坯料上加工出

待翻边的孔，其孔径 d 按弯曲展开的原则求出，即

$$d = D - 2(H - 0.43r - 0.72t) \tag{5-15}$$

竖边高度则为

$$H = \frac{D-d}{2} + 0.43r + 0.72t \tag{5-16}$$

或

$$H = \frac{D}{2}(1-K) + 0.43r + 0.72t \tag{5-17}$$

如以极限翻边系数 K_{min} 代入，便可求出一次翻边可达到的极限高度为

$$H_{max} = \frac{D}{2}(1-K_{min}) + 0.43r + 0.72t \tag{5-18}$$

当零件要求的高度 $H > H_{max}$ 时，就不能通过一次翻边达到制件高度，这时可以先拉深，再在拉深件底部冲孔翻边。

在拉深件底部冲孔翻边时，应先决定翻边所能达到的最大高度，然后根据翻边高度及工件高度来确定拉深高度。由图 5-12 可知，翻边高度 h 为

$$h = \frac{D-d}{2} - \left(r + \frac{t}{2}\right) + \frac{\pi}{2}\left(r + \frac{t}{2}\right)$$
$$\approx \frac{D}{2}\left(1 - \frac{d}{D}\right) + 0.57r + 0.28t \tag{5-19}$$

若以极限翻边系数 m_{min} 代入式（5-19），可求得翻边的极限高度 h_{max} 为

$$h_{max} = \frac{D}{2}(1 - m_{min}) + 0.57r + 0.28t \tag{5-20}$$

此时，预冲孔直径应为

$$d = m_{min}D \tag{5-21}$$

或

$$d = D + 1.14r - 2h \tag{5-22}$$

于是，拉深高度 h_1，为

$$h_1 = H - h_{max} + r + t \tag{5-23}$$

式中　H——工件总高度；

　　　D——翻边后直径（中径）。

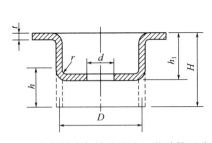

图 5-12　拉深件底部冲孔翻边工艺计算示意图

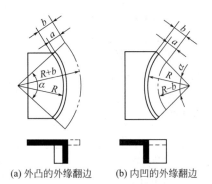

(a) 外凸的外缘翻边　　(b) 内凹的外缘翻边

图 5-13　外缘翻边示意图

（3）外缘翻边

外缘翻边如图 5-13 所示。图 5-13（a）所示为外凸的外缘翻边，其变形情况近似于浅拉深，变形区主要为切向受压，在变形过程中，材料容易起皱。图 5-13（b）所示为内凹的外缘翻边，其变形特点近似于内孔翻边，变形区为切向拉伸，边缘容易拉裂。

外缘翻边的变形程度可表示为

$$\varepsilon_r = \frac{b}{R+b} \tag{5-24}$$

$$\varepsilon_d = \frac{b}{R-b} \tag{5-25}$$

式（5-24）适用于外凸的外缘翻边，式（5-25）适用于内凹的外缘翻边。

外缘翻边允许的极限变形程度见表 5-4。

表 5-4　外缘翻边允许的极限变形程度

材料	$\varepsilon_p / \%$		$E_d / \%$	
	橡皮成型	模具成型	橡皮成型	模具成型
铝合金				
L4 M	25	30	6	40
L4 Y1	5	8	3	12
LF21 M	23	30	6	40
LF21 Y1	5	8	3	12
LF2 M	20	25	6	35
LF3 Y1	5	8	3	12
LF12 M	14	20	6	30
LY12 Y	6	8	0.5	9
LY11 M	14	20	4	30
LY11 Y	5	6	0	0
黄铜				
H62 软	30	40	8	45
H62 半硬	10	14	4	16
H68 软	35	45	8	55
H68 半硬	10	14	4	16
钢				
10	—	38	—	10
ICr18Ni9 软	—	15	—	10
iCr18Ni9 硬	—	40	—	10
2Cr18Ni9	—	40	—	10

（4）翻边模

图 5-14 所示为典型的内孔翻边模，其结构与拉深模相似，但需注意以下几点：

① 翻边模凸模圆角半径一般做得较大，有的做成球形或抛物线形的头部，以利于翻边时金属的流动。

② 凹模圆角半径取为工件的圆角半径。

③ 模具间隙小于材料厚度，一般取单边间隙 $Z = 0.85t$。

（5）变薄翻边

翻边时材料竖边变薄，是拉应力作用下材料的自然变薄，是翻边的自然情况。当工件很高时，也可采用减小凸、凹模间隙，强迫材料变薄的方法，提高工件的竖边高度，从而达到提高生产率和节省材料的目的，这种翻边成型方法称为变薄翻边。

图 5-15 所示的是用阶梯形凸模变薄翻边的例子。由于凸模采用阶梯形，经过不同阶梯使工序件竖壁部分逐步变薄，而高

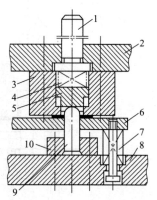

图 5-14　内孔翻边模
1—模柄；2—上模板；3—凹模；
4,7—弹簧；5—顶件器；
6—退件板；8—下模板；
9—凸模；10—凸模固定板

度增加。凸模各阶梯之间的距离大于零件高度，以便前一个阶梯的变形结束后再进行后一阶梯的变形。用阶梯形凸模进行变薄翻边时，应有强力的压料装置和良好的润滑。

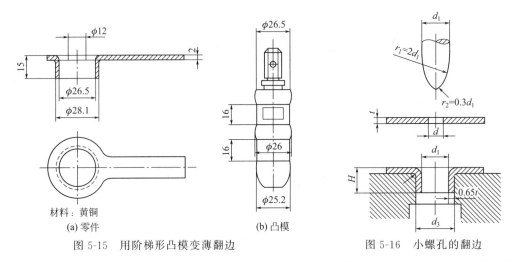

图 5-15 用阶梯形凸模变薄翻边   图 5-16 小螺孔的翻边

从变薄翻边的过程可看出，变形程度不仅取决于翻边系数，还取决于壁部的变薄系数。变薄系数用 K_b 表示，有

$$K_b = \frac{t_{后}}{t_{前}} \tag{5-26}$$

式中 $t_{后}$——变薄翻边后竖边材料厚度，mm；

$t_{前}$——变薄翻边前竖边材料厚度，mm。

在一次翻边中的变薄系数可达 $K_b = 0.4 \sim 0.5$，甚至更小。竖边的高度应按体积不变定律进行计算。变薄翻边经常用于平板坯料或工序工件上冲制 M5 以下的小螺孔，翻边参数如图 5-16 所示。

（6）翻边模具结构

图 5-17 所示为内孔翻边模，其结构与拉深模基本相似。图 5-18 所示为内、外缘同时翻边的模具。

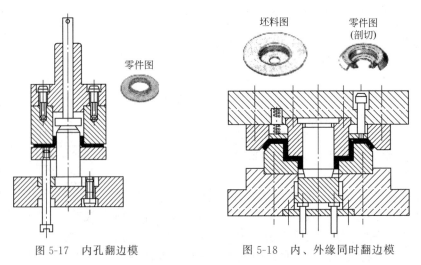

图 5-17   内孔翻边模   图 5-18   内、外缘同时翻边模

翻孔翻边模的凹模圆角半径对翻孔翻边成型的影响不大，可直接按工件圆角半径确定。凸模圆角半径一般取得较大，平底凸模可取 $r_p \geq 4t$，以利于翻孔或翻边成型。为了改

善金属塑性流动条件，翻孔时还可采用抛物线形凸模或球形凸模。从利于翻孔变形看，以抛物线形凸模最好，球形凸模次之，平底凸模再次之；而从凸模的加工难易看则相反。

由于翻孔后材料要变薄，翻边凸、凹模单边间隙 C 可小于材料原始厚度 t，一般可取 $C=(0.75 \sim 0.85)t$。其中系数 0.75 用于拉深后的翻孔，系数 0.85 用于平板坯料的翻孔。

5.2.2　局部成型

局部成型时，在局部区域内材料两向受拉、厚度变薄，从而形成要求的局部形状。根据工件的要求，局部成型可以压出各种形状，生产中常见的有压筋、压棱、压包、压字、压花等。

经过局部成型后的工件，特别是生产中广泛应用的压筋成型，由于压筋后工件惯性矩的改变和材料加工硬化的作用，能够有效地提高工件的刚度和强度。

在局部成型过程中，由于材料主要承受拉应力，当变形量太大时，可能产生裂纹。

对于比较简单的局部成型工件，可以近似地确定其极限变形程度，即

$$\delta_{局} = \frac{l_1 - l_0}{l_0} < (0.7 \sim 0.75)\delta \tag{5-27}$$

式中　　　$\delta_{局}$——局部成型时极限变形程度；

　　　　　δ——材料单向拉伸的延伸率；

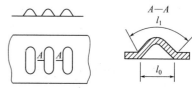

图 5-19　局部成型零件

l_0，l_1——工件变形前后的长度（见图 5-19）。

系数 $0.7 \sim 0.75$ 视局部成型的形状而定，球形筋取大值，梯形筋取小值。

表 5-5 列出了加强筋的型式和尺寸，以及加强筋间距和加强筋与工件边缘之间距离的数值，可供参考。局部成型的筋与边框的距离小于 $(3 \sim 3.5)t$ 时，由于成型过程中边缘材料要往内收缩，成型后需增加切边工序，因此，应预先留出切边余量。

综上所述，除外凸的外缘翻边外，翻边和局部成型有以下共同的特点：

① 翻边和局部成型时，材料主要是受拉而变形，因此，在变形部位及其附近处的材料主要是受拉应力，其变形是拉伸变形，厚度变薄。

② 由于材料主要是受拉变形，因此，其破坏特点主要是拉裂。

③ 翻边和局部成型的极限变形程度都和工件所用材料的延伸率有关。延伸率大的材料，其极限变形程度越大。

表 5-5　加强筋的形式和尺寸

名称	图例	R	h	D 或 B	r	α
压筋		$(3 \sim 4)t$	$(2 \sim 3)t$	$(7 \sim 10)t$	$(1 \sim 2)t$	—
压凸		—	$(1.5 \sim 2)t$	$\geqslant 3h$	$(0.5 \sim 1.5)t$	$15 \sim 30$

续表

图例	D	L	t
	6.5	10	6
	8.5	13	7.5
	10.5	15	9
	13.0	18	11
	15.0	22	13
	18.0	26	16
	24.0	34	20
	31.0	44	26
	36.0	51	30
	43.0	60	35
	48.0	68	40
	55.0	78	45

5.3 旋压

旋压是一种特殊的成型工艺，多用于搪瓷和铝制品工业中，在航天和导弹工业中应用较广泛。

5.3.1 旋压成型原理、特点及应用

旋压是将毛坯压紧在旋压机（或供旋压用的车床）的芯模上，使毛坯同旋压机的主轴一起旋转，同时操纵旋轮（或赶棒、赶刀），在旋转中加压于毛坯，使毛坯逐渐紧贴芯模，从而达到工件所要求的形状和尺寸。旋压原理如图 5-20 所示。旋压可以完成类似拉深、翻边、凸肚、缩口等工艺，而且不需要类似于拉深、胀形等复杂的模具结构，适用性较强。

旋压的优点是所使用的设备和工具都比较简单，但是它的生产率低、劳动强度大，所以限制了它的使用范围。

按旋压时的金属变形特点，旋压可以分为普通旋压和变薄旋压。普通旋压时旋轮施加的压力，一般由操作者控制，变形后工件的壁厚基本保持板料的厚度。

在普通旋压时，旋轮加压太大，特别是在板料外缘处，容易起皱。

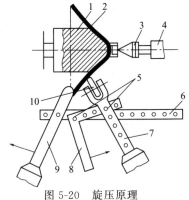

图 5-20　旋压原理
1—芯模；2—板料；3—顶针；4—顶针架；
5—定位钉；6—机床固定板；
7—旋压杠杆；8—复式杠杆限位垫；
9—成型垫；10—旋轮

5.3.2 旋压工艺

合理选择旋压主轴的转速、旋压件的过渡形状以及旋轮施加压力的大小，是编制旋压工艺的 3 个重要因素。主轴转速如果太低，板料将不稳定；若转速太高，容易过度碾薄。合理的转速可根据被旋压材料的性能、厚度以及芯模的直径确定。一般软钢为 $400 \sim 600 \mathrm{r/min}$；铝为 $800 \sim 1200 \mathrm{r/min}$。当毛坯直径较大、厚度较薄时取小值，反之则取较大的转速。

旋压操作时应掌握好合理的过渡形状，先从毛坯靠近芯模底部的圆角半径开始，由内向外赶碾，逐渐使毛坯转为浅锥形，然后再由浅锥形向圆筒形过渡。

旋压成型虽然是局部成型，但是，如果材料的变形量过大，也易起皱甚至破裂，所以变形量大的材料需要多次旋压成型。旋压的变形程度以旋压系数 m 表示。

对于圆筒形旋压件，其一次旋压成型的许用变形程度大约为

$$m = \frac{d}{d_D} \geqslant 0.6 \sim 0.8 \tag{5-28}$$

式中　d——工件直径；

　　d_D——毛坯直径。

多次旋压成型中，如由圆锥形过渡到圆筒形，则第一次成型时圆锥许用变形程度为

$$m = \frac{d_{min}}{d_D} \geqslant 0.2 \sim 0.3 \tag{5-29}$$

式中　d_{min}——圆锥最小直径；

　　d_D——毛坯直径。

旋压件的毛坯尺寸计算与拉深工艺一样，按工件的表面积等于毛坯的表面积，求出毛坯直径。但由于毛坯在旋压过程中有变薄现象，因此，实际毛坯直径可比理论计算直径小 5%～7%。由于旋压的加工硬化比拉深严重，所以工序间均应安排退火处理。

5.3.3　变薄旋压（强力旋压、旋薄）

变薄旋压加工如图 5-21 所示。旋压机顶块 3 把毛坯 2 紧压于芯模 1 的顶端。芯模、毛坯和顶块随同主轴一起旋转，旋轮 5 沿设定的靠模板按与芯模母线（锥面线）平行的轨迹移动。由于芯模和旋轮之间保持着小于坯料厚度的间隙，旋轮施加高压于毛坯（压力可达 2500MPa），迫使毛坯贴紧芯模并被碾薄逐渐成型为零件。由此可见，变薄旋压在加工过程中，毛坯凸缘不产生收缩变形，因而没有凸缘起皱问题，也不受毛坯相对厚度的限制，可以一次旋压出相对深度较大的零件。与冷挤压比较，变薄旋压是局部变形，而冷挤压变形区较大，因此，变薄旋压的变形力较冷挤压小得多。经变薄旋压后，材料晶粒致密细化，提高了强度，降低了表面粗糙度。变薄旋压一

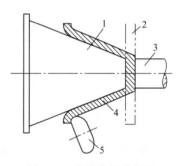

图 5-21　变薄旋压示意图
1—模具；2—毛坯；3—顶块；
4—工件；5—旋轮

般要求使用功率大、刚度大的旋压机床。变薄旋压多用于加工薄壁锥形件或薄壁的长管形件，所得零件尺寸精度和表面质量都比较好。

变薄旋压的变形程度用变薄率 ε 表示，有

$$\varepsilon = \frac{t_0 - t_1}{t_0} = 1 - \frac{t_1}{t_0} \tag{5-30}$$

式中　t_0——旋压前毛坯厚度；

　　t_1——旋压后工件的壁厚。

圆筒形件的变薄旋压不能用平面毛坯旋压成型，只能采用壁厚较大、长度较短而内径与之相同的圆筒形毛坯。

圆筒形件变薄旋压可分为正旋压和反旋压两种，如图 5-22 所示。按使用机床的不同，旋压也可分为卧式旋压和立式旋压两种。

正旋压时，材料流动方向与旋轮移动方向相同，一般朝向机头架。反旋压时，材料流动方向与旋轮移动方向相反，未旋压的部分不移动。

圆筒形件变薄旋压时，一般塑性好的材料一次的变薄率可达 50％以上（如铝可达 60％～70％），多次旋压总的变薄率也可达 90％以上。

立式旋压如图 5-23 所示。立式旋压模用多个钢球代替旋轮，这样，旋压点增多了，不仅提高了生产率，而且也降低了工件表面粗糙度。钢球的数目随零件的大小而不同，并在钢球组成一个圆圈后保持圆周方向有 0.5～1mm 的间隙。

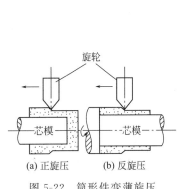

图 5-22　筒形件变薄旋压

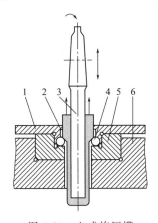

图 5-23　立式旋压模
1—压环；2—毛坯；3—芯模；4—钢球；5—凹模；6—底座

立式旋压可以获得比较大的变形程度。如对于黄铜、低碳钢、不锈钢等材料，一次最大的变薄率可达 85％左右。

立式旋压可在专用的立式旋压机上进行，也可在普通的钻床上进行。

5.4　冷挤压

冷挤压是一种先进的少无切削加工工艺。它是在常温条件下，利用模具以一定的速度对金属施加很大的压力，使金属产生塑性变形，从而获得所需形状、尺寸和性能的零件的一种塑性成型方法。冷挤压的工艺过程是：先将经过处理的毛料放在凹模内，借凸模的压力使金属处于三向受压应力状态下并产生塑性变形，通过凹模的下通孔或凸模与凹模的环形间隙将金属挤出。

5.4.1　冷挤压类型

根据冷挤压时金属流动方向与凸模运动方向间的关系，可将常用的冷挤压方法分为正挤压、反挤压和复合挤压 3 种（见图 5-24）。

（1）正挤压

正挤压时，金属的流动方向与凸模运动的方向相同。图 5-24（a）所示为正挤压实心零件时的情形。将经过处理的毛料放在凹模内，凸模挤压毛料，强迫金属从凹模上与工件尺寸相当的底孔中流出，从而获得所需工件。图 5-24（b）所示为正挤压空心件时的情形。先将杯形毛料置于凹模内，凹模底部有一与工件外形尺寸相当的孔，凸模由凸模本体与芯轴两部分组成，芯轴直径与工件内径相等，芯轴与凹模底孔之间在半径方向上的间隙等于工件壁厚，这样，凸模往下挤压，即可获得空心工件。

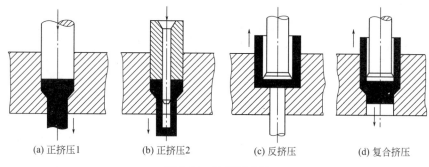

(a) 正挤压1   (b) 正挤压2   (c) 反挤压   (d) 复合挤压

图 5-24   冷挤压方法

（2）反挤压

反挤压时，金属的流动方向与凸模运动的方向相反，如图 5-24（c）所示。其加工过程是：先将扁平毛料置于凹模内，凸模与凹模之间的间隙等于工件壁厚，凸模向下加压，金属便在凸模和凹模之间的间隙内向上流动，形成空心工件。

（3）复合挤压

复合挤压时，金属向凸模运动的方向及相反的方向同时流动，如图 5-24（d）所示。

5.4.2   冷挤压的优越性

冷挤压的优越性体现在以下 3 个方面：

① 节约原材料，提高生产效率   冷挤压是少无切削加工工艺，与切削加工相比，其节约原材料的优越性是显而易见的。冷挤压是在压力机简单的往复运动中生产零件，其生产效率也很高。

② 提高零件的机械性能   在冷挤压过程中，金属处于三向受压应力状态，变形后材料的组织致密，又有连续的纤维流向，变形中的加工硬化也使材料的强度增加。因此，冷挤压零件与切削加工的零件相比，其机械性能大大提高。

③ 提高零件的精度，降低表面粗糙度   冷挤压零件的精度可达 IT8～IT9 级，有色金属冷挤压零件的表面粗糙度可达 $Ra = 1.6～0.41\mu m$。因此，有的冷挤压件无需切削加工。

综上所述，冷挤压是一种高产、优质、少消耗的先进加工工艺，在我国各工业部门中得到了广泛的应用和飞跃的发展。

5.4.3   冷挤压的变形程度

（1）变形程度的表示方法

变形程度的表示方法最常用的有两种：断面缩减率和挤压比。

① 断面缩减率   断面缩减率的计算公式为

$$\Psi = \frac{F_0 - F_1}{F_0} \times 100\% \tag{5-31}$$

式中 Ψ——冷挤压的断面缩减率；

F_0——冷挤压变形前毛料的横截面积；

F_1——冷挤压变形后工件的横截面积。

② 挤压比   挤压比的计算公式为

$$G = \frac{F_0}{F_1} \tag{5-32}$$

式中　　G——挤压比；

F_0——冷挤压变形前毛料的横截面积；

F_1——冷挤压变形后工件的横截面积。

Ψ 与 G 之间的关系为

$$\Psi = \left(1 - \frac{1}{G}\right) \times 100\% \tag{5-33}$$

（2）许用变形程度

冷挤压的变形程度越大，挤压的变形抗力也就越大，它会引起凸模、凹模等模具零件的破裂。冷挤压的许用变形程度是指在目前模具强度条件下（目前一般模具材料的许用应力为 $2500 \sim 3000 N/mm^2$），可以采用的每次冷挤压的变形程度。从提高生产率的角度来说，冷挤压的许用变形程度值越大越好，使得零件能一次成型。但太大的变形程度势必产生过大的变形抗力，使得模具寿命降低甚至损坏。因此，在冷挤压生产中，必须选择合适的变形程度，使得在保证模具有一定使用寿命的条件下尽量减少冷挤压工序。

冷挤压的许用变形程度取决于下列各方面的因素：

① 可挤压材料的机械性能　材料越硬，许用变形程度就越小。

② 模具强度　模具钢材好，模具制造中冷、热加工工艺合理，模具结构较合理，这样的模具强度就高，许用变形程度可以大一些。

③ 冷挤压的变形方式　在变形程度相同的条件下，反挤压的力大于正挤压的力，所以反挤压的许用变形程度比正挤压的应该小些。

④ 毛料表面处理与润滑　毛料表面处理越好，润滑越好，许用变形程度也就越大。

⑤ 冷挤压模具的几何形状　冷挤压模具工作部分的几何形状对金属的流动有很大影响。形状合理时，有利于挤压时的金属流动，单位挤压力降低，许用变形程度可以大些。

在一般生产条件下，模具强度、润滑条件及模具的几何形状都是尽量做到最理想的情况，因此许用变形程度主要是取决于被挤压材料和变形方式两个因素。

有色金属一次挤压时的许用变形程度见表5-6。

表5-6　有色金属一次挤压的许用变形程度

金属材料	断面缩减率 $\Psi/\%$		附注
锌、铝、无氧铜等	正挤	95～99	低强度的金属取上限，高强度的金属取下限
	反挤	90～99	
紫铜、黄铜 硬铝、镁	正挤	90～95	
	反挤	75～90	

5.4.4　冷挤压生产中的主要技术问题

在冷挤压变形过程中，被挤压材料处于三向受压应力状态，其变形抗力大大增加，所需的挤压力很大，较之一般板料冲压成型的力要大得多。因此，冷挤压时材料的变形力与模具所能承受载荷的能力之间的矛盾是十分突出的，这是冷挤压技术的关键问题所在。要解决这一问题，必须从以下几方面着手：

① 选用适合于冷挤压的材料，要求材料具有一定的塑性、较低的强度和较低的加工硬化敏感性。

② 控制冷挤压的变形程度，避免因变形程度过大而使挤压力增大，导致模具损坏。

③ 要使变形的金属材料强度尽可能低，一般要对挤压毛料进行软化退火处理。

④ 要采用表面处理与润滑，使变形毛料与模具间有一润滑层，避免变形毛料与模具直接接触，以降低摩擦阻力、变形力和减少模具磨损。

⑤ 正确设计与制造冷挤压模具，合理选择冷挤压模具材料，合理确定模具的冷、热加工工艺。

⑥ 选用合适的设备，要求设备具有良好的刚性和良好的导向性能。

5.5 校形

校形大都用于冲裁、弯曲、拉深和成型工序后的修整，以把成型后的冲压件校正至符合零件规定的要求。

（1）校形的特点及应用

校形工序的特点主要是：局部成型，变形量小；校形工序对模具的精度要求比较高；校形时的应力状态应有利于减小卸载后因工件的弹性恢复而引起的形状和尺寸变化。

校形可分为：平板零件的校平，通常用来校正冲裁件的平面度；空间零件的校形，主要用于减小弯曲、拉深或翻边等工序件的圆角半径，使工件符合零件规定的要求。

（2）平板零件的校平

按板料的厚度和对表面质量的要求不同，校平模可分为光面模和齿形模两种。

图 5-25 所示为光面校平模。一般对于薄料和表面不允许有压痕的板料，应采用光面校平模。为了使校平不受压力机滑块导向误差的影响，校平模应做成浮动式。采用光平面校平模校正材料强度高、回弹较大的工件时，校平效果不太理想。而采用如图 5-26 所示的齿形校平模，校平效果要远优于光面校平模。齿形校平模可分为尖齿和平齿两种。尖齿模用于表面允许留有齿痕的零件，平齿模则用于工件厚度较薄的铝、青铜和黄铜等表面不允许有深压痕的零件。上下模齿形应相互交错，其形状和尺寸可参照图 5-26（b）所示的参考数值。

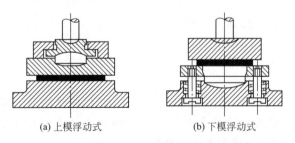

(a) 上模浮动式　　　　(b) 下模浮动式

图 5-25　光面校平模

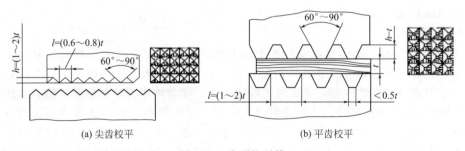

(a) 尖齿校平　　　　(b) 平齿校平

图 5-26　齿形校平模

（3）空间形状零件的校形

空间形状零件的校形模与一般弯曲、拉深模的结构基本相同，只是校形模工作部分的精度比成型模更高，表面粗糙度更低。

图5-27所示为弯曲件的校形模。在校形模的作用下，不仅在与零件表面垂直的方向上毛坯受压应力的作用，而且在长度方向上也受压应力的作用，产生不大的压缩变形。这样就从本质上改变了毛坯断面内各点的应力状态，使其受三向压应力作用。三向压应力状态有利于减小回弹，保证零件的形状及尺寸。

由于拉深件的形状、尺寸精度等要求不同，所采用的校形方法也有所不同。对于不带凸缘的直壁拉深件，通常都是采用变薄拉深的校形方法来提高零件侧壁的精度。可将校形工序和最后一道拉深工序结合进行。即在最后一道拉深时取较大的拉深系数，其拉深模间隙仅为$(0.9 \sim 0.95)\,t$，使直壁产生一定程度的变薄，以达到校形的目的。当拉深件带有凸缘时，可对凸缘平面、直壁、底面及直壁与底面相交的圆角半径进行校形，如图5-28所示。

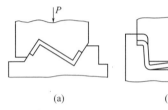
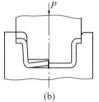
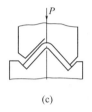

图5-27 弯曲件的校形模示意图　　图5-28 拉深件的校形

5.6 精选成型模具设计实例分析

5.6.1 实例一：筒侧壁成型模设计分析

- 零件名称：圆筒，结构如图5-29所示。
- 材料：料厚1mm的08钢。
- 生产批量：中等生产批量。

（1）加工工艺分析

这是一个圆筒形拉深与局部成形的复合件，加工难度在于：侧壁需轴向成型两处$SR2.5$的球形鼓包，考虑到零件具有中等生产批量，为保证产品质量，确定加工方案为：剪切条料→拉深成圆筒形件→成型侧壁的球形鼓包。

（2）模具结构

设计的模具结构如图5-30所示。

（3）设计分析

① 模具工作过程　工作时，模具置于压力机上，随着压力机上滑块的上升，上、下模脱离接触，此时，把已切边的半成品置入下凹模15内，冲床滑块开始下降，左、右成型凸模块9、12首先插入工件内孔，完成对工件的导正。随着冲床滑块的继续下降，上凹模6下端面与下凹模15上端面接触，成形鼓包型腔形成，此时顺利完成对工件成型前的准备。冲床滑块继续下降，工件端部与上凹模6接触，弹簧5开始沿着导向螺钉16的导向作用受压缩短，左、右成型凸模块9、12在斜楔10斜面的作用下，开始横向移动，斜楔10随冲床滑块继续下降，当固定板4下底面与上凹模6上端面接触时，两鼓包成型工作完成。冲床滑块

回升，上凹模 6 在弹簧 5 的作用下与斜楔固定板 4 分离，左、右成型凸模块 9、12 在弹簧 8 的弹力作用下退回初始位置，此时，已成型好的零件与左、右成型凸模块 9、12 之间出现间隙，成型好的工件顺利从型腔中退去，当压机滑块上升至极限，手工将成型好的零件从下凹模 15 型腔取出，放入另一切好边的半成品，模具开始下一次的工作循环。

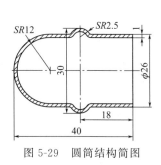

图 5-29　圆筒结构简图

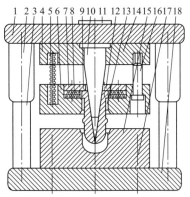

图 5-30　模具结构图

1—上模板；2—导套；3—导柱；4—斜楔固定板；5,8—弹簧；
6—上凹模；7—固定盖；9—左成型凸模块；10—斜楔；11—模柄；
12—右成型凸模块；13—防转销；14—螺钉；15—下凹模；
16—导向螺钉；17—连接螺钉；18—下模板

② 模具结构特点　图 5-30 所示为成型侧壁鼓包的类局部成型模的典型结构，模具利用了斜楔、滑块机构进行成型、卸料的工作方式。

③ 模具结构分析　模具中的成型凹模由上凹模 6 及下凹模 15 组合而成，其型腔面开设在鼓包 SR2.5 的球心连线上，以利于已成型好的零件的卸料。

成型凸模由左、右成型凸模块 9、12 组合而成，考虑到其从已成型好工件中脱模的要求，其初始状态的最大部位尺寸须小于圆筒的内径（$26 - 2t = 24$mm）至少小 1mm，取 23mm。

整套模具成型动力由斜楔 10 两斜面提供，为保证斜楔 10 两斜面上升滑动可靠，由导向螺钉 16 提供可靠导向。

考虑到左、右成型凸模块 9、12 在成型过程中，特别是与两成型凸模块斜面与斜楔 10 间出现较大间隙时，左、右成型凸模块 9、12 可能出现转动而影响凸、凹模成型，在左、右成型凸模块 9、12 的凸缘上开设滑动槽并设置防转销 13 对弹簧 8 的弹力滑动状况进行导向。

（4）设计点评

对侧壁类工件的成型，利用斜楔提供成型力是常采用的方法。此类模具设计需特别注意到凹、凸模的脱模，常采用的大多是分块组合成型、分块脱模，以最大成型端面为模具分模面。

5.6.2　实例二：机械胀形模结构分析

- 零件名称：防尘盖，结构如图 5-31 所示。
- 材料：料厚 0.8mm 的 08F 钢板。
- 生产批量：中等生产批量。

（1）加工工艺分析

该零件属拉深与胀形的复合件，加工难点在拉深高度中部凸出台阶的成型。

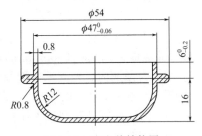

图 5-31　防尘盖结构图

根据胀形系数公式，$m = \dfrac{d_{max}}{d} = \dfrac{54}{47} = 1.15$。查表 5-7，可知该零件的极限胀形系数 m_{max} 为 1.24 左右，$m < m_{max}$，故该零件能一次胀成。

表 5-7　极限胀形系数和切向许用伸长率的试验值

材料	厚度/mm	极限胀形系数 m_{max}	切向许用伸长率 $\delta / \%$
高塑性铝合金 ［如 3A21(LF21-M)］	0.5	1.25	25
纯铝 ［如 1070A、1060(L1、L2)、 1050A、1035(L3、L4)、 1200、8A06(L5、L6)］	1.0	1.28	25
	1.5	1.32	32
	2.0	1.32	32
黄铜(如 H62、H68)	0.5～1.0	1.35	35
	1.5～2.0	1.40	40
低碳钢(如 08F、10、20)	0.5	1.20	20
	1.0	1.24	24
耐热不锈钢(如 1Cr18Ni9Ti)	0.5	1.26	26
	1.0	1.28	28

对该零件选取修边余量后，计算出毛坯直径，并根据筒形件的拉深系数，确定零件一次拉深可以完成。

根据上述计算，可确定加工方案为：剪切条料→落料并拉深→修边→压合。

（2）模具结构

设计的压合模如图 5-32 所示。

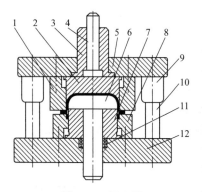

图 5-32　压合模

1—上压合模；2—卸料器；3—模柄；
4—卸料杆；5—上模板；6—定位顶杆；
7—保护器；8—下压合模；9—导套；
10—导柱；11—弹簧；12—下模

（3）设计分析

① 模具工作过程　工作时，将修好边的拉深筒体放于保护器 7 及下压合模 8 的环形槽中，随着压力机滑块的下行，定位顶杆 6 将卸料器 2 压至上模板 5 底面，卸料器 2 克服定位顶杆 6 的反作用力，使定位顶杆 6 下端面与保护器 7 上端面贴合，零件上半部进入上压合模 1 中，从而使整个零件毛坯不需变形区域均得到定位顶杆 6、保护器 7 及上压合模 1、下压合模 8 的内外支承保护，随着压力机滑块的继续下行，上压合模 1 及下压合模 8 共同作用迫使零件向外胀形并压合出零件要求的台阶。

② 模具结构特点　图 5-32 所示为刚性胀形模的典型结构，模具通过对非变形区域设置保护，促使变形向弱区转移，实现了台阶压合的一次成型。

③ 模具结构分析。

a. 为保证零件尺寸精度要求，同时提供可靠的支承保护，上、下压合模 1、8 与零件外形尺寸应保证 0.03～0.05mm 的双边间隙。

b. 为保证内、外支承保护稳定、可靠，保护器 7 及定位顶杆 6、卸料器 2 要与零件的尺寸和形状吻合一致，以免产生缺陷。

c. 为保证零件顺利进入保护器 7 及下压合模 8 的环槽，车削修边时应于 $\Phi47$mm 外圆倒 $0.2 \times 45°$ 角。

d. 为使零件口部能得到内、外支承保护，环槽宽度与零件应保持单边 0.01～0.03mm 的间隙。

（4）设计点评

本零件由于成型区域小，且胀形部位成封闭贴合状态，因此采用软凸模胀形根本无法完成，而采用刚性凸模胀形则可克服上述困难（刚性凸模胀形一般用于零件小区域的成型）。但刚性凸模胀形的胀形系数较软凸模胀形的胀形系数小，且模具结构复杂、成本较高。

本实例的加工工艺方案及模具结构适用于与图 5-31 具有类似结构的管料或拉深件的胀形。

本章小结

本章主要介绍了成型的常用方法，如缩口和胀形、翻边与翻孔、旋压、冷挤压以及校形，着重介绍了翻边与翻孔。通过本章的学习，应该能够了解各种常见的成型方式，清楚翻边模的工作过程，掌握圆孔翻边件的工艺计算方法及翻边次数。

本章最后精选了两套成型模具设计实例进行分析。

思考与练习题

5-1　什么是胀形？什么是缩口？各有什么特点？

5-2　内缘翻边和外缘翻边各有什么特点？

5-3　缩口工艺有哪些支撑方式？对缩口工艺各有什么影响？

5-4　什么是极限翻边系数？影响极限翻边系数的因素有哪些？

5-5　什么是旋压？试述其特点及应用。

5-6　什么是校形？有什么特点及应用？

5-7　各种成型方法的变形过程有何特点？各种成型方法分别用在何场合？

5-8　在本章开始的引言中列举了胀形和缩口加工制品图。试简述它们的工艺过程。

5-9　工件名称为固定套，如题 5-9 图所示，生产批量为中批量，工件材料为 08 钢，料厚 1mm。试设计该固定套的翻边模。

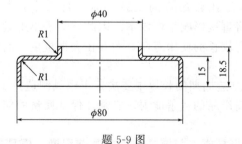

题 5-9 图

第 **6** 章

模具制造基础

模具设计完成以后，为了能够保证生产出满足图样要求的模具，必须按照一定的工艺规程来组织生产。工艺规程是加工过程中必须遵守的工艺文件，它简要地规定了零件的加工顺序、所用机床和工具、各工序的技术要求及必要的操作方法等。

本章主要介绍模具加工工艺、模具工艺的规程编制、模具零件的机械加工，并简单介绍加工模具的特种加工方法以及新兴的模具加工 3D 打印技术。

6.1 模具制造工艺

6.1.1 模具制造工艺的基本要求

在工业产品的生产中，应用模具的目的在于保证产品质量、提高生产率和降低成本。因此，除了正确进行模具设计、采用合理的模具结构外，还必须有高质量的模具制造技术。如绪论中所述，模具的种类较多，每种模具的制造方法也不是唯一的，其制造方法的选择与模具的要求、制造成本、加工条件等有关。制造模具时，不论采取哪一种方法都应该满足以下几个要求：

① 制造精度高　为了生产合格的产品和发挥模具的效能，制造出的模具必须具有较高的精度。模具的精度主要由制品精度要求和模具结构所决定，为了保证制品精度和质量，模具工作部分的精度通常要比制品精度高 2～4 级。模具结构对上、下模之间的配合有较高的要求，组成模具的零件都必须有足够的制造精度，否则模具将不可能生产合格的制品，甚至会导致模具无法正常使用。

② 使用寿命长　模具是比较昂贵的工艺装备，目前模具制造费用约占产品成本的 10%～30%，其使用寿命将直接影响生产成本。因此，除了小批量生产和新产品试制等特殊情况外，一般都要求其具有较长的使用寿命，尤其在大批量生产的情况下，模具的使用寿命更为重要。

③ 制造周期短　模具制造周期的长短主要决定于模具制造技术和生产管理水平的高低。为了满足生产的需要，提高产品的竞争能力，必须在保证质量的前提下尽量缩短模具的制造周期。

④ 模具制造成本低　模具成本与模具结构的复杂程度、模具材料、制造精度要求以及加工方法有关。模具技术人员必须根据制品要求合理设计和制定加工工艺规程，努力降低模具制造成本。

必须指出，上述 4 个指标是互相关联、相互影响的。片面追求模具精度和使用寿命必将导致模具制造成本的增加，只顾缩短周期和降低模具制造成本而忽略模具精度和使用寿命的做法也是不可取的。在模具的设计与制造过程中，应根据实际情况全面考虑，即应在保证产品质量的前提下，选择与生产量相适应的模具结构和制造方法，使模具制造成本降低到最小。如果想提高模具制造的综合指标，就应该认真研究现代模具制造理论，积极采用先进制造技术，以满足现代工业发展的需要。

6.1.2　模具制造工艺过程及组成

（1）模具制造工艺过程

生产过程中改变生产对象的形状、尺寸、相对位置和性质等，使其成为成品或半成品的过程称为工艺过程。若采用机械加工方法来完成上述过程，称为机械加工工艺过程。

模具零件制造工艺过程由一个或若干个按顺序排列的工序组成，毛坯依次经过这些工序而变为成品。

（2）模具制造工艺过程的组成

① 工序　工序是由一个或一组工人，在一个工作地点对同一个或同时对几个工件进行加工所连续完成的那一部分工艺过程。它是组成工艺过程的基本单元。划分工序的依据是工作地（设备）、加工对象（工件）是否改变以及加工是否连续完成，如果其中之一改变或者加工不连续，则应另外划分一道工序。

图 6-1 所示模柄的机械加工工艺过程可划分为 3 道工序，见表 6-1。

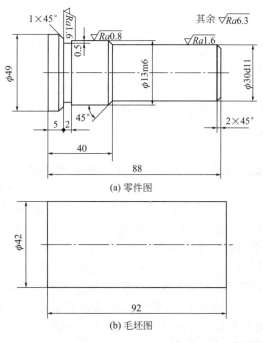

(a) 零件图

(b) 毛坯图

图 6-1　压入式模柄

表 6-1　模柄的加工工艺过程

工序编号	工序内容	设备
1	车两端面，钻中心孔	车床
2	车外圆（32 留磨削余量），车槽并倒角	车床
3	磨 32 外圆	外圆磨床

② 安装　工件在加工之前，应使其在机床上（或夹具中）处于一个正确的位置并将其夹紧。工件具有正确位置及夹紧的过程称为装夹。工件经一次装夹后所完成的那一部分工序称为安装。有的工序中，工件需要进行多次安装，如表 6-1 中的工序 1，当车削第一端面、钻中心孔时要进行一次装夹，调头车另一端面、钻中心孔时又需要重新装夹工件，该工序中，工件要进行两次安装。多一次安装，不仅会增加装卸工件的辅助时间，同时还会产生装夹误差。

③ 工位　一次装夹工件后，工件与夹具或设备的可动部分一起，相对于刀具或设备的固定部分所占据的每一个位置称为工位。在加工中为了减少工件的装夹次数，常采用一些不需要重新装卸就能改变工件位置的夹具或其他机构来实现工件加工位置的改变，以完成对不同部位（或零件）的加工。

④ 工步　为了便于分析和描述工序内容，有必要把工序划分为工步。工步是在加工表面和加工工具不变的情况下，所连续完成的那一部分工序。一个工序可以包含几个工步，也可以只有一个工步。如表 6-1 中的工序 1 可划分成 4 个工步（车端面、钻中心孔、车另一端面、钻中心孔）。

⑤ 进给　有些工步，由于需要切除的余量较大或其他原因，需要对同一表面进行多次切削，刀具每从被加工表面切下一层金属层即称为一次进给。因此一个工步可能只有一次进给，也可能有几次进给。

6.1.3　模具工艺人员的工作内容

作为模具工艺技术人员，应该根据模具的特点和要求、模具生产具体条件和工艺规律等编制合理的工艺技术文件并指导生产。模具工艺人员工作的主要内容如下：

① 编制工艺文件　模具工艺文件主要包括模具零件加工工艺规程、模具装配工艺要点或工艺规程、原材料清单、外购件清单和外协件清单等。模具工艺技术人员应该在充分理解模具结构、工作原理和要求的情况下，结合本企业加工设备条件、本企业生产和技术状态等条件编制模具零件加工和装配等工艺文件。

② 二类工具的设计制造和工艺编制　二类工具是指加工模具和装配中所用的各种专用工具。这些专用的二类工具，一般都由模具工艺技术人员负责设计和工艺编制（特殊的部分由专门技术人员完成）。二类工具的质量和效率对模具质量和生产进度起着重要的作用，有时可以利用通用工具改制，尽量将二类工具的数量和成本降低到最低程度。

③ 处理加工现场技术问题　在模具零件加工和装配过程中解决出现的技术、质量问题是模具工艺技术人员的经常性工作之一。如解释工艺文件、技术指导、调整加工方案和方法、处理尺寸超差和采用替代料等。处理加工现场技术问题时，既要保证质量又要保证生产进度。

④ 参加试模和鉴定工作　各种模具在装配之后的试冲和试压是模具生产的重要环节，模具工艺技术人员和其他有关人员要通过试压和试冲，分析技术问题和提出解决方案，并对模具的最终技术质量状态做出正确的结论。

6.2　模具制造工艺规程

规定产品或零部件制造工艺过程和操作方法等的工艺文件称为工艺规程。模具加工工艺规程一般应规定工件加工的工艺路线、工序的加工内容、检验方法、切削用量、时间定额以及所采用的设备和工艺装备等。不同的生产类型对工艺规程的要求也不相同，大批、大量生产的工艺规程比较详细，单件、小批生产则比较简单。

模具的工艺规程可分为零件机械加工工艺、专业工艺、组装工艺等，但主要以编制零件机械加工工艺为主，其他工艺则按需要而定。又因为模具常为单件小批量生产，所以零件加工常用工艺过程卡来指示加工过程。

制定工艺规程的基本原则是：保证以最低的生产成本和最高的生产效率，可靠地加工出符合设计图样要求的模具。因此在制定工艺规程时应从工厂的实际条件出发，充分利用现有设备，尽可能采用国内外的先进技术和经验。

6.2.1　工艺规程的作用

在生产过程中，工艺规程有如下几个方面的作用：

① 工艺规程是指导生产的重要技术文件　合理的工艺规程是在总结广大工人和技术人员长期实践经验的基础上，结合工厂具体生产条件，根据工艺理论和必要的工艺试验而制定的。按照它进行生产，可以保证产品的质量、较高的生产效率和经济性。

② 工艺规程是生产组织和生产管理工作的基本依据　有了工艺规程，在产品投产前就可以根据它进行原材料、毛坯的准备和供应，机床设备的准备和负荷的调整，专用工艺装备的设计和制造，生产作业计划的编排，劳动力的组织，以及生产成本的核算等，使整个生产得以有计划地进行。

③ 工艺规程是新建工厂或车间的基本资料。

6.2.2　模具工艺规程卡片的种类

工艺规程是生产中使用的重要工艺文件，为了便于科学管理和交流，其格式都有相应的标准（见 JB/Z 187.3—1988）。常用的有以下 3 种：

① 加工工艺过程卡　它是以工序为单位简要说明零件加工过程的一种工艺文件。它以工序为单位列出模具零件加工的工艺路线（包括毛坯、加工方法和热处理），是制定其他工艺文件的基础。它主要用于单件小批生产和中批生产的零件。

② 加工工序卡　它是在加工工艺过程卡的基础上，按每道工序编制的一种工艺文件。一般绘有工序简图，并详细说明该工序每个工步的加工内容、工艺参数、操作要求，以及使用的设备和工艺装备等。加工工序卡主要用于模具生产中的某些复杂零件。

③ 装配工艺卡　模具装配工艺卡是指导模具装配的技术文件。模具装配工艺卡的制定根据模具种类、复杂程度、各单位的生产组织形式和习惯做法等具体情况可简可繁，对于一般模具只编制装配要点、重要技术要求的保证措施以及在装配过程中需要配合加工的要求。模具装配工艺卡内容包括：模具零件和组件的装配顺序、装配基准的确定、装配工艺方法和技术要求、装配工序的划分和关键工序的详细说明、必备的二类工具和设备、检验方法和验收条件等。

6.2.3　对工艺规程的要求

对某一个产品而言，合理的工艺规程要体现以下几个方面的基本要求。

① 产品质量的可靠性　工艺规程要充分考虑和采取一切确保产品质量的必要措施，能全面、可靠和稳定地达到设计图样上所要求的精度、表面质量和其他技术要求。

② 工艺技术的先进性　工艺规程的先进性指的是在工厂现有条件下，除了采用本厂成熟的工艺方法外，尽可能地吸收适合工厂情况的国内外同行的先进工艺技术和工艺装备，以

提高工艺技术水平。

③ 经济性　在一定的生产条件下，要采用劳动量、物资和能源消耗最少的工艺方案，从而使生产成本最低，使企业获得良好的经济效益。

④ 有良好的劳动条件　制定的工艺规程必须保证工人具有良好而安全的劳动条件。应尽可能地采用机械化或自动化的措施，以减轻某些繁重的体力劳动。

制定工艺规程时的原始资料主要有：产品的零件图和装配图，产品的生产纲领，有关手册、图册、标准、类似产品的工艺资料和生产经验，工厂的生产条件（机床设备、工艺设备、工人技术水平等），以及国内外有关工艺技术的发展情况等。

6.2.4　模具零件工艺规程的主要内容

（1）选择毛坯

模具零件的材料以钢材为主，但注塑模具等也常用铝合金材料。钢材有型材（板材、棒材）、锻件、铸件及焊接件等，需要根据零件的形状尺寸、材料种类、机械性能及技术要求等因素选用。大型零件常用铸件、锻件、焊接件等。

毛坯形状应与零件形状相似，其尺寸应根据加工余量、毛坯表面质量及精度、加工时的装夹量、一件毛坯需加工出的零件数量等进行计算，并应在保证零件加工质量的前提下尽可能选用最小的毛坯尺寸。当选锻件、铸件或焊接件作为毛坯时，应根据相应的工艺对毛坯进行设计。

毛坯表面和内部质量以及供应状态，应在编制工艺时做出明确的规定。表面脱碳层、氧化皮、夹皮、裂缝、凹坑等缺陷都必须符合标准规定。对锻件应进行退火以消除内应力，退火硬度不得大于 HRC26。对大型铸、锻、焊接件毛坯，为保证质量，应与毛坯制造单位签订技术协议，必要时要双方会商制造工艺。外协件交货时，要严格履行验收程序。对精密塑料模具，选择毛坯材料时，应注意零件在毛坯上的取材方向，使有关零件的变形量及方向尽量一致。

（2）选择加工方法

从绪论表 0-2 和表 0-3 中可知，加工方法种类甚多，而且每一种加工方法均有其合理的使用范围，工艺人员要综合考虑被加工的零件表面形状、尺寸范围、材料硬度，以及可达到的经济精度、表面粗糙度、加工效率及费用等因素，选择最佳加工方法。

（3）安排加工顺序

合理地安排零件的各表面加工顺序，对于加工质量、生产效率、经济效果都有很大的影响。在安排加工顺序时，要处理好工序的分散与集中、加工阶段的划分和加工工序的安排等问题。

① 工序的分散与集中　由于模具属于多品种单件生产，而且零件常是由复杂的型面所组成的多面体，这些型面要求保证相互位置关系，因此采用集中工序的加工方式较多，即在机床允许的条件下，应尽量利用一些专用刀具和夹具，使工件在一次装夹或一道工序中完成最多的加工任务，对于大型的零件则更应如此，这样做有利于简化工艺及生产管理。

② 加工阶段的划分　模具的结构零件，如固定板、模板、导柱、导套等的加工，均可按一般机械零件的粗加工、半精加工、精加工及光整加工 4 个阶段来划分。而大部分工作零件，如凹模、凸模、型芯等，则可分为粗加工、基面加工、划线、工作面及型面的粗加工、半精加工及精加工、修配及光整加工等工序。

粗加工是为了去除毛坯的粗糙表面，一般均为六面体或圆柱体的加工。对大型铸件或锻件进行粗加工前，常设置去除毛皮的工序以便及时发现毛坯表层有无缺陷。

基面加工是加工工艺基准面，它将作为下道工序的加工基准。基面一般均需精铣、精车或精磨，粗糙度为 $Ra = 1.6\mu m$，对六方体零件要求相对的两基面平行，并与相邻两侧保持相互垂直。

划线是零件加工成型前常用的工序，常以基面为基准划出，加工时需要参照所有尺寸线及中心位置。

工作面及型面加工是以基面为基准并参照划线将零件加工成型。其加工方法也有粗加工、半精加工及精加工之分。为保证零件的各表面达到图样要求，对需要修配及抛光的表面应留出加工余量。

配制及修配加工是为了便于模具制造，降低机床加工要求的一种方法。当零件间要求保证相对位置、配合尺寸及间隙时，或必须通过试模才能确定最后尺寸时，通常不是按图样将零件直接加工到尺寸，而是以某零件或某尺寸为基准，其他零件以此进行配制加工，或在零件上留修正量待组装或试模后再酌情修正。这种方法在用普通精度机床加工模具零件时应用甚广，但在用精密机床加工零件时，则常采用标注公差、按图样的基本尺寸加工，所以配制及修正的工作就相应地减少了。

抛光工序是模具制造中的最后工序，它直接影响制件的光亮度及外观、制件的脱模、模具的寿命及模具的成本。大部分凹模和部分凸模的型面都需要钳工修正抛光。抛光工序一般设置在热处理、电镀及试模工序的前后。抛光后的粗糙度一般不低于 $Ra = 0.4\mu m$。该工序占钳工工作量的 $40\% \sim 50\%$。

③ 加工工序的安排。

a. 机械加工顺序的安排。

先粗加工后精加工。先加工基准面，后加工其他表面。每个零件在加工时应首先加工下道工序加工时需用的定位基准。基准的形式及加工时需用的基准数量均按零件的形状尺寸及选用的加工方法而决定。加工基准时可一次装夹直接加工而成，或先加工辅助基准，然后以此基准定位加工实际需用的基准。

先主后次。以基准定位加工其他表面时，首先应选择零件上主要的工作面，包括有配合的表面、加工余量较小的表面、内应力较大而易变形的表面、不容易加工的表面及毛坯内部易出现缺陷的表面等。其他表面均安排在这些主要表面加工之间，使其他表面既以主要表面为加工依据，又不影响主要表面的加工，当主要表面加工发生误差时可用它们来进行修正。

b. 热处理及表面处理工序的安排。

退火及正火处理可改善金属组织和加工性能，应设在粗加工前。

中碳钢等不淬火的模具，为提高材料的综合机械性能和改善加工性能，可在粗加工前或后设置调质处理工序。

对大型模具及精密模具，为防止材料内应力及精加工内应力导致模具变形，应在粗加工后进行时效处理，高精度模具应在半精加工后再经时效处理。对于精密模具，为防止模温引起淬火后残余奥氏体的转化而造成模具精度变化，在热处理后精加工前应设置低温回火处理。

为提高零件的硬度及耐磨性，对高碳钢及工具钢模具零件，在精加工及电加工工序之前应设淬火工序；对低碳钢模具零件，在型面加工后精加工及光整加工前设置保护性渗碳淬火处理工序。

为提高成型表面耐磨、耐腐蚀用的氮化钢，一般均在试模后进行氮化处理，精密模具应在精加工前进行处理。

为便于加工电火花成型后的表面，在抛光前可设置低温回火处理。

表面镀铬或涂镀处理，一般均在试模后进行。

c. 其他工序的安排。为保证零件质量，必须实行自检，并设置专职检验工序。重要和复杂的毛坯加工前，一些费工的工序前后，送外协加工前后，最终加工后都应设置检验工序。为便于机床加工及钳工组装，有关零件应按统一的基面加工，并在划线时根据加工需要，在统一的基面上打文字标记，组装及加工时以有标记的基面为准。

模具的编号一般在组装时打印上。各工序加工中产生的毛刺、锐边均应在本工序清理后才可转入下一工序。

（4）选择基准

为保证模具工作性能，模具设计人员在设计模具时需确定设计基准，工艺人员在编制工艺时应按设计基准选择合理的工艺基准、定位基准。工艺基准包括装配基准、测量基准和工序基准，以保证零件加工后达到设计的要求。

各类基准都以零件上某一点、线、面来表示，并以此为准则确定零件其他各点、线、面的位置。在选择工艺基准时应尽量使工艺基准与设计基准一致，但是工艺基准需随加工方法的不同而变更。

定位基准是加工零件时用来确定刀具与被加工表面的相对位置的基准。

工序基准是在工序图上用来表示被加工表面位置的基准，即加工尺寸的起点。表示被加工表面位置的尺寸称为工序尺寸。

测量基准是测量零件已加工表面位置及尺寸的基准。

装配基准是装配时用于确定零件在模具中位置的基准，零件的主要设计基准常作为零件的装配基准。

① 选择装夹方式　零件在加工前应以工艺基准找正并定位，在机床上占有正确的位置后夹紧（总称为装夹）。常用装夹方式有 3 种，如图 6-2 所示。

直接找正装夹，如图 6-2（a）所示。利用千分表沿工件 A、B、C 3 个基面找平后夹紧，并以此为工序基准，移动刀具加工型腔。

按划线装夹，如图 6-2（b）所示。以 A、B 二面为基准找平工件，以平面 C 及划线中心点 D 为定位基准，移动刀具加工型腔。

夹具装夹，如图 6-2（c）所示。工件直接装夹到已调整好角度的正弦夹具上，不必找正即可磨出要求的斜度。

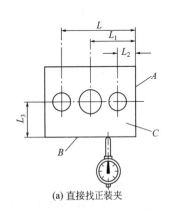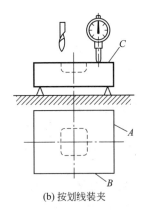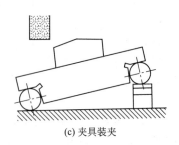

| (a) 直接找正装夹 | (b) 按划线装夹 | (c) 夹具装夹 |

图 6-2　常用装夹方式

② 选择定位基准　零件在加工时都必须选择定位基准。当毛坯粗加工时需选择粗基准，以此为基准加工下道工序需用的精基准及其他表面，零件在半精加工或精加工时必须选择精基准，以此为基准加工零件的各表面。因此在编制工艺时首先应按零件各表面的要求选择

精基准。

a. 选择粗基准。粗基准一般在粗加工中只用一次，以后各工序就不再重复使用，选择粗基准的原则是保证加工出精基准，保证各个待加工表面有足够的加工余量以及与不加工表面的相对位置。选择粗基准时应注意下列事项：

- 粗基准表面应尽量光整平滑，定位装夹方便可靠。
- 宜选择加工面积大、形状复杂、加工要求较高及重要的表面作为粗基准，以便在下道工序中保证加工出这些表面。
- 当零件上有许多表面均要加工时，应选择加工余量小的表面作为粗基准。

b. 选择精基准。精基准应保证加工出零件的各表面，并使其定位误差最小，以保证尺寸精度。选择精基准时，必须考虑所选用的加工方法及机床夹具的精度能否满足加工的精度要求。选择精基准时应注意以下事项：

- 尽可能与零件的设计基准重合。
- 尽量选用一个基准，在一次装夹中可加工出多个表面，以保证各表面的相对位置精度。
- 工件装夹稳定可靠，操作方便，夹具简单，定位正确。
- 当两个表面要求相对位置精度很高时，应选择两个表面互为基准并反复加工以逐级提高精度。
- 加工余量小而均匀的表面，则应以该表面自身为定位基准，如图 6-2（b）所示。

③ 选择工序基准　当定位基准不能与设计基准重合时，则需要在合适的地方选择工序基准，并标出工序尺寸，以此为准来指示加工表面的位置。一般都是从设计基准或定位基准中选择一个便于作为测量基准的部位为工序基准。如果定位或设计基准都不宜作为测量基准，则可选择其他合适的地方作为工序基准。图 6-3 所示的是车削型芯时选择工序基准的示例。为了保证型芯与固定板及型腔组装时的要求，选择 A 面为设计基准，但加工时需以 B 面为定位基准及测量基准，所以选择 B 面为工序基准，并标出Ⓐ、Ⓑ、Ⓒ 等工序尺寸，而且再按尺寸法，标注Ⓐ、Ⓑ尺寸的公差。

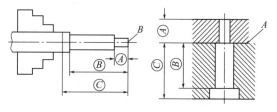

图 6-3　选择工序基准

（5）选择机床与工具，确定工时

在设计每道工序时，工艺人员必须选择合适的机床与工具进行加工及测量，且需给出每道工序的加工工时，能否正确地选择机床与工具将直接影响模具的加工质量、加工效率及成本。

选择机床与工具时必须适应本工序的加工方法、加工精度、加工尺寸及加工零件批量的要求。尤其要研究如何利用专用刀具、量具、找正工具、装配工具、夹具、电极等，以保证加工复杂形状及提高加工精度的需要。工艺人员及操作者都应该重视合理选用各种专用工具，只有这样才能保证又快又好地完成加工任务。

6.3　模具零件的机械加工

6.3.1　模具零件的常用机械加工方法

模具零件的外表面通常采用切削效率较高的铣床、车床、刨床、磨床及较先进的加工中心等进行加工。模具成型表面的加工主要采用包括各类金属切削机床的切削加工和利用电能、超声波、化学能等技术的特种加工方法。

（1）车削加工

车削用于加工内外回转表面、螺旋面、端面、钻孔、镗孔、铰孔及滚花等。工件的加工通常经过粗车、半精车和精车等工序来达到设计要求。精车的尺寸精度可达 IT6～IT8，表面粗糙度为 $Ra=1.6\sim1.8\mu m$。

（2）铣削加工

在模具零件的铣削加工中，应用最广的是立式铣床和万能工具铣床，其主要加工对象是各种模具的型腔和型面，加工精度可达 IT10，表面粗糙度为 $Ra=1.6\mu m$。

（3）刨削加工

刨削主要用于模具零件外形的加工。中小型零件广泛采用牛头刨床加工，而大型零件则需用龙门刨床加工。一般刨削加工的精度可达 IT10，表面粗糙度为 $Ra=1.6\mu m$。

（4）钻削加工

钻削是模具零件中圆孔的主要加工方法。钻削加工所用的设备主要是钻床，所用的刀具是麻花钻、扩孔钻、铰刀等。在模具制造中常采用钻孔对孔进行粗加工，去除大部分余量，然后经扩孔、铰孔对未淬硬孔进行半精加工和精加工，以达到设计要求。

（5）磨削加工

为了达到模具的尺寸精度和表面粗糙度等要求，有许多模具零件必须经过磨削加工。在模具制造中，形状简单（如平面、内圆和外圆表面）的零件可用一般磨床加工，而形状复杂的零件则需采用成型磨削或坐标磨床等。

（6）仿形加工

仿形加工以事先制成的靠模为依据，加工时触头对靠模表面施加一定的压力并沿其表面上移动，通过仿形机构使刀具做同步仿形动作，从而在模具零件上加工出与靠模相同的型面。

常用的仿形加工有仿形车削、仿形刨削、仿形铣削和仿形磨削等。

（7）坐标镗床加工

坐标镗床是一种高精度孔加工机床，主要用于加工零件各面上有精确位置精度要求的孔。其所加工的孔不仅具有很高的尺寸精度和几何精度，而且具有极高的孔距精度。孔的尺寸精度可达 IT6～IT9，表面粗糙度则取决于加工方法，一般可达到 $Ra=1.61\mu m$，孔距精度可达 $0.005\sim0.01mm$。

（8）坐标磨床加工

坐标磨床与坐标镗床相似，也是利用准确的坐标定位实现孔的精密加工，但它不是用钻头或镗刀，而是用高速旋转的砂轮对已淬硬工件的内孔进行磨削加工。因此其加工精度极高，可达 $5\mu m$ 左右，表面粗糙度值 $Ra\leqslant0.21\mu m$，可磨削的孔径为 $0.8\sim200mm$。对于精密模具，常把坐标镗床作为孔加工的预加工，用坐标磨床进行精加工。

（9）成型磨削

成型磨削是成型表面精加工的一种方法，具有精度高、效率高的优点。在模具制造中，成型磨削主要用于精加工凸模、拼块凹模及电火花加工用的电极等零件。成型磨削通常在成型磨床上进行。

选择合适的表面加工方法，是模具制造工艺中首先要解决的问题。在实际生产中，需综合考虑多种因素来确定最佳工艺路线。选择原则主要有以下几个方面：

① 在保证加工表面的加工精度和表面粗糙度的前提下，结合零件的结构形状、尺寸大小以及材料和热处理等要求进行全面考虑。

② 工件材料的性质对加工方法的选择也有影响。例如，淬火钢应采用磨削；而对于有色金属，为避免磨削时磨屑堵塞砂轮，一般都采用高速镗或高速精密车削进行精加工。

③ 表面加工方法的选择，除了首先要保证质量要求外，还应考虑生产效率和经济性的要求。

④ 选择正确的加工方法，还要考虑本厂、本车间的现有设备及技术条件，应充分利用现有的设备。

6.3.2　外圆柱面的加工

在模具零件中有许多都是圆柱面，如凸模、型芯、导柱、导套、顶杆等的外形表面都是圆柱面。在加工圆柱面的过程中，除了要保证各加工表面的尺寸精度外，还必须保证各相关表面的同轴度、垂直度要求。一般可采用车削进行粗加工和半精加工，经热处理后，在外圆磨床上进行精加工，再经研磨达到设计要求。车削外圆时车刀的选择如图 6-4 所示。

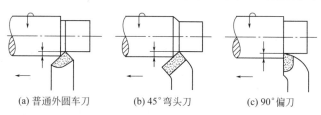

(a) 普通外圆车刀　　　　(b) 45°弯头刀　　　　(c) 90°偏刀

图 6-4　车外圆车刀的选择

表 6-2 列出了常见圆柱面的加工方案、经济精度、表面粗糙度和适用范围，加工时可根据具体要求和实际条件进行选择。

表 6-2　圆柱面的加工方案

序号	加工方案	经济精度	表面粗糙度 $Ra/\mu m$	适用范围
1	粗车	IT11	12.5～50	适用于淬火钢以外的各种金属
2	粗车→半精车	IT8～10	3.2～6.3	
3	粗车→半精车→精车	IT8	1.6～0.8	
4	粗车→半精车→精车→滚压(或抛光)	IT8	0.2～0.025	
5	粗车→半精车→磨削	IT7～8	0.4～0.8	主要用于淬火钢，也可用于未淬火钢。但不宜加工有色金属
6	粗车→半精车→粗磨→精磨	IT6～7	0.1～0.4	
7	粗车→半精车→粗磨→精磨→超精加工	IT5	0.1	
8	粗车→半精车→精车→金刚石车	IT6～7	0.025～0.4	主要用于有色金属加工极高精度的外圆加工
9	粗车→半精车→粗磨→精磨→研磨	IT5～6	0.08～0.16	
10	粗车→半精车→粗磨→精磨→超精磨或镜面磨	IT5	<0.025	

在普通车床上车削圆柱面时，工件一般安装在三爪卡盘中。三爪卡盘的特点是可以自动定心，装夹方便而迅速。当工件尺寸较大或形状较复杂时，常采用四爪卡盘或花盘来安装工件。对于有些同轴度要求较高的套类工件，可采用芯轴进行安装加工。

圆柱面的精加工是在外圆磨床上磨削完成的。外圆磨削的尺寸精度可达 IT5～IT6，表面粗糙度值为 $Ra = 0.8～0.21\mu m$。若采用镜面磨削工艺，表面粗糙度值可达 $Ra = 0.025\mu m$。

为了进一步提高工件的表面质量，可以增加研磨工序。在生产量大的情况下，研磨加工在专用研磨机上进行。在单件或小批量生产中，可采用研磨工具进行手工研磨。研磨精度可达 IT5～IT3，表面粗糙度值可达 $Ra=0.1～0.012\mu m$。

6.3.3　平面的加工

平面是模具外形表面中最多的一种表面形式。就几何结构来说平面很简单，但是这些平面要作为模具使用时的安装基面，或者要作为型腔表面加工的基准，有时又要作为模具零件之间的结合面。因此，除了要保证各平面自身的尺寸精度和平面度外，还要保证各相对平面的平行度以及相邻表面的垂直度要求。平面一般采用牛头刨床、龙门刨床和立铣床进行粗加工，去除毛坯上的大部分加工余量，然后再通过平面磨削达到设计要求。表 6-3 列出了常见模具平面的加工方案，可供制定模具加工工艺时参考。

表 6-3　平面的加工方案

序号	加工方案	经济精度	表面粗糙度	适用范围
1	粗车→半精车	IT9	6.3～3.2	主要用于端面加工
2	粗车→半精车→精车	IT7～IT8	1.6～IT0.8	
3	粗车→半精车→磨削	IT8～IT9	0.8～0.2	
4	粗刨（或粗铣）→精刨（或精铣）	IT12～IT9	20～0.63	用于一般不淬硬表面
5	粗刨（或粗铣）→精刨（或精铣）→刮研	IT6～IT7	0.8～0.1	精度要求较高的不淬硬平面，批量较大时宜采用宽刃精刨
6	以宽刃刨削代替上述方案中的刮研	IT7	0.8～0.2	
7	粗刨（或粗铣）→精刨（或精铣）→磨削	IT7	0.8～0.2	精度要求高的淬硬表面或未淬硬表面
8	粗刨（或粗铣）→精刨（或精铣）粗磨→精磨	IT6～IT7	0.4～0.02	
9	粗铣→拉削	IT7～IT9	0.8～0.2	进行大量生产的较小平面（精度由拉刀精度而定）
10	粗铣→精铣→磨削→研磨	IT6	0.1 以下	高精度的平面

从生产效率方面考虑，大型平面多采用龙门刨床加工，中型平面多采用牛头刨床刨削加工，中小型平面多采用立铣床铣削加工。如图 6-5 所示。

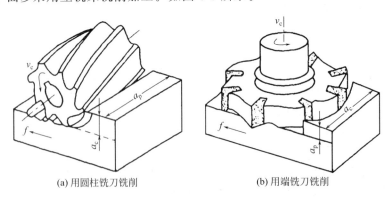

(a) 用圆柱铣刀铣削　　　　　(b) 用端铣刀铣削

图 6-5　铣削的应用

大、中型平面的加工可采用刨削来完成。对于较小的工件，通常用平口钳装夹；对于较大的工件，可直接安装在牛头刨床的工作台上，如图 6-6 所示。如果工件的相对两平面要求平行，相邻两平面要求互成直角，应采用平行垫块和垫上圆棒的方法在平口钳上装夹，较大的工件也可用角铁装夹，如图 6-7 所示。

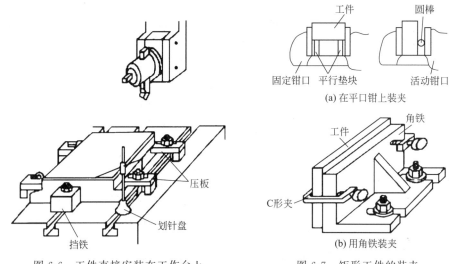

图 6-6　工件直接安装在工作台上　　　　图 6-7　矩形工件的装夹

平面磨削是在平面磨床上进行的。加工时工件通常装夹在电磁吸盘上，用砂轮对工件进行磨削。平面磨削可分为卧轴周磨和立轴端磨两种方法。周磨是用砂轮的圆周面磨削平面，周磨平面时砂轮与工件的接触面积小，排屑和冷却条件均较好，所以工件不易产生热变形。因砂轮圆周表面的磨粒磨损均匀，故加工质量较高，适用于精磨。端磨是用砂轮的端面磨削工件平面，端磨平面时砂轮与工件的接触面积大，冷却液不易注入磨削区内，工件热变形大。另外，因砂轮端面各点的圆周速度不同，端面磨损不均匀，故加工精度较低，但其磨削效率高，适用于粗磨。平面磨削的加工精度可达 IT5～IT6，表面粗糙度为 $Ra = 0.4 \sim 0.2 \mu m$。

6.3.4　孔的加工

模具制造中孔的加工占有很大比重。由于这些孔的用途不同，其几何结构、精度要求也各不相同。模具的孔中有圆孔、方形孔、矩形孔、多边形孔及不规则形状的异型孔。异型孔大都采用电火花、线切割等特种加工方法来加工，本节仅讨论圆形孔的加工方法。

（1）孔的一般加工方法。

① 钻孔　钻孔主要用于孔的粗加工。普通孔的钻削有两种方法：一种是在车床上钻孔，工件旋转而钻头不转；另一种是在钻床或镗床上钻孔，钻头旋转而零件不转。当加工孔与外圆有同轴度要求时可在车床上钻孔，更多的模具零件孔是在钻床或镗床上加工的。模具零件上的螺钉过孔、螺纹底孔、定位销孔等的粗加工都采用钻削加工，其加工精度较低，表面粗糙度值也大。

② 扩孔　扩孔是用扩孔钻对已经钻出的孔进一步增大孔径和提高孔的加工精度的加工方法，扩孔可采用较大的进给量，生产率较高。被加工孔的精度和表面质量都比钻孔好，而且还能纠正被加工孔轴线的歪斜。因此，扩孔常作为铰孔、镗孔、磨孔前的预加工，或作为要求不高孔的最终加工。扩孔的精度一般为 IT10～IT11，表面粗糙度值为 $Ra = 6.3 \sim 3.2 \mu m$。

③ 铰孔　铰孔是对中小直径的未淬硬孔进行半精加工和精加工的加工方法，所用工具

为铰刀。铰削后的孔精度高，一般为 IT6～IT10，精铰甚至可达 IT5，表面粗糙度值 $Ra=1.6～0.4\mu m$。模具制造中常需要铰孔的有销钉孔、安装圆形凸模（型芯）或顶杆等的孔，以及冲裁模刃口锥孔等。

④ 镗孔　模具制造中，镗孔是最重要的孔加工方法之一。根据工件的尺寸形状和技术要求的不同，镗孔可以在车床、铣床、镗床或数控机床上进行。镗孔的应用范围很广，可以进行粗加工，也可以进行精加工，特别是对于直径大于 100mm 以上的孔，镗孔是重要的精加工方法。镗孔精度可达 IT7～IT10，表面粗糙度为 $Ra=1.6～0.41\mu m$。

⑤ 内圆磨削　模具零件中精度要求高的孔（如型孔、导向孔等），一般采用内圆磨削来进行精加工。内圆磨削可在内圆磨床或万能外圆磨床上进行，磨孔的尺寸精度可达 IT6～IT7 级，表面粗糙度为 $Ra=0.8～0.21\mu m$。若采用高精度磨削，尺寸精度可控制在 0.005mm 之内，表面粗糙度为 $Ra=0.3～0.025\mu m$。

⑥ 珩磨　为了进一步提高孔的表面质量，可以增加珩磨工序。珩磨是利用珩磨工具对工件表面施加一定的压力，珩磨工具同时做相对旋转和直线往复运动，切除工件上极小余量的一种光整加工方法。珩磨后工件圆度和圆柱度一般可控制在 0.003～0.005mm；尺寸精度可达 IT6～IT5；表面粗糙度值 $Ra=0.2～0.025\mu m$。

由于珩磨头和机床主轴是浮动连接，因此机床主轴回转运动误差对工件的加工精度没有影响。而珩磨头的轴向往复运动是以孔壁作导向按孔的轴线运动的，故不能修正孔的位置偏差。孔的轴线的直线性和孔的位置精度必须由前道工序（精镗或精磨）来保证。

珩磨时，虽然珩磨头的转速较低，但往复速度较高，参加切削的磨粒又多，因此能很快地切除金属，生产率较高，应用范围广。珩磨可以加工铸铁、淬硬或不淬硬的钢件，但不宜加工易堵塞油石的韧性金属零件。珩磨可加工 $\phi55～\phi500$mm 的孔，也可以加工 $L/D>10$ 以上的深孔。表 6-4 所示为常见孔的加工方案。

表 6-4　常见孔的加工方案

序号	加工方案	经济精度	表面粗糙度 $Ra/\mu m$	适用范围
1	钻	IT11～IT12	12.5	加工未淬火钢板铸铁，也可用于加工有色金属
2	钻→铰	IT9	3.2～1.6	
3	钻→铰→精铰	IT7～IT8	1.6～0.8	
4	钻→扩	IT10～IT11	12.5～6.3	同上；孔径可大于20mm
5	钻→扩→铰	IT8～IT9	3.2～1.6	
6	钻→扩→粗铰→精铰	IT7	1.6～0.8	
7	钻→扩→机铰→手铰	IT6～IT7	0.4～0.1	
8	钻→扩→拉	IT7～IT9	1.6～0.1	大批量生产
9	粗镗（或扩孔）	IT11～IT12	12.5～6.3	除淬火钢以外的各种材料，毛坯有铸孔或锻孔
10	粗镗（粗扩）→半精镗（精铰）	IT8～IT9	3.2～1.6	
11	粗镗（扩）→半精镗→精镗（铰）	IT7～IT8	1.6～0.8	
12	粗镗（扩）→半精镗（精扩）→精镗→浮动镗刀精镗	IT6～IT7	0.8～0.4	
13	粗镗→半精镗磨孔	IT7～IT8	0.8～0.2	主要用于淬火钢和未淬火钢，但不宜用于有色金属
14	粗镗→半精镗→精镗→金刚镗	IT6～IT7	0.2～0.1	

序号	加工方案	经济精度	表面粗糙度 $Ra/\mu m$	适用范围
15	粗镗→半精镗叶精镗→金刚镗	IT6～IT7	0.4～0.05	主要用于精度高的有色金属；用于精度要求很高的孔
16	钻→（扩）→粗铰→精铰→珩磨钻→（扩）→拉→珩磨粗镗→半精镗→精镗→珩磨	IT6～IT7	0.2～0.025	
17	以研磨代替上述方案中的珩磨	IT6 以下	0.2～0.025	

（2）孔系的加工

一些模具零件中常带有一系列圆孔，如凸模、凹模固定板、上下模座等，这些孔称为孔系。加工孔系时，除了要保证孔本身的尺寸精度外，还要保证孔与基准平面、孔与孔的距离尺寸精度，孔的轴线与基准平面的平行度和垂直度等，保证各平行孔的轴线平行度，以及各同轴孔的轴线同轴度。加工这种孔系时，一般是先加工好基准平面，然后再加工所有的孔。

① 单件孔系的加工　对于同一零件的孔系加工，有如下几种常用方法：

a. 划线法加工。在加工过的工件表面上划出各孔的位置，并用样冲在各孔的中心处冲出中心孔，然后在车床、钻床或镗床上按照划线逐个找正并进行孔加工。由于划线和找正都具有较大的误差，所以孔的位置精度较低，一般在 0.25～0.5mm 范围内，适用于相对精度要求不高的孔系加工。

b. 找正法加工。找正法是在通用机床（镗床、铣床）上利用辅助工具来找正所要加工孔的正确位置的加工方法。找正时可根据划线用试镗方法，若借用芯轴、量块或样板找正，可以提高找正精度。

图 6-8 所示为芯轴和量块找正法。镗第一排孔时将芯轴插入主轴孔内（或直接利用镗床主轴），然后根据孔和定位基准的距离组合量块来校正主轴位置，校正时用塞尺测量量块与芯轴之间的间隙，以避免量块与芯轴直接接触而损伤量块，如图 6-8（a）所示。镗第二排孔时，分别在机床主轴和已加工孔中插入芯轴，采用同样的方法来校正主轴轴线的位置，以保证孔的中心距精度，如图 6-8（b）所示。找正法加工的设备简单，但生产效率低，这种找正法其孔心距精度可达 ±0.03mm。

c. 通用机床坐标加工法。坐标法是将被加工各孔之间的距离尺寸换算成互相垂直的坐标尺寸，然后通过机床纵、横进给机构的移动确定孔的加工位置来进行加工的方法。在立铣床或镗床上利用坐标法加工，孔的位置精度一般不超过 0.08mm。

如果用百分表装置来控制机床工作台的纵、横移动，则可以将孔的位置精度提高到0.02mm 以内。坐标镗床靠精密的坐标测量来确定工作台与主轴的位移距离，以实现工件和刀具的精确定位。工作台和主轴箱的位移方向上有粗读数标尺，通过带校正尺的精密丝杠坐标测量装置来控制位移，表示整毫米位移尺寸。毫米以下的读数通过精密刻度尺，在光屏读数器坐标测量装置的光屏上读出。另外还有百分表中心校准器、光学中心测定器、校准校正棒、端面定位工具等附件。

坐标镗床可进行孔及孔系的钻、锪、铰、镗，以及精铣平面和精密划线、检验等。直径大于 20mm 的孔应先在其他机床上钻预孔；小于 20mm 的孔可在坐标镗床上直接加工；加工孔系时，为防止切削热影响孔距精度，应先钻孔距较近的大孔，然后钻小孔；孔径为10mm 以下时可直接进行钻、铰加工；孔径大于 10mm 时应采用钻、扩、铰工序加工。当孔径及孔距公差较小时，应采用钻、镗方法加工。

② 相关件孔系的加工　模具零件中有些零件本身的孔距精度要求并不高，但相关零件相互之间孔的位置要求一致。这些孔常用的加工方法有：

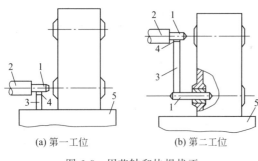

(a) 第一工位　　　　　(b) 第二工位

图 6-8　用芯轴和块规找正

1—芯轴；2—镗床主轴；3—块规；4—塞尺；5—镗床工作台

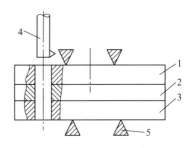

图 6-9　模具零件的同镗（合镗）加工

a. 同镗（合镗）加工法。模具的导柱孔和导套孔、模座与固定板的销钉孔等，可以采用同镗加工法。同镗加工法就是将孔位要求一致的几个零件用夹紧装置固定在一起，对同一位置的孔同时进行加工，如图 6-9 所示。

b. 配镗加工法。为了保证模具零件的使用性能，许多模具零件都要进行热处理。热处理后零件发生变形，使热处理前的孔的位置精度受到破坏。在这种情况下，可以采用配镗加工法，即加工某一零件时，不按图样的尺寸和公差进行加工，而是按与之对应的热处理后的零件实际孔配做。例如，将热处理后的凹模放到坐标镗床上实测出各孔的中心距，然后以此来加工未经热处理的凸模固定板上的各对应孔。通过这种方法可保证凹模和凸模固定板上各对应孔的同轴度。

c. 坐标磨削法。配镗不能消除热处理对零件的影响，加工出的孔位精度不高。为了保证各相关件孔距的一致性和孔径精度，可以采用高精度坐标磨削的方法来消除淬火件的变形，保证孔距精度和孔径精度。

孔系还可采用数控铣床、加工中心、线切割机床加工，加工精度 Ra 可达 $0.011\mu m$。

6.4　模具的特种加工方法简介

随着工业技术的高速发展，愈来愈多的零件将广泛采用模具成型，模具结构也愈来愈复杂。模具制造采用特种加工方法可以完成传统加工方法难以或无法完成的加工，而且实现了高精度、高速度自动化生产，具有广阔的应用前景。现将模具制造中常用的几种特种加工方法的特点归纳在表 6-5 中。

表 6-5　模具制造中常用的特种加工方法比较

加工方法 比较项目	电火花加工	电火花线切割加工	电解加工	电解磨削	超声波加工	激光加工
加工原理	利用脉冲火花放电蚀除工件材料,把工具电极的轮廓形状相当精确地复印在工件上,加工出所需的型腔或型孔	利用脉冲火花放电,用移动着的电极丝穿过工件坯料上的孔,使装有工件的工作台通过数控按预定的轨迹运动即可切割出所需零件的轮廓或型孔	利用电化学反应如阳极溶解(电解加工、电解抛光),或阴极沉积(电铸等)进行金属成型加工的一种方法	利用电解腐蚀作用与机械磨削作用相结合进行的一种复合加工方法	利用超声波振动所产生的能量使磨粒有冲击作用来实现材料的去除加工	利用能量密度极高的激光束照射到工件坯料表面,产生上万度高温,使材料被迅速熔化、气化而完成加工

加工方法 比较项目	电火花加工	电火花线 切割加工	电解加工	电解磨削	超声波加工	激光加工
加工模具	各种大小、形状的型腔、型孔的锻模、冲模、塑料模、拉丝模等	切割各种冲模、塑料模、粉末冶金模等模具	加工各种大小复杂型面的锻模、铸模、注塑模	用于高强度、高硬度如硬质合金拉丝模等	可加工各种形状复杂的型孔、型腔及成型表面等模具	用于金刚石拉丝模及微孔加工等
可达最低表面粗糙度 $Ra/\mu m$	0.025	0.2	0.1	0.025	0.1	0.8
可达最高尺寸精度/mm	0.003	0.02	0.01	0.001	0.005	0.001

6.5 3D打印技术简介

3D打印技术是一种以数字模型文件为基础，运用粉末状金属或塑料等可黏合材料，通过逐层打印的方式来构造物体的技术。它无需机械加工或任何模具，就能直接从计算机图形数据中生成任何形状的零件，从而极大地缩短产品的研制周期，提高生产率和降低生产成本。灯罩、身体器官、珠宝、根据球员脚型定制的足球靴、赛车零件、固态电池，以及为个人定制的手机、小提琴等都可以用该技术制造出来。

（1）简介

3D打印机出现在20世纪90年代中期，即一种利用光固化和纸层叠等技术的快速成型装置。它与普通打印机工作原理基本相同，打印机内装有液体或粉末等"打印材料"，与计算机连接后，通过计算机控制把"打印材料"一层层叠加起来，最终把计算机上的蓝图变成实物。如今这一技术已在多个领域得到应用，人们用它来制造服装、建筑模型、汽车、巧克力甜品等。

（2）过程原理

每一层的打印过程分为两步，首先在需要成型的区域喷洒一层特殊胶水，胶水液滴本身很小，且不易扩散。然后喷洒一层均匀的粉末，粉末遇到胶水会迅速固化黏结，而没有胶水的区域仍保持松散状态。这样在一层胶水一层粉末的交替下，实体模型将会被打印成型。打印完毕后，只要扫除松散的粉末即可"刨"出模型，而剩余粉末还可循环利用。

（3）3D打印过程

打印耗材由传统的墨水、纸张转变为了胶水、粉末，当然胶水和粉末都是经过处理的特殊材料，不仅对固化反应速度有要求，对于模型强度以及"打印"分辨率都有直接影响。3D打印技术能够实现600dpi分辨率，每层厚度只有0.01mm，即使模型表面有文字或图片也能够清晰打印。由于每层很薄，打印速度势必不会很快，较先进的产品可以实现每小时25mm高度的垂直速率，相比早期产品有10倍提升，而且可以利用有色胶水实现彩色打印，色彩深度高达24位。

由于打印精度高，打印出的模型品质自然很好。除了可以表现出外形曲线上的设计外，结构以及运动部件也不在话下。如果用来打印机械装配图，齿轮、轴承、拉杆等都可以正常活动，而腔体、沟槽等形态特征位置准确，甚至可以满足装配要求，打印出的实体还可通过打磨、钻孔、电镀等方式进一步加工。同时粉末材料不限于砂型材料，还有弹性伸缩、高性能复合、熔模铸造等其他材料可供选择。

（4）特点

3D打印技术的魅力在于它不需要在工厂操作，桌面打印机就可以打印出小物品，而且，人们可以将其放在办公室一角、商店甚至房子里；而自行车车架、汽车方向盘甚至飞机零件等大物品，则需要更大的打印机和更大的放置空间。

3D打印技术最突出的优点是无需机械加工或任何模具，就能直接从计算机图形数据中生成任何形状的零件，从而极大地缩短产品的研制周期，提高生产率和降低生产成本。

与传统技术相比，3D打印技术还拥有如下优势：通过摒弃生产线而降低了成本；大幅减少了材料浪费；而且，它还可以制造出传统生产技术无法制造的外形，让人们可以更有效地设计出飞机机翼或热交换器；另外，在具有良好设计概念和设计过程的情况下，3D打印技术还可以简化生产制造过程，快速有效又廉价地生产出单个物品。

3D打印技术还有其他重要的优点。大多数金属和塑料零件是为了生产而设计的，这就意味着它们会非常笨重，并且含有与制造有关但与其功能无关的剩余物。3D打印技术不是这样的。在3D打印技术中，原材料只为生产所需要的产品，借用3D打印技术，团队生产出的零件更加精细轻盈。当材料没有了生产限制后，就能以最优化的方式来实现其功能，因此，与机器制造出的零件相比，打印出的产品重量要轻60％，并且同样坚固。

（5）发展现状

如今3D打印技术的精度约为0.1mm，而且打印机本身的售价偏高，不过，随着技术的进步和成本的降低，一台普通三维打印机的成本有望比1985年的激光打印机还要低。

生物3D打印机面临着诸多挑战，其中之一是其打印出的物体如何与身体其他器官尤其是大的组织更好地结合，因为任何打印出来的器官或身体组织都需要同身体的血管相连，而这可能非常难以实现。一旦克服了这个技术障碍，在未来几十年内，生物打印技术将成为一项标准技术。

……

3D打印的魅力是非常大的，它吸引着我们把目光及注意力不断投入它的身上。但3D打印机距离普及还有很长的路要走。制约3D打印普及的原因很简单，主要是价格太贵，不适合推广，即使它非常热门。

业内人士表示，小型桌面3D打印机已经变得很便宜了，售价大概为1.0万元。不过便宜也是相对而言，对桌面设备来说，1.0万元对于普通大众阶层还是过于偏高；并且它也并不能保证是100％的成功，有一定良品率限制；打印材料不光种类少，价格也相对较贵。此外，3D打印机打印速度还是相对比较慢，和成熟的工业流水线生产相比，不具优势。

同时，专家认为，互联网与3D打印跨界组合将产生更多创新和创业机会。展望未来，3D打印将让制造业供应链链条缩短，使得设计、打印、物流得到更好整合。

6.6 模具制造的表面质量

6.6.1 表面质量的含义

表面质量也称为表面完整性，包括表面几何特征和表面力学性能两方面内容。

（1）表面几何特征

加工后的表面存在形位误差、表面粗糙度和表面波度3种误差。三者叠加在一起，就形成了复杂的表面形状。加工表面的形位误差，属于加工精度范畴，如平面度误差、圆度误差等。表面粗糙度即表面几何形状误差，是加工方法本身所固有的，它的形成与加工过程中的刀具进给、切屑的形成过程等因素有关。表面波度介于宏观形状误差和表面粗糙度之间，一般是周期性变化，它的形成主要与加工过程中的振动有关。除此之外，加工表面还会形成加工纹理。一般把表面粗糙度、表面波度和加工纹理统称为表面的几何形状特征。

（2）表面力学性能

由于加工过程中存在力和摩擦所产生的热的作用，加工表面的力学性能将会发生变化，主要有冷作硬化、金相组织的变化以及残余应力。

（3）表面质量的改善途径

通过以上分析，加工表面的几何特征和力学性能综合影响表面质量。在具体操作时，需要根据实际情况采取相应的工艺措施，对模具的表面质量进行综合控制。

6.6.2　表面质量对模具的使用性能和寿命的影响

① 表面质量对零件耐磨性的影响　为了保证零件工作精度，零件必须有较好的耐磨性。实验证明，零件的耐磨性与摩擦副的材料、润滑条件和零件表面质量有关。

表面质量好也就是表面粗糙度和耐磨性的关系存在一个最佳值。在一定条件下，存在一个初期磨损量最小的表面粗糙度。因此，零件表面粗糙度太大或是太小都是不好的，在不同的工作条件下，零件的最优表面粗糙度值也是不一样的。

② 表面质量对零件耐腐蚀性的影响　表面越粗糙，腐蚀性物质越容易积聚，也就越容易造成零件的腐蚀。因此，降低零件的表面粗糙度可以显著提升零件的耐腐蚀性能。

③ 表面质量对零件疲劳强度的影响　在交变载荷的作用下，零件容易产生疲劳裂纹，特别是当表面粗糙度较大时，在凹谷处容易产生应力集中，从而加速零件的疲劳破坏。表面的加工硬化在一定程度上能阻碍疲劳裂纹的产生和扩大，进而提高零件的疲劳强度。

加工表面的残余应力对疲劳强度影响也很大，当表面的残余应力为压应力时，残余应力能阻碍裂纹的产生和扩大，从而提高零件的疲劳强度；当表面残余应力为拉应力时，容易造成疲劳裂纹，从而降低零件疲劳强度。

④ 表面质量对配合性质的影响　在间隙配合中，配合表面的表面粗糙度较大时，容易使配合表面磨损加快，从而增大配合间隙，改变了原有的配合性质和精度；在过盈配合中，配合表面粗糙会造成有效过盈量减少，降低了配合的可靠性和连接强度。所以要尽可能降低配合表面的表面粗糙度。

6.7　模具表面加工和热处理工艺

模具表面质量对成型制品的外观质量与模具使用寿命有直接的影响，随着模具技术的发展，人们对模具表面质量的要求越来越高。在模具工作过程中，不仅要承受各种应力，而且还要承受高温、腐蚀等考验，这些因素都非常严重地影响着模具的使用寿命。

模具表面加工技术是通过物理、化学方法使材料表面具有与基体材料不同的组织结构、化学成分和物理状态。表面处理后模具基体材料的化学成分和力学性能并未发生变化。

（1）模具表面光整加工

光整加工是在精加工后，为进一步提高机械加工的表面质量而进行的工序，一般无需从工件上切除材料。光整加工是用粒度很细的磨料对工件表面进行微量切削或挤压，进而获得更高的表面质量。光整加工的方法包括以降低表面粗糙度为主的光整磨削、研磨、珩磨和抛光等，以改善表面力学性能为主的滚压、喷丸和挤压等，以及以去除毛刺为主的喷砂、滚磨等。

（2）电镀和化学镀

① 电镀　电镀是把工件置于装有电镀液的镀槽中，工件作为阴极与直流电源的负极相连，直流电源的正极接阳极板，电镀液中金属离子得到电子还原成金属原子，在工件表面形成电镀层。

电镀的工艺过程包括镀前处理、施镀和镀后处理3个阶段：

a. 镀前处理是为了得到干净的金属表面，处理方法有机械处理和化学处理，常用的化学处理方法包括脱脂、酸洗等。

b. 施镀过程中的几个重要工艺参数包括电流、镀液的温度及搅拌和电流波形等。

c. 镀后处理包括钝化处理和除氢处理等，其目的是得到坚实稳定的镀层。

② 化学镀　化学镀也叫自催化镀，是在没有外加电流的条件下，利用化学反应，在金属表面沉积镀层的表面处理方法。化学镀的过程中，液相离子通过镀液中的还原剂还原成原子沉积在工件表面。

与电镀相比，化学镀不需要专用的电解设备，操作简单；对于任意复杂形状的零件，通过化学镀都可以在其表面形成致密的镀层；而且化学镀层厚度均匀，镀层具有很高的质量，耐磨性和耐腐蚀性强。但化学镀也存在缺点，如镀液稳定性差、速度慢、所需的施镀温度高等。

（3）热喷涂

热喷涂是将金属或非金属固体材料加热至熔化或半熔化状态，然后通过高速气流将它们喷射到工件表面上，形成牢固涂层的表面加工方法。热喷涂可用于材料表面的强化，提高耐磨性，也可用于磨损零件、模具的表面修复。

热喷涂使用的涂层材料和工件基体材料广泛，喷涂层、喷焊层的厚度可以在较大范围内变化，工艺应用比较灵活。采用热喷涂技术工件基体受热程度低，一般工件基体材料的组织和性能不会受到影响，并且热喷涂技术生产效率较高、成本低、效益显著。热喷涂方法根据热源不同可分为火焰喷涂、电弧喷涂和等离子喷涂等。

（4）气相沉积

气相沉积是在真空环境下用各种方法使得气相原子或分子在工件表面沉积，以获得镀膜的技术，可以分为物理气相沉积和化学气相沉积。

物理气相沉积是通过真空蒸发、电离或溅射等过程，产生金属离子并使金属离子沉积在工件表面，形成金属涂层或与反应气体反应生成化合物涂层的过程。它主要包括真空镀、溅射镀和离子镀，可以很好地提高刃具、模具的耐磨性。

化学气相沉积是利用气态化合物或化合物的混合物在加热的工件表面发生气相化学反应，形成镀膜的过程。常用的有等离子体增强化学气相沉积等，对工件表面强化有明显的效果。

（5）激光表面改性

激光表面改性是将激光束照到工件的表面，以改变材料表面性能的加工方法。激光表面改性能量集中，适用于局部表面处理，工件热变形很小。改性层内部、改性层和工件基体间结合良好，呈冶金结合，不易剥落。

根据具体应用激光表面改性可分为激光淬火、激光表面合金化和激光表面熔覆等。

激光淬火是利用激光束快速扫描工件，使得材料表面极薄一层温度急剧上升，而基体仍处于冷态。待激光离去后，瞬间自冷淬火，从而使材料表面发生相变硬化。

激光表面合金化是在高能激光束作用下，将一种或多种合金元素与工件表面快速熔凝，使材料表层获得高合金特性的技术。常用的合金有自熔合金、镍基硬化合金、钴基硬化合金等。

激光表面熔覆是利用激光加热工件表面，使之形成较浅的熔池，同时送入合金粉末，一起熔化后迅速凝固，或者将预先涂敷在工件表面的涂层与工件一起熔化后迅速凝固，得到一层熔覆层。

6.8　模具零件热处理工艺

热处理是指将固态金属采用一定的方式加热、保温和冷却，以获得所需的组织结构和性能的工艺。

热处理工艺的基本过程分为加热、保温和冷却 3 个阶段。通过加热和保温获得均匀一致的奥氏体，然后以不同的冷却速度冷却，从而获得不同的组织，这就是热处理的原理。通过热处理可使零件具有不同的组织，大幅改善金属材料的性能。

钢的热处理可以分为普通热处理、表面热处理和化学热处理等。

（1）钢的普通热处理

钢材料的普通热处理包括退火、正火、淬火和回火。淬火加高温回火称为调质处理，主要用于对综合力学性能要求很高的零件。至于钢材的普通热处理工艺方法可参见有关教材或手册。冷冲模零件常用材料及热处理参见附录 C-1。

（2）钢的表面热处理

只对钢的表面加热、冷却而不改变其成分的热处理工艺称为表面热处理，也称为表面淬火，主要用于表层要求高硬度、高耐磨性，而芯部要求有足够的塑性和韧性的零件。

实际生产中常用感应加热法对零件进行表面淬火。感应加热的原理是将工件置于感应线圈中，通过给感应线圈通入一定频率的交变电流，使其内部产生交变磁场。交变磁场的电磁感应作用使工件内部产生感应电流。由于工件表面的电流密度大，表面温度升高很快，达到相变点以上；而中心电流很小，几乎为零，温度仍在相变点以下，这时用水或聚乙烯醇水溶液喷射工件，即可完成表面淬火。感应加热得到的淬火组织，表面为马氏体，芯部组织不变。

（3）钢的化学热处理

化学热处理是将钢件置于一定温度的活性介质中保温，使介质中的一种或几种元素渗入钢件的表面并扩散，改变其成分和组织，以改进表面性能、满足技术要求的热处理过程。

化学热处理有渗碳、氮化、碳氮共渗和渗金属（如渗铝、渗铬）等。其中，渗碳最为常见。

把钢件放在渗碳介质中加热和保温，使碳原子渗入表面，以增加表层的含碳量，使表层具有高的硬度和耐磨性的工艺过程，称为渗碳。

钢件表面经过渗碳，将获得高浓度的碳组织（含碳量约 1%）。渗碳后一般还需进行一次热处理，包括淬火和低温回火等。钢经过渗碳、淬火、回火后的表面硬度可达到 58～64HRC 以上，耐磨性好；芯部硬度为 30～45HRC。由于表层体积膨胀大，芯部体积膨胀小，零件内部存在压应力，所以零件的疲劳强度得到提高。

 **本章小结**

本章介绍了模具加工中常用的机械加工方法、特种加工方法和现代模具制造技术，以及模具表面加工技术与模具零件热处理工艺。

（1）模具加工中常用的机械加工方法有车削、铣削、磨削、钻削、镗削等，其中车削用于回转体零件的粗加工、半精加工及硬度不高的回转体零件的精加工；铣削用于回转体零件的粗加工、半精加工，以及硬度不高、形状简单的非回转体零件的精加工；磨削用于尺寸精度高、表面粗糙度好的平面、外圆、内孔等的加工；钻削用于位置度要求不高的内孔的加工；镗削用于位置度要求高或尺寸精度要求高的内孔的精加工。

（2）模具加工中常用的特种加工方法有电火花成型加工和线切割加工，电火花成型加工用于形状复杂、机械切削方法无法加工的盲孔或细小孔的穿孔加工，线切割用于形状复杂的二维图形或电火花成型加工电极的加工。

（3）在新型、先进的模具加工技术中介绍了"3D打印技术"。它是一种以数字模型文件为基础，运用粉末状金属或塑料等可黏合材料，通过逐层打印的方式来构造物体的技术。它无需机械加工或任何模具，就能直接从计算机图形数据中生成任何形状的零件，从而极大地缩短产品的研制周期，提高生产率和降低生产成本。

（4）模具表面质量对成型制品的外观质量与模具使用寿命有直接的影响，随着模具技术的发展，人们对模具表面质量的要求越来越高。在模具工作过程中，不仅要承受各种应力，而且还要承受高温、腐蚀等考验，这些因素都非常严重地影响模具的使用寿命。为此，本章还介绍了模具表面加工技术与模具零件热处理工艺。

本章的学习目标是使读者熟悉模具成型表面的机械方法和特种加工方法，了解现代模具制造技术。本章是模具制造的基础。

 思考与练习题

6-1 机械加工常用的加工方法有哪些？各应用于哪些场合？

6-2 利用回转工作台如何进行模具圆弧面的铣削加工？

6-3 模具磨削加工常用的普通机床有哪些？磨削加工的主要内容分别是什么？

6-4 型腔电火花加工主要有哪些方法？

6-5 简述线切割加工方法在模具加工中的应用。

6-6 简述表面加工技术在模具加工中的应用。

6-7 简述模具零件热处理有哪几种类型。

6-8 普通热处理有哪些方法？

6-9 如题6-9图所示为冲裁模复合模的凸凹模零件，材料为Cr12。编制其加工工艺规程。

技术要求如下：

（1）热处理：56～60HRC。

（2）外形带：尺寸与凹模刃口实际尺寸配作。保证双面最小间隙0.2mm。

（3）内形带：尺寸与对应凸模刃口实际尺寸配作，保证双面最小间隙0.2mm。

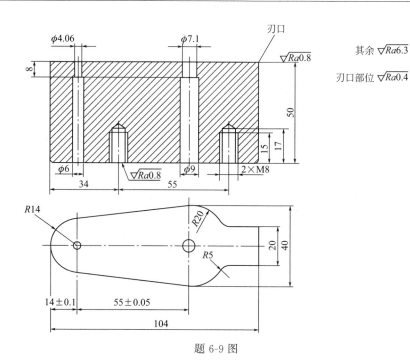

题 6-9 图

6-10　简述模具的表面质量对模具使用性能和寿命有哪些影响？

6-11　表面质量的改善途径有哪些？

* 6-12　何谓模具表面光整加工？其原理是什么？有哪些方法？

* 6-13　简述打印技术的特点。

第 **7** 章

冲压模具主要零件的制造工艺

冲压模具是由工作零件和结构零件组成的，能实现指定功能的一个有机装配体。冲压模具与其他机械产品一样，是由许多零件组成的，通过对零件的外形表面、成型表面和其他工作表面的加工才得到模具的各种零件，然后通过装配和调试，最后获得所需要的模具。

模具的种类很多，复杂程度也不同；而组成模具的零件更是多种多样，不同的零件在模具中的功能和作用不同，其材料和热处理、精度（尺寸公差、形位公差、表面粗糙度等）、装配等技术要求必然不同。同时模具是生产效率很高、使用期限较长的贵重而复杂的工具。在大多数情况下，模具制造属于单件或小批生产，这就给模具生产带来了许多困难。为了解决这个矛盾，国内已对各类模具的零件实行标准化，制定了冷冲模架、塑料模架标准，常见的冷冲模标准零件有圆形凸模、凹模及其固定板、上、下模座、导柱、导套、模柄，各类型的挡料销、销钉、螺钉等。

实行标准化具有重大的经济意义。实行标准化后，可以成批地制造标准零件，设计时仅有少数零件（如凸模、凹模）需要根据制件的具体要求而定，大多数的零件都可按标准选用，因而减少了模具设计和制造的工作量，缩短了生产周期，降低了制造成本。下面介绍模具主要零件的制造工艺（详细内容可参阅有关标准）。

7.1 冲裁模的凸、凹模之机械加工方法

7.1.1 冲裁模的凸、凹模技术要求与加工特点

在组成冲裁模具的所有零件中，凸模和凹模是最重要的工作零件，其形状复杂，精度要求高，加工比较困难。

冲裁属于分离工序，冲裁模凸、凹模要求带有锋利刃口，凸、凹模之间的间隙要合理。凸、凹模加工具有如下特点：

① 材料好、硬度高 凸、凹模材质一般是工具钢或合金工具钢，热处理后的硬度一般为 58～62 HRC，凹模比凸模稍硬一些。

② 精度要求高 凸、凹模精度主要根据冲裁件精度决定，一般尺寸精度在 IT6～IT9，工作表面粗糙度 $Ra=1.6～0.4\mu m$。

③ 刃口锋利、间隙合理 凸、凹模工作端带有锋利刃口，刃口平直（斜刃除外），安装固定部分要符合配合要求；凸、凹模装配后应保证均匀的最小合理间隙。

凸模的加工主要是外形加工，凹模的加工主要是孔（系）加工。凹模型孔加工和直通式凸模加工常用线切割方法。

7.1.2　冲裁模的凸模和凹模的加工方案

根据冲裁模设计计算方案的不同,凸模和凹模的加工方案一般有分开加工和配合加工两种,其加工特点和适用范围见表 7-1。

表 7-1　冲裁模凸模和凹模的两种加工方案的比较

加工方案	分开加工	配合加工	
		方案一	方案二
加工特点	凸、凹模分别按图样加工至尺寸要求,凸模和凹模之间的冲裁间隙是由凸、凹模的实际尺寸之差来保证的	先加工好凸模,然后按此凸模配做凹模,并保证凸模和凹模之间的规定间隙值大小	先加工好凹模,然后按此凹模配做凸模,并保证凹模和凸模之间的规定间隙值大小
适用范围	1. 凸、凹模刃口形状较简单,特别是直径大于 5mm 的圆形,基本都用此法; 2. 要求凸模或凹模具有互换性时; 3. 成批生产时; 4. 加工方法比较先进,分开加工不难保证尺寸精度时	1. 刃口形状一般比较复杂时,非圆形冲孔模可采用方案一,非圆形落料模可采用方案二; 2. 凸、凹模间的配合间隙比较小时	

7.1.3　冲裁模的凸模和凹模的加工方法

凸模和凹模的加工方法主要根据凸模和凹模的形状和结构特点,并结合企业实际生产条件来决定。

（1）凸模的制造工艺

① 圆形凸模的加工方法　各种圆形凸模的加工方法基本相同,即车削加工毛坯、淬火、精磨,最后进行工件表面抛光及刃磨。

② 非圆形凸模的加工方法　对于非圆形凸模和型芯类零件,由于其形状要求特殊,加工比较复杂,同时热处理变形对加工精度有影响。因此,加工方法的选择和热处理工序的安排尤为重要。

刃口轮廓精加工的传统加工方法有压印锉修和仿形刨削。这两种方法是在热处理前进行的,凸模的加工精度必然会受到热处理变形的影响。但若选用热处理变形小的材料,并改进热处理工艺,热处理后凸模尺寸的微小变化可由钳工修整,因此这两种工艺仍有较普遍的应用。凸模工作表面的先进加工方法是电火花线切割加工和成型磨削,它们是在凸模热处理后才进行精加工的,尺寸精度容易保证。

a. 压印锉修。当凸、凹模配合间隙小、精度要求较高时,在缺乏先进模具加工设备的条件下,压印锉修是模具钳工经常采用的一种方法,它最适合于无间隙冲模的加工。

在压印锉修中,经淬硬并已加工完成的凸模或凹模作为压印基准件,未淬硬并留有一定压印锉修余量的凹模或凸模作为压印件。基准件采用凸模还是凹模,要根据它们的结构和加工条件而定。

工程实例:图 7-1 所示的是用凹模压印凸模的例子。压印时,在压床上将凸模垂直压入事先加工好的、已淬硬的凹模 2 内。通过凹模型孔的挤压切削和作用,凸模毛坯上多余的金属被挤出,并在凸模毛坯上留下了凹模的印痕,钳工按照印痕锉去毛坯上多余的金属,然后再压印,再锉修,反复进行,直到凸模刃口尺寸达到图样要求为止。

工艺要点:

• 被压印的凸模先在车床或刨床上预加工凸模毛坯各表面,在端面上按刃口轮廓划线,粗加工按划线铣削或刨削凸模工作表面，并留压印后的锉修余量 0.15～0.25mm（单面），再压印锉修。

- 压印深度会直接影响凸模表面的粗糙度。每次压印压痕不宜过深，首次压印深度控制在 0.2～0.5mm，以后可逐渐增加到 0.5～1.5mm。锉削时不能碰到已压光的表面，锉削后留下的余量要均匀，以免再次压下时出现偏斜。每次压印都应用 90°角尺校准基准件和压印件之间的垂直度。

- 为了提高压印表面的加工质量，可用油石将锋利的基准件刃口磨出 0.1mm 左右的圆角（压印完成后，再用平面磨磨掉），以增强挤压作用；并在凸模表面涂一层硫酸铜溶液，以减小摩擦。

- 压印加工可在手动螺旋压印机或液压压印机上进行。压印完毕后，根据图样规定的间隙值锉小凸模，留有 0.01～0.02mm（双面）的钳工研磨余量。热处理后，钳工研磨凸模工作表面到规定的间隙。

b. 仿形刨削。仿形刨床用于加工由圆弧和直线组成的各种形状复杂的凸模。其加工精度为 +0.02mm，表面粗糙度可达 $Ra = 1.6～0.8\mu m$。

精加工前，凸模毛坯需要在车床、铣床或刨床上预加工，并将必要的辅助面（包括凸模端面）磨平，然后在凸模端面上划出刃口轮廓线，并在铣床上加工凸模轮廓，留有 0.2～0.3mm 的单面精加工余量，最后用仿形刨床精加工。因刨削后的凸模在经热处理淬硬后需研磨工作表面，所以一般应留 0.01～0.02mm 的单边余量。

在精加工凸模之前，若凹模已加工好，则可利用它在凸模上压出印痕，然后按此印痕在仿形刨床上加工凸模。采用仿形刨床加工时，凸模的根部应设计成圆弧形。

仿形刨床加工凸模的生产率较低，凸模的精度受热处理变形的影响。因此，它已逐渐为电火花线切割加工和成型磨削所代替。

c. 线切割加工。电火花线切割加工的应用不仅提高了自动化程度，简化了加工过程，缩短了生产周期，而且提高了模具的质量。为了便于进行线切割加工，一般应将凸模设计成直通式，且其尺寸不宜超过线切割机床的加工范围。电火花线切割加工时，应考虑工件的装夹、切割路线等。

工程实例：对图 7-2 所示凸模采用线切割进行加工，其工艺过程如下：

① 毛坯准备。采用圆形棒料锻成六面体，并进行退火处理。

② 刨或铣 6 个面。刨削或铣削锻坯的 6 个面。

③ 钻穿丝孔。在程序加工起点处钻出直径为 2～3mm 的穿丝孔。

④ 加工螺孔。加工固定凸模的 2 个螺纹孔（钻孔、攻螺纹）。

⑤ 热处理。淬火、回火，并检查其表面硬度，硬度要求达到 58～62HRC。

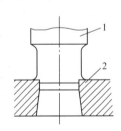

图 7-1　用凹模压印凸模

1—凸模（压印件）；2—淬硬凹模

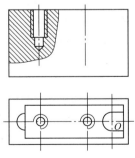

图 7-2　线切割加工凸模

⑥ 磨上、下两平面。表面粗糙度 Ra 应低于 $0.81\mu m$。

⑦ 退磁处理。

⑧ 线切割加工凸模。按图样编制切割程序，并输入计算机；装夹工件，使工件的基准面与机床滑板的 x 和 y 方向平行，装夹位置应适当，工件的线切割范围应在机床纵、横滑板的许可行程内；穿入电极丝并进行找正，使电极丝中心与预加工孔中心重合；开动机床进行线切割加工。

⑨ 研光。钳工对凸模工作部分进行研磨，使表面光洁。

（2）凹模型孔的制造工艺

凹模作为模具中的另一个重要零件，其型孔（通孔）形状、尺寸由成型件的形状、精度决定。

① 圆形型孔凹模的加工　型孔为圆形时，凹模的制造比较简单。毛坯经锻造、退火后进行车削（或铣削）及钻、镗型孔，并在上、下平面和型孔处留适当磨削余量。再由钳工划线，钻所有固定用孔，攻螺纹，铰销孔，然后进行淬火、回火。热处理后磨削顶面、底面及型孔即成。

磨削型孔时，可在万能磨床或内圆磨床上进行，磨孔精度可达 IT5～IT6 级，表面粗糙度为 $Ra0.8～0.21\mu m$。当凹模型孔直径小于 5mm 时，应先钻孔、后铰孔，热处理后磨削顶面和底面，用砂布抛光型孔。

工程实例：图 7-3 所示为一圆筒形拉深件的凹模，材料选用 Cr12，热处理淬火后硬度为 58～62HRC。其加工过程如下：

a. 备料。

b. 锻造。

c. 热处理。退火。

d. 车加工。先车出 A 面、外形及内孔，内孔留余量 $0.3～0.5mm$，用成型车刀车出孔口 5mm 圆角，然后调头车出另一端面 B 及整个外形。

e. 磨平面。先磨出 B 面，再磨出 A 面。

f. 钳工。划线并钻、铰 $2-\phi 8mm$，钻、攻 3-M8 螺纹孔。

g. 热处理。淬火 58～62HRC。

h. 磨平面。

i. 磨内孔到尺寸。

g. 钳工。修整 $R5$ 圆角。

② 非圆形型孔凹模的加工　非圆形型孔的凹模，其机械加工比较困难。在缺少精密加工机床的情况下，可用锉削加工或压印法对型孔进行精加工。目前较先进的加工方法主要有电火花线切割加工和电火花成型加工。此外，尺寸较大的型孔常用仿形铣床进行平面轮廓仿形加工，而精度要求特别高的型孔，则需用坐标磨床进行精密磨削。若将凹模设计成镶拼结构的话，还可应用成型磨削方法加工型孔。

非圆形型孔凹模的加工过程大致为：下料→锻造→退火→毛坯外形加工→划线→型孔、固定孔和销孔加工→热处理→平面精加工→工作型孔精加工→研磨。

非圆形型孔凹模通常采用矩形锻件作为毛坯，型孔精加工之前，首先要去除型孔中心的余料。去除中心余料的方法有如下几种：

a. 沿型孔轮廓线钻孔（见图 7-4）。先沿型孔轮廓线划出一系列孔，孔间保留 $0.5～1mm$ 余量，并在各孔中心钻中心眼，然后沿型孔轮廓线内侧顺次钻孔。钻完孔后将孔两边的连接部分凿断，凿通整个轮廓，去除余料。这种方法生产率低，劳动强度大，而且残留的加工余量大。

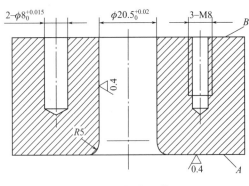

图 7-3 拉伸凹模

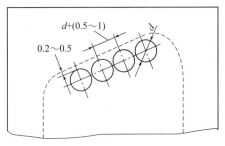

图 7-4 沿型孔轮廓线钻孔

b. 用带锯机切除废料。如果工厂有带锯机，可在型孔转折处钻孔后，用带锯机沿型孔轮廓线将余料切除，并按后续工序要求沿型孔轮廓线留适当加工余量。用带锯机去除余料生产效率高，精度也较高。

c. 气割。当凹模尺寸较大时，也可用气（氧-乙炔焰）割方法去除型孔内部的余料。切割时型孔应留有足够的加工余量。切割后的模坯应进行退火处理，否则后续工序加工困难。

去除型孔余料后，可采用下列方法对型孔进行半精加工或精加工：

• 锉削加工。锉削前，先根据凹模图样制作一块凹模样板，并按照样板在凹模表面划线，然后用各种形状的锉刀加工型孔，并随时用凹模样板校验，锉至样板刚好能放入型孔内为止。此时，可用透光法观察样板周围的间隙，判断间隙是否均匀一致。锉削完毕后，将凹模热处理，然后用各种形状的油石研磨型孔，使之达到图样要求。

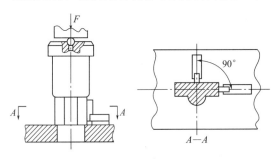

图 7-5 压印过程

• 压印锉修。此方法利用已加工好的凸模对凹模进行压印，其压印方法与凸模的压印加工基本相同。如图 7-5 所示，将准备好的压印件（凹模板）和压印基准件（凸模）置于压力机工作台的中心位置，用找正工具（如角尺）找正二者的垂直度。在凸模顶端的顶尖孔中放一个合适的滚珠，以保证压力均匀和垂直，并在凸模刃口处涂上硫酸铜溶液，启动压力机缓慢压下。压印时，第一次压印深度为 0.2～0.5mm，以后各次的压印深度可以逐次加深；每次压印都要锉去多余的金属，直至压印深度达到图样要求为止。

• 铣削。在仿形铣床上采用平面轮廓仿形，对型孔进行半精加工或精加工，其加工精度可达 0.05mm，表面粗糙度可达 $Ra2.5～1.5\mu m$。仿形铣削可以获得形状复杂的型孔，减轻工人的劳动强度，但需要制造靠模，生产周期长。通常靠模用易加工的木材制造，因受温度、湿度的影响极易变形，影响加工精度。

用铣削方法加工型孔时，铣刀半径应小于型孔转角处的圆弧半径才能将型孔加工出来，对于转角半径特别小的部位或尖角部位，只能用其他加工方法或钳工来修整来获得型孔，加工完毕后再加工落料斜度。

• 电火花成型加工型孔。电火花成型加工型孔是在凹模热处理后进行的，所加工出的型孔表面呈颗粒状麻点，有利于润滑，能提高冲件质量和延长模具寿命。电火花加工与线切割加工相比，电火花机床需要制作成型电极，制模成本较高。在加工过程中，电极的损耗会影响到加工精度，如电极的损耗会使型产生斜度，但在冲裁模电火花加工时可利用此斜度作为落料斜度。电火花加工前，必须根据电火花机床的特性及凹模型孔的加工要求设计、制造电极。

凹模电火花穿孔加工有直接配合法、间接配合法、修配凸模法和二次电极法，加工方法的选择主要根据凸、凹模的间隙而定，详见表 7-2。

表 7-2　不同配合间隙的冲模型孔加方法的选择

配合间隙(单边)/mm	直接配合法	间接配合法	修配凸模法	二次电极法
0～0.005	×	×	×	○
0.005～0.015	×	×	△	○
0.015～0.1	○	○	△	△
0.1～0.2	△	△	△	△
>0.2	△	△	○	×

注：表中"×"表示不宜采用；"△"表示可以采用；"○"表示适宜采用。

7.1.4　冲裁模的凸、凹模加工典型工艺路线

凸、凹模加工的典型工艺路线主要有以下几种形式：

① 下料→锻造→退火→毛坯外形加工（包括外形粗加工、精加工、基面磨削）→划线→刃口轮廓粗加工→刃口轮廓精加工→螺孔、销孔加工→淬火与回火→研磨或抛光　此工艺路线钳工工作量大，技术要求高，适用于形状简单、热处理变形小的零件。

② 下料→锻造→退火→毛坯外形加工（包括外形粗加工、精加工、基面磨削）→划线→刃口轮廓粗加工→螺孔、销孔加工→淬火与回火→采用成型磨削进行刃口轮廓精加工→研磨或抛光　此工艺路线能消除热处理变形对模具精度的影响，使凸、凹模的加工精度容易保证，可用于热处理变形大的零件。

③ 下料→锻造→退火→毛坯外形加工→螺孔、销孔、穿丝孔加工→淬火与回火→磨削加工上下面及基准面→线切割加工→钳工修整　此工艺路线主要用于以线切割加工为主要工艺的凸、凹模加工，尤其适用形状复杂、热处理变形大的直通式凸模、凹模零件。

例 7-1　图 7-6 所示为凸模零件图。凸模的主要技术要求有：材料为 CrWMn，表面粗糙度 $Ra = 0.63\mu m$，硬度为 58～62HRC，与凹模双面配合间隙为 0.03mm。试分析其工艺过程。

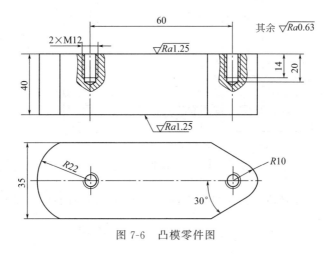

图 7-6　凸模零件图

该凸模加工的特点是凸、凹模配合间隙小，精度要求高，在缺乏成型加工设备的条件下，可采用压印锉修进行加工。其工艺过程如下：

（1）下料。采用热轧圆钢，按所需直径和长度用锯床切断。

（2）锻造。将毛坯锻造成矩形。

（3）热处理。进行退火处理。

（4）粗加工。刨削 6 个平面，留单面余量 0.4～0.5mm。

（5）磨削平面。磨削 6 个平面，保证垂直度，上、下平面留单面余量 0.2～0.3mm。

（6）钳工划线。划出凸模轮廓线及螺孔中心位置线。

（7）工作型面粗加工。按划线刨削刃口形状，留单面余量 0.2mm。

（8）钳工修整。修锉圆弧部分，使余量均匀一致。

（9）工作型面精加工。用已经加工好的凹模进行压印后，进行钳工修锉凸模，沿刃口轮廓留热处理后的研磨余量。

（10）螺孔加工。钻孔、攻螺纹。

（11）热处理。淬火、低温回火，保证硬度为 58～62HRC。

（12）磨削端面。磨削上、下平面，消除热处理变形以便精修。

（13）研磨。研磨刃口侧面，保证配合间隙。

综合以上所列工艺过程，本例凸模工艺可概括为：备料→毛坯外形加工→划线→刃口轮廓粗加工→刃口轮廓精加工→螺孔加工→热处理→研磨或抛光。

在上述工艺过程中，刃口轮廓精加工可以采用锉削加工、压印锉修加工、仿形刨削加工、铣削加工等方法。如果用磨削加工，其精加工工序应安排在热处理工序之后，以消除热处理变形，这对制造高精度的模具零件尤其重要。

例 7-2 落料冲孔复合模的落料凹模如图 7-7 所示，材料为 T10A，硬度为 60～64HRC，表面粗糙度为 $Ra=0.63\mu m$，与凹模双面配合间隙为 0.04mm，制定其加工工艺路线。

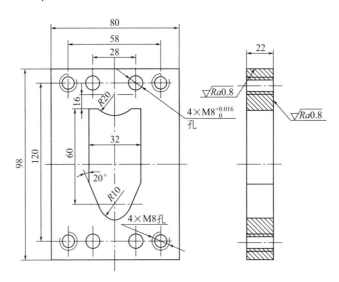

图 7-7 落料凹模

基于企业具备模具生产的一般条件，但不具有电加工设备的特点，制定落料凹模的加工工艺过程如表 7-3 所示。

表 7-3　落料凹模的加工工艺过程

工序号	工序名称	工艺说明
1	下料	凹模坯料,多采用轧制的圆钢,按下料计算方法计算出长度,在锯床上切断,并留有余量
2	锻造	将坯料锻成矩形,留取双面加工余量为 5mm
3	热处理	退火,消除内应力,便于加工
4	粗加工(刨)	刨 6 面,留取 0.5mm(双面)磨削余量
5	磨	刨 6 面,到规定的尺寸
6	划线	划出凹模孔轮廓线及各螺孔、销孔位置
7	工作型孔粗加工	按划线去除废料,在铣床上按划线加工型孔(单边余料 0.15～0.25mm)和凹模孔斜度
8	凹模孔精加工	采用压印锉修法,按凸模配做,压印锉修时,保证凸、凹间隙值及均匀性
9	孔加工	加工各螺孔、销孔,并精铰销孔和攻螺纹
10	热处理	60～64HRC
11	磨刃口及精修	平面磨床磨上、下平面后,钳工修整

7.2　弯曲模的制造

弯曲模制造过程与冲裁模是类似的,差别主要体现在凸、凹模上,而其他零件(如板类零件)与冲裁模相似。

7.2.1　弯曲模的凸、凹模技术要求与加工特点

弯曲是塑性成型中最常见的工序。弯曲模不同于冲裁模,凸、凹模不带有锋利刃口,而带有圆角半径和型面,质量要求更高,凸、凹模之间的间隙也要大些(单边间隙略大于坯料厚度)弯曲模的凸、凹模加工特点有以下几个方面:

① 凸、凹模的材质应具有高硬度、高耐磨性、高淬透性,热处理变形小,形状简单的凸、凹模一般用 T10A、CrWMn 等;形状复杂的凸、凹模一般用 Cr12、Cr12MoV、W18Cr4V 等,热处理后的硬度为 58～62HRC。

② 一般情况下,弯曲模的装配精度要低于冲裁模,但在弯曲工艺中,弯曲件因为材料的反回跳,在成型后形状会发生变化,由于影响回弹的因素较多,很难精确计算,因此,在制造模具时,常要按试模时的回跳值修正凸模(或凹模)的形状。

③ 凸、凹模的精度主要根据弯曲件的精度决定,一般尺寸精度在 IT6～IT9,工作表面质量要求是很高的,尤其是凹模圆角处(表面粗糙度 Ra 值为 $0.2～0.8\ \mu m$)。

④ 为了便于修正,弯曲模的凸模和凹模多在试模合格以后才进行热处理。

⑤ 凸、凹模圆角半径和间隙的大小、分布要均匀。

⑥ 凸、凹模一般是外形加工,有些弯曲件的毛坯尺寸要经过试模后才能确定,所以弯曲模的调整工作比一般冲裁要复杂。

7.2.2　弯曲模的凸、凹模加工

弯曲模凸、凹模加工与冲裁模凸、凹模加工的不同之处主要在于前者有圆角半径和型面

的加工，而且表面质量要求高。

弯曲模凸、凹模工作面一般是敞开面，其加工一般属于外形加工。对于圆形凸、凹模加工，一般采用车削和磨削即可，比较简单；非圆形凸、凹模加工则有多种方法，如表 7-4 所示。

表 7-4　非圆形弯曲模凸、凹模常用加工方法

常用加工方法	加工过程	适用场合
刨削加工	毛坯准备后粗加工，磨削安装面、基准面，划线，粗、精刨型面，精修后淬火，研磨，刨光	大中型弯曲模型面
铣削加工	毛坯准备后粗加工，磨削基面，划线，粗、精铣型面，精修后淬火，研磨，抛光	中小型弯曲模
成型磨削加工	毛坯加工后磨基面，划线粗加工型面，安装孔加工后淬火，磨削型面，抛光	精度要求较高，不太复杂的凸、凹模
线切割加工	毛坯加工后淬火，磨安装面和基准面，线切割加工型面，抛光	小型凸、凹模（型面长小于 100mm）

7.3　拉深模的制造

拉深模制造过程与冲裁模是类似的，差别主要体现在凸、凹模上，而其他零件（如板类零件）与冲裁模相似。

7.3.1　拉深模的凸、凹模技术要求与加工特点

拉深也是塑性成型中最常见的工序。拉深模与弯曲模比较相近，如凸、凹模的形状、型面、圆角半径、表面质量、间隙大小与分布、材料选用等方面基本相同，同时也具有以下几个方面的特点：

① 凸、凹模精度主要根据拉深件精度决定，一般尺寸精度在 IT6～IT9。拉深时，由于材料要在模具表面滑动，拉深凸、凹模的工作表面粗糙度要小，端部要求有光滑的圆角过渡。凹模圆角和孔壁要求表面粗糙度 Ra 值为 $0.2～0.8\mu m$，凸模工作表面粗糙度 Ra 值为 $0.8～1.6\mu m$。

② 由于拉深时材料变形复杂，导致凸、凹模尺寸的计算值与实际要求值往往存在误差，因此，凸、凹模工作部分的形状和尺寸设计应合理，要留有试模后的修模余地。一般先设计和加工拉深模，后设计和加工冲裁模。

③ 拉深模装配时，必须安排试装试冲工序，复杂拉深件的毛坯尺寸一般无法通过设计计算确定，所以拉深模一般先安排试装。凸、凹模淬火有时可以在试模后进行，以便试模后的修模。

④ 凸、凹模圆角半径根据制件的要求确定，如果制件的圆角半径过小，需要增加整形工序才能达到制件的技术要求。

⑤ 拉深凸、凹模的加工方法主要根据工作部分断面形状决定。圆形一般采用车削加工；非圆形一般划线后铣削加工，然后淬硬，最后研磨、抛光。

7.3.2　拉深模的凸、凹模加工

拉深模凸模的加工一般是外形加工，而凹模的加工则主要是型孔或型腔的加工。凸、凹模常用加工方法如表 7-5 和表 7-6 所示。

表 7-5　拉深凸模常用加工方法

冲件类型		常用加工方法	适用场所
旋转体类	简形和锥形	毛坯锻造后退火，粗车、精车外形及圆角，淬火后磨装配处成型面，修磨成型端面和圆角尺，抛光	所有简形零件的凸模
	曲线旋转体	方法1：成型车。毛坯加工后，粗车，用成型刀或靠模成型曲面和过渡圆角，淬火后研磨，抛光	凸模要求较差
		方法2：成型磨。毛坯加工后粗车、半精车成型面，淬火后磨安装面，成型磨，成型曲面和圆角，抛光	凸模精度要求较高
盒形冲件		方法1：修锉法。毛坯加工后，修锉方形和圆角，再淬火，研磨，抛光	精度要求低的小型件，工厂设备条件差
		方法2：铣削加工。毛坯加工后，划线铣成型面，修锉圆角后淬火，研磨，抛光	精度要求一般的通用加工法
		方法3：成型刨。毛坯加工后，划线，粗、精刨成型面及圆角，淬火，研磨，抛光	精度要求稍高的制作凸模
		方法4：成型磨。毛坯加工后，划线，粗加工型面，淬火后，成型磨削型面，抛光	精度要求较高的凸模
非回转体冲件		方法1：铣削加工。毛坯加工后，划线，铣型面，修锉圆角后淬火，研磨，抛光（也可用靠模铣削）	型面不太复杂、精度较低
		方法2：仿形刨。毛坯加工后，划线，粗加工型面仿形刨，淬火后，研磨，抛光	型面较复杂、精度较高
		方法3：成型磨。毛坯加工后，划线，粗加工型面，淬火后，成型磨削型面，抛光	结构不太复杂、精度较高的凸模

表 7-6　拉深凹模常用加工方法

冲件类型及凹模结构			常用加工方法	适用场合
旋转体类	简形和锥形		毛坯加工后，粗、精车型孔，划线加工安装孔，淬火，磨型孔或研磨型孔，抛光	所有简形零件凸模
	曲线旋转体	无底模	与简形凹模加工方法相同	无底中间拉深凹模
		有底模	毛坯加工后，粗、精车型孔，精车时，可用靠模、仿形、数控等方法，也可用样板精修，淬火后抛光	需要整形的凹模
盒形冲件			方法1：铣削加工。毛坯加工后，划线，铣型孔，最后钳工修圆角，淬火后研磨，抛光	精度要求一般的无底凹模
			方法2：插削加工。毛坯加工后，划线，插型孔，最后钳工修锉圆角，淬火后研磨，抛光	
			方法3：线切割。毛坯加工后，划线，加工安装孔，淬火后磨安装面等，最后切割型孔，抛光	精度要求较高的无底凹模
			方法4：电火花。毛坯加工后，划线，加工安装孔，淬火后磨基面，最后电火花加工型腔，抛光	精度要求较高、需整形的凹模

续表

冲件类型及凹模结构	常用加工方法	适用场合
非旋转体曲面形冲件	方法1：仿形铣。毛坯加工后，划线，仿形铣型腔，精修后淬火，研磨，抛光	精度要求一般的有底凹模
	方法2：铣削或插削。毛坯加工后，划线，铣或插型孔，修锉圆角后淬火，研磨，抛光	精度要求一般的无底凹模
	方法3：线切割。毛坯加工后，划线，加工安装孔，淬火后磨基面，线切割型孔，抛光	精度要求较高的无底凹模
	方法4：电火花。毛坯加工后，划线，加工安装孔，淬火后磨基面，用电火花加工型腔，抛光	精度要求较高、小型有底凹模

7.4　冷冲模的其他模具零件之加工方法

冷冲模具零件除工作型面零件外，还有模座、导柱、导套、固定板、卸料板等其他模具零件，是整个模具的基础。上模座通过模柄安装在冲床滑块上做上下往复的冲压运动，下模座通过压板和螺栓固定在工作台上。通过导柱、导套保证凸模和凹模或凸凹模之间有较好的配合精度。

模架大多已标准化了，主要是合理选购。非标准的模架才要求自己设计和制造。它们主要是板类零件、轴类零件和套类零件等。其他模具零件的加工相对于工作型面零件要容易些，下面介绍这些零件的常用加工方法。

7.4.1　模座常用加工方法

模座是组成模架的主要零件之一，属于板类零件，一般都是由平面和孔系组成。其加工精度要求主要体现在模座的上、下平面的平行度，上、下模座的导套、导柱安装孔中心距的一致性，模座的导柱、导套安装孔的轴线与模座的上、下平面的垂直度，以及表面粗糙度和尺寸精度。

模座的加工主要是平面加工和孔系的加工。在加工过程中，为了保证技术要求和加工方便，一般遵循"先面后孔"的加工原则，即先加工平面，再以平面定位加工孔系。模座的毛坯经过刨削或铣削加工后，对平面进行磨削可以提高模座平面的平面度和上下平面的平行度，同时，容易保证孔的垂直度要求。孔系的加工可以采用钻、镗削加工，对于复杂异型孔，可以采用线切割加工。为了保证导柱、导套安装孔的间距一致，在镗孔时，经常将上、下模座重叠在一起，一次装夹，同时镗出导柱和导套的安装孔。

7.4.2　导柱、导套的常用加工方法

滑动式导柱和导套属于轴类和套类零件，一般是由内、外圆柱表面组成。其加工精度要求主要体现在内、外圆柱表面的表面粗糙度及尺寸精度、各配合圆柱表面的同轴度等。导向零件的配合表面都必须进行精密加工，而且要有较好的耐磨性。

导向零件的形状比较简单，加工方法一般采用普通机床进行粗加工和半精加工后，再进行热处理，最后用磨床进行精加工，消除热处理引起的变形，提高配合表面的尺寸精度和减少配合表面的粗糙度。

对于配合要求高、精度高的导向零件，还要对配合表面进行研磨，才能达到要求的精度和表面粗糙度。

导向零件的加工工艺路线一般是：备料→粗加工→半精加工→热处理→精加工→光整加工。

例 7-3　如图 7-8 所示的后侧导柱标准冲模座的加工工艺过程如表 7-7 所示，下模座的加工基本同上模座。

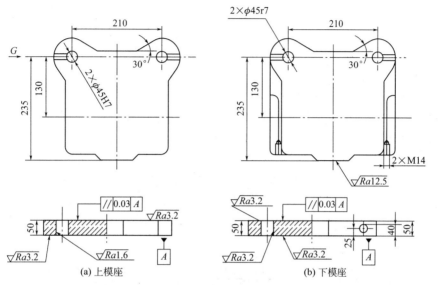

图 7-8　标准冲模座的加工

表 7-7　加工上模座的工艺过程

工序号	工序名称	工序内容	设备	工序简图
1	备料	铸造毛坯		
2	刨平面	刨上、下平面，保证尺寸 50.8	牛头刨床	
3	磨平面	磨上、下平面，保证尺寸 50	平面磨床	
4	钳工划线	划前部平面和导套孔中心线		
5	铣前部平面	按划线铣前部平面	立式铣床	
6	钻孔	按划线钻导套孔至 $\phi43$	立式钻床	

续表

工序号	工序名称	工序内容	设备	工序简图
7	镗孔	和下模座重叠，一起镗孔至$\phi45H7$	镗床或立式铣床	
8	铣槽	按划线铣 $R2.5$ 的圆弧槽	卧式铣床	
9	检验			

例 7-4 如图 7-9 所示的冲压模滑动式导套，材料为 20 钢，表面渗碳深度 0.8～1.2mm，热处理硬度 58～62HRC，确定其制造的工艺过程。

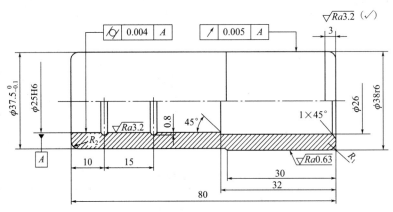

图 7-9 冲压模具滑动式导套

导套和导柱一样，是模具中应用最广泛的导向零件，尽管其结构形状因应用部位不同而各异，但构成导套的主要表面是内、外圆柱表面，可根据其结构形状、尺寸和材料的要求，直接选用适当尺寸的热轧圆钢为毛坯。

在机械加工过程中，除了保证导套配合表面的尺寸和形状精度外，还要保证内外圆柱配合表面的同轴度要求。导套的内表面和导柱的外圆柱面为配合面，使用过程中运动频繁，为保证其耐磨性，须有一定的硬度要求，因此，在精加工之前，要安排热处理，以提高其硬度。在不同的生产条件下，导套的制造所采用的加工方法和设备不同，制造工艺也不相同。根据图 7-9 所示导套的精度和表面粗糙度要求，其加工方案可选择为：备料→粗加工→半精加工→热处理→精加工→光整加工，其加工工艺过程如表 7-8 所示。

表 7-8 导套的加工工艺过程

工序号	工序名称	工序内容	设备	工序简图
1	下料	按尺寸 $\phi42\times85$ 切断	刨床	

续表

工序号	工序名称	工序内容	设备	工序简图
2	车外圆及内孔	车端面保证长度 82.5； 钻 φ25 内孔至 φ23； 车 φ38 外圆至 φ38.4 并倒角； 镗 φ25 内孔至 φ24.6 和油槽至尺寸； 镗 φ26 内孔至尺寸并倒角	车床	
3	车外圆倒角	车 φ37.5 外圆至尺寸,车端面至尺寸	车床	
4	检验			
5	热处理	按热处理工艺进行,保证渗碳层深度为 0.8~1.2mm,硬度为 58~62HRC		
6	磨削内、外圆	磨 φ38 外圆达图纸要求； 磨内孔 φ25,留研磨余量 0.01mm	万能磨床	
7	研磨内孔	研磨 φ25 内孔达图纸要求,研磨 R2 圆弧	车床	
8	检验			

7.4.3　固定板和卸料板的加工

固定板和卸料板的加工方法与凹模板十分类似,主要根据型孔形状来确定方法,对于圆孔可采用车削,矩形和异型孔可采用铣削或线切割,对系列孔可采用坐标镗床镗削加工。

本章小结

本章分别介绍了冲裁模、弯曲模、拉深模的加工方法；重点介绍了冲裁模凸、凹模零件的加工工艺制作过程。也介绍了冷冲模的模架、导柱、导套的加工方法。文中列举了较多的模具工作零件的制作实例,以期使读者初步掌握模具工作零件的加工方法。

思考与练习题

7-1　冲裁模非圆形凸模的加工方法有哪些？如何进行选择？

7-2　压印锉修加工是怎样进行操作的？

7-3　冲裁模凹模有哪几种类型的孔？如何加工这些孔？

7-4　模具线切割加工中应注意哪些工艺问题？

7-5　简述弯曲模的加工方法。

7-6 简述拉深模的加工方法。

7-7 加工冲压模模架的导柱、导套及模座时应注意什么？

7-8 题7-8图所示为冲裁模复合模的凸凹模零件，材料Cr12，编制其加工工艺规程。

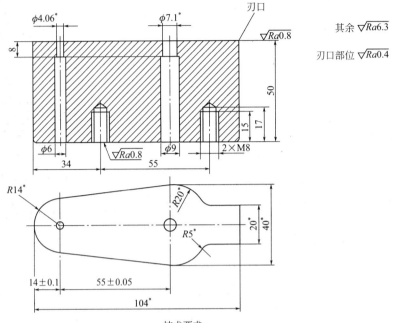

其余 $\sqrt{Ra6.3}$

刃口部位 $\sqrt{Ra0.4}$

技术要求

(1) 热处理：56～60HRC；
(2) 外形带*尺寸与凹模刃口实际尺寸配作，保证双面最小间隙0.2mm；
(3) 内形带*尺寸与对应凸模刃口实际尺寸配作，保证双面最小间隙0.2mm。

题7-8图 凸凹模

7-9 编制下列模具零件的加工工艺：

（1）题7-9图（a）所示为一副弯管模，模具分成前后两部分。管材弯好后，从模具中间分开取出工件。模具材料为CrWMn，热处理50～55HRC。

（2）题7-9图（b）所示为一拉深凹模镶块。模具材料为Cr12MoV，热处理58～62HRC。

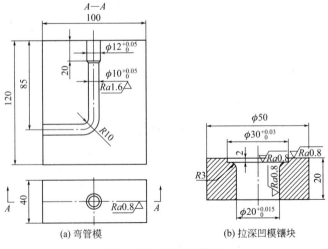

(a) 弯管模　　　　　　　(b) 拉深凹模镶块

题7-9图 模具零件图

第 8 章

模具装配工艺

模具装配是模具制造过程的最后阶段，装配质量的好坏将影响模具的精度、寿命和各部分的功能。要制造出一副合格的模具，除了保证零件的加工精度外还必须做好装配工作。同时模具装配阶段的工作量比较大，又将影响模具的生产制造周期和生产成本，因此，模具装配是模具制造中的重要环节。

8.1 模具装配与装配精度

8.1.1 模具装配的概念

当许多零件装配在一起，构成零件组直接成为产品的组成时，称为部件；当零件组是部件的直接组成时，称为组件。把零件装配成组件、部件和最终产品的过程分别称为组件装配、部件装配和总装配。

根据模具装配图样和技术要求，将模具的零部件按照一定工艺顺序进行配合、定位、连接与紧固，使之成为符合制件生产要求的模具，称为模具装配。其装配过程称为模具装配工艺过程。

模具装配图及验收技术条件是模具装配的依据。构成模具的标准件、通用件及成型零件等符合技术要求是模具装配的基础。但是并不是有了合格的零件，就一定能装配出符合设计要求的模具，合理的装配工艺及装配经验也是很重要的。

模具装配过程是按照模具技术要求和各零件间的相互关系，将合格的零件按一定的顺序连接固定为组件、部件，直至装配成合格的模具。

8.1.2 模具装配的特点

模具装配属于单件装配生产，其特点是工艺灵活性大，大都采用集中装配的组织形式。

模具零件组装成部件或模具的全过程，都是由一个工人或一组工人在固定的地点来完成的。

模具装配手工操作比重大，要求工人有较高的技术水平和多方面的工艺知识。

8.1.3 模具装配的内容

模具装配的内容有选择装配基准、组件装配、调整、修配、总装、研磨抛光、检验和试模、修模等工作。在装配时，零件或相邻装配单元的配合和连接，必须按照装配工艺规程确定的装配基准进行定位与固定，以保证它们之间的配合精度和位置精度，从而保证模具零件间精密均匀的配合，模具开合运动及其他辅助机构（如卸料、抽芯、送料等）运动的精确性，以保证成型制件的精度和质量、模具的使用性能和寿命。通过模具装配和试模也将考核制件的成型工艺、模具设计方案和模具制造工艺编制等工作的正确性和合理性。

模具装配工艺规程是指导模具装配的技术文件，也是制订模具生产计划和进行生产技术准备的依据。模具装配，工艺规程的制定根据模具种类和复杂程度，各单位的生产组织形式和习惯做法视具体情况可繁可简。模具装配工艺规程包括模具零件和组件的装配顺序、装配基准的确定、装配工艺方法和技术要求、装配工序的划分及关键工序的详细说明、必备的二级工具和设备、检验方法和验收条件等。

8.1.4　模具装配精度

模具装配后所能达到的位置精度、运动精度、配合精度及接触精度称为模具装配精度。模具装配精度的高低直接决定模具生产的产品精度。影响模具装配精度的因素很多，除了零件精度直接影响模具装配精度外，模具装配工人的技术水平、装配工艺措施也对模具装配精度有很大的影响。

模具的装配精度一般由设计人员根据产品零件的技术要求、生产批量等因素确定。模具装配精度可以分为模架的装配精度、主要工作零件及其他零件的装配精度。模具装配精度包括相关零件的位置精度、相关零件的运动精度、相关零件的配合精度和相关零件的接触精度。

（1）相关零件的位置精度

相关零件的位置精度包括定位销孔与型孔的位置精度，上下模之间、动定模之间的位置精度，凸凹模、型孔、型腔与型芯之间的位置精度等。

（2）相关零件的运动精度

相关零件的运动精度包括直线运动精度、圆周运动精度及传动精度。例如，导柱和导套之间的运动精度，顶块和卸料装置的运动精度、送料装置的送料精度。

（3）相关零件的配合精度

相关零件的配合精度体现了相互配合零件的间隙或过盈量是否符合技术要求。

（4）相关零件的接触精度

相关零件的接触精度包括模具分型面的接触状态、间隙大小是否符合技术要求，弯曲模、拉深模的上下成型面的吻合一致性等。

模具装配精度的具体技术要求见表 8-1。

表 8-1　模具装配精度的具体技术要求

模具零件及部位		技术要求	标准数值
模板	厚度方向	平行度	＜300∶0.02
	基准面	垂直度	＜100∶0.02
	各模板装配后总高度	平行度	＜100∶0.02
	导柱孔	孔径公差	H7
		位置度	＜±0.02mm
		垂直度	＜100∶0.02
	冲裁孔	过孔配合公差	H7
		刀口间隙（厚度 0.5mm 以下薄料）	0.005～0.02mm
	硬度	淬火或回火	＞60HRC

续表

模具零件及部位		技术要求	标准数值
导柱	压入固定部分的直径	精磨	k6、k7、m6
	滑动部分的直径	精磨	f7、e7
	直线度	无弯曲变形	＜100∶0.02
	硬度	淬火或正一	＞58HRC
导套	外径	精磨	k6、k7、m6
	内径	精磨	H7

8.1.5　保证模具装配精度的方法

（1）尺寸链

尺寸链是指在机械制造过程中，为了研究和分析设计尺寸和工艺尺寸之间的相互关系，把有关尺寸首尾相接，连成的一个尺寸封闭图。尺寸链分为工艺尺寸链和装配尺寸链。

① 工艺尺寸链　工艺尺寸链用于零件加工过程中，设计基准和工艺基准不重合时设计尺寸和工艺尺寸的换算。

② 装配尺寸链　装配尺寸链是指在产品的装配过程中，由相关零件尺寸（表面或轴线间的距离）或相互位置关系（同轴度、平行度、垂直度）所组成的尺寸，用于研究和分析零件加工精度与装配精度之间的关系和换算。

模具装配尺寸链的封闭环就是模具装配后的精度要求和技术要求，也就是设计要求。在模具的设计制造过程中，应用装配尺寸链原理通过分析和计算，可以更有效、更经济地确定各个模具零件的制造尺寸和公差。

装配尺寸链的计算步骤如下：

① 确定封闭环　在装配过程中，间接得到的尺寸称为封闭环，它往往是装配精度要求或技术条件要求的尺寸，用 A_0 表示。在装配尺寸链的建立中，首先要正确地确定封闭环，封闭环找错了，整个装配尺寸链的解也就错了。

② 确定各组成环的性质（增环或减环）　在装配尺寸链中，直接得到的尺寸称为组成环，用 A_i 表示（如图 8-1 所示的 A_1、A_2、A_3、A_4、A_5）。由于装配尺寸链是由一个封闭环和几个组成环所组成的封闭图形，故装配尺寸链中组成环的尺寸变化必然引起封闭环的尺寸变化。当某个组成环尺寸增大（其他组成环尺寸不变），封闭环尺寸也随之增大时，该组成环称为增环，用 $\vec{A_i}$ 表示（见图 8-1 中的 A_3）。当某个组成环尺寸减小（其他组成环尺寸不变），封闭环尺寸却增大时，该组成环称为减环，用 $\overleftarrow{A_i}$ 表示（见图 8-1 中的 A_1、A_2、A_3、A_4、A_5）。

③ 校核或计算各封闭环的基本尺寸及极限偏差　封闭环的基本尺寸等于所有增环基本尺寸之和减去所有减环基本尺寸之和；封闭环的上偏差等于所有增环上偏差之和减去所有减环下偏差之和；封闭环的下偏差等于所有增环下偏差之和减去所有减环上偏差之和。

④ 公差计算与分配　按照"人体"原则，将总装配尺寸定为可调整尺寸，将其他公差进行调整分配。按照装配尺寸链原理，在建立和计算装配尺寸链时应注意以下几点：

a. 当某组成环为标准件时，其尺寸和公差应为已知值。

b. 当某组成环为公共环时，其公差应根据精度要求最高的尺寸链来决定。

c. 组成环的公差应按照零件加工的难易程度来决定，若组成环的尺寸相近，加工方法

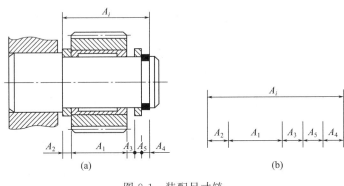

图 8-1　装配尺寸链

相同，则采用等公差分配。否则应采用等精度分配。对于加工难度较大的零件组成环，公差可取较大值。

d. 一般公差带的分布应按"人体"原则确定。

e. 孔距或中心距、长度可按对称偏差确定。

f. 在模具结构确定的情况下，应遵循装配尺寸链最短原则（环数最少），应使组成环数与零部件数相等。

（2）装配精度保证方法

模具装配精度的保证方法包括互换装配法、修配装配法和调整装配法 3 种。

① 互换装配法　装配时，各个配合的模具零件不经选择、修配、调整，组装后就能达到预先规定的装配精度和技术要求，这种装配方法称为互换装配法。它是利用控制零件的制造误差来保证装配精度的方法。其原则是各有关零件的制造公差之和小于或等于封闭环公差。

采用互换装配法，零件是可以完全互换的。其优点如下：

a. 装配过程简单，生产率高。

b. 对工人技术水平要求不高，便于流水作业和自动化装配。

c. 容易实现专业化生产，降低成本。

d. 备件供应方便。

但是互换装配法将提高零件的加工精度（相对其他装配法），同时要求管理水平较高。

② 修配装配法　在单件、小批量生产中，当装配精度要求高时，如果采用互换装配法，会提高对有关零件的要求，这对降低成本不利。在这种情况下，常采用修配装配法。

修配装配法是在某零件上预留修配量，装配时根据实际需要修整预修面来达到装配要求的方法。修配装配法的优点是能够获得很高的装配精度，而零件的制造精度可以放宽；缺点是装配中增加了修配工作量，使工时多且不易预先确定，且装配质量依赖工人的技术水平，生产效率低。

采用修配装配法时应注意以下几点。

a. 应正确选择修配对象。选择那些只与本装配精度有关，而与其他装配精度无关的零件作为修配对象，再选择其中易于拆装且修配面不大的零件作为修配件。

b. 应通过尺寸链计算。合理确定修配件的尺寸和公差，既要保证它有足够的修配量，又不要使修配量过大。

c. 应考虑用机械加工方法来代替手工修配。

③ 调整装配法　将各相关模具零件按经济加工精度制造，在装配时通过改变一个零件的位置或选定适当尺寸的调节件（如垫片、垫圈、套筒等）加入到装配尺寸链中进行补偿，以达到规定装配精度要求的方法称为调整装配法。

调整装配法的优点是：在各组成环按经济加工精度制造的条件下，能获得较高的装配精度，不需要进行任何修配加工，还可以补偿因磨损和热变形对装配精度的影响。其缺点是需要增加装配尺寸链中零件的数量，装配精度依赖工人的技术水平。

8.2　模具主要零件的固定

模具零件的连接方法随模具零件结构及加工方法不同、工作时承受压力的大小不等有许多种。下面介绍常用的几种。

① 紧固件法　如图 8-2 所示，这种方法工艺简便。

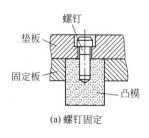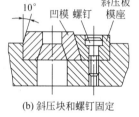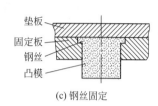

(a) 螺钉固定　　　　(b) 斜压块和螺钉固定　　　　(c) 钢丝固定

图 8-2　紧固法固定模具零件

② 压入法　压入法如图 8-3 所示，凸模利用端部台阶轴向固定，与固定板按 H7/m6 或 H7/n6 配合。压入法经常用于截面形状较规则（如圆形、方形）的凸模连接，台阶尺寸一般为单边宽度 1.5～2.5mm，台阶高度 3～8mm。

③ 铆接法　铆接法如图 8-4 所示，它主要用于连接强度要求不高的场合，由于工艺过程比较复杂，此类方法应用越来越少。

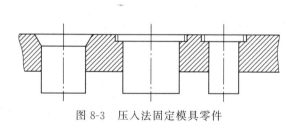

图 8-3　压入法固定模具零件

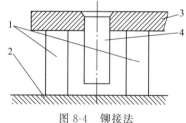

图 8-4　铆接法
1—等高垫块；2—平台；3—固定板；4—凸模

④ 热套法　热套法常用于固定凸、凹模拼块以及硬质合金模块。仅起固定作用时，其过盈量一般较小；当要求有预应力时，其过盈量要稍大一些。图 8-5 所示为热套法固定的 3 个例子。

⑤ 焊接法　如图 8-6 所示为焊接法。该方法主要用于硬质合金模具。焊接前要在 700～800℃下进行预热，并清理焊接面，再用火焰钎焊或高频钎焊在 1000℃ 左右焊接，焊缝为 0.2～0.3mm。焊料为黄铜，并加入脱水硼砂。焊接后放入木炭中缓冷，最后在 200～300℃ 保温 4～6h 后去除应力。

⑥ 低熔点合金固定法　低熔点合金固定法是利用低熔点合金（如铋、铅、锡、锑、镉等金属合金）在冷凝时体积膨胀的特性来紧固零件的一种方法。采用先调整间隙固定后浇注冷却的方法，可以方便间隙的调整，减少工作量。在模具装配中，尤其是多凸模或复杂的冲裁模常用低熔点合金固定法。

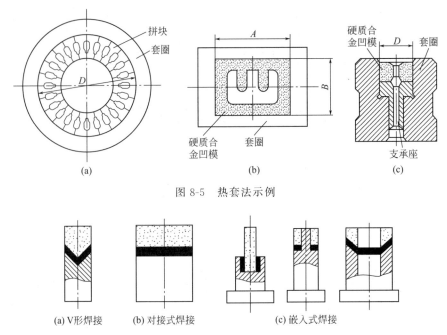

图 8-5　热套法示例

(a) V形焊接　　(b) 对接式焊接　　　　(c) 嵌入式焊接

图 8-6　焊接法

⑦ 无机黏结法　无机黏结法是指将由氢氧化铝、磷酸溶液和氧化铜粉末定量混合而成的黏结剂，填充到待固定的模具零件及固定板的间隙内，经化学反应固化而固定模具零件的方法。

这种方法固定模具零件的结构型式与低熔点合金固定法相同，但是无机黏结法间隙应小些，一般取单边间隙为 0.1～0.3 mm，黏结处表面应粗糙，或在其上加工斜槽。

无机黏结法的优点是工艺简单、黏结强度高、不变形、耐高温（耐热温度可达 600℃左右）以及不导电；缺点是承受冲击能力较差、不耐酸碱腐蚀，因而一般用于冲裁薄板的冲模。如图 8-7 所示为用无机黏结法固定凸模。

⑧ 环氧树脂固定法　环氧树脂是一种有机合成树脂，其硬化时收缩率小，硬化后对金属和非金属材料有很强的黏结力，且黏结时也不需要加温加压，使用非常方便。但环氧树脂的硬度低，脆性大，不耐高温，使用温度应低于 100℃。由于环氧树脂的黏度大，在浇注时流动性差，因而一般需要加入稀释剂，为了加快其固化过程，也可以加入硬化剂。

用环氧树脂固定法固定模具零件基本上与低熔点合金固定法相似，也是去除黏结表面的油污，找准各个零件的位置，调整凸、凹模的间隙，最后固定。该方法工艺简单、黏结强度高、不变形，但不宜受较大的冲击，只适用于冲裁厚度小于 2mm 的冲模。如图 8-8 所示为环氧树脂固定法。

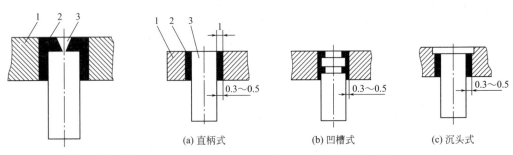

(a) 直柄式　　　　(b) 凹槽式　　　　(c) 沉头式

图 8-7　用无机黏结法固定凸模　　　图 8-8　环氧树脂固定法

1—凸模固定板；2—无机黏结剂；3—凸模　　1—凸模固定板；2—环氧树脂；3—凸模

8.3　模具的间隙和壁厚的控制方法

模具的间隙主要是凸、凹模的间隙和型腔、型芯之间形成制件壁厚的间隙。它除了与零件的制造精度有关。还与装配工艺的合理与否有关。间隙位置和间隙的均匀性是保证模具精度的主要指标，也是模具装配工艺的关键内容。

在模具的装配工艺中，一般应先固定好其中一个零件的位置，然后以该零件为基准，通过工艺方法控制好间隙或壁厚，再固定另一个零件的位置。常用的工艺方法有测量法、透光法、试切法、垫片法、镀铜（锌）法、涂层法、酸蚀法、利用工艺定位器调整间隙法和利用工艺尺寸调整间隙法等。

（1）测量法

测量法是指利用塞尺片检查凸、凹模间隙大小的均匀程度。在装配时，将凹模紧固在下模座，上模安装后不紧固。合模后用塞尺在凸、凹模刃口周边检测，进行适当调整，直到间隙均匀后再紧固上模，穿入销钉。

（2）透光法

如图 8-9 所示为透光法。该方法是凭眼睛观察从间隙中透过光线的强弱来判断间隙的大小和均匀性。装配时，用手电筒或手灯照射凸、凹模，可在下模漏料孔中仔细观察，边看边用锤子敲击凸模固定板以进行调整，直到认为合适时再将上模螺钉及销钉紧固。该方法常用于间隙小于 0.1mm 的冲裁模的装配。

（3）试切法

当凸、凹模的间隙小于 0.1mm 时，可将其装配后试切纸（或薄板）。根据切下制件四周毛刺的分布情况（毛刺是否均匀一致）来判断间隙的均匀程度，并做适当的调整。

（4）垫片法

如图 8-10 所示，垫片法是在凹模刃口周边适当部位放入金属垫片，其厚度等于单边间隙值。装配时，按图样要求及结构情况确定安装顺序，一般先将下模用螺钉、销钉紧固，然后使凸模进入相应的凹模型腔内并用等高垫块垫起摆平。这时，用锤子轻轻敲打凸模固定板可使间隙均匀、垫片松紧度一致。调整完后，再将上模座与凸模固定板紧固。该方法常用于间隙在 0.1mm 以上的中、小型模具的装配。

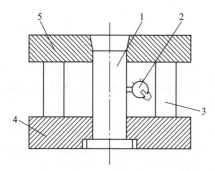

图 8-9　透光法
1—凸模；2—光源；3—等高垫块；
4—凸模固定板；5—凹模

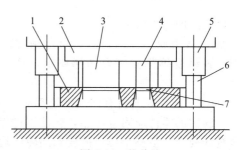

图 8-10　垫片法
1— 凹模；2—凸模固定板；3，4—凸模；
5—导套；6—导柱；7—垫片

（5）镀铜（锌）法

镀铜（锌）法是在凸模的工作段镀上一层厚度为单边间隙值的铜（锌）来代替垫片。镀层可提高装配间隙的均匀性。装配后，镀层可在冲压时自然脱落，效果较好，但会增加工序。该方法适用于间隙很小的模具，一般单边间隙在 0.02mm 以下。

（6）涂层法

涂层法是在凸模工作段涂以厚度为单边间隙值的漆层（磁漆或氨基醇酸绝缘漆），不同间隙值可用不同黏度的漆或涂不同的次数来保证。涂完漆后，将凸模放入恒温箱内烘干，恒温箱内温度为 100～150℃，保温约 1 h，冷却后可以装配，且涂层会在冲压时自然脱落。该方法一般适用于小间隙模具的装配。

（7）酸蚀法

在加工凸、凹模时将凸模的尺寸做成凹模型孔的尺寸，装配完成后再将凸模工作段进行腐蚀以保证间隙值的方法称为酸蚀法。其间隙值的大小由酸蚀时间长度来控制，腐蚀后一定要用清水洗净，操作时要注意安全。常用的腐蚀剂如下：

① 硝酸 20％＋醋酸 30％＋水 50％。

② 蒸馏水 54％＋双氧水 25％＋草酸 20％＋硫酸 1％～2％。

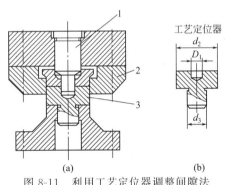

图 8-11　利用工艺定位器调整间隙法
1—凸模；2—凹模；3—工艺定位器

（8）利用工艺定位器调整间隙法

图 8-11 所示为利用工艺定位器调整间隙法。该方法是在装配时用一个工艺定位器来保证凸、凹模的间隙均匀程度的定位方法。工艺定位器是按凸、凹模配合间隙为零来配作的，可在一次装夹中成型。

（9）利用工艺尺寸调整间隙法

利用工艺尺寸调整间隙法是在凸、凹模加工时把间隙值以加工余量的形式留在凸、凹模上来保证间隙均匀的一种方法。其具体做法如圆形凸、凹模，在装配前使凸、凹模按 H7/h6 配合，待装配后取下凸模或凹模，磨去加工余量即可。

8.4　冷冲模的装配

8.4.1　冷冲模装配的技术要求

冷冲模装配的技术要求如下：

① 冷冲模各组成零件的材料、尺寸精度、几何形状精度、表面粗糙度和热处理工艺，以及相对位置精度等都应符合图样要求，且零件的工作表面不允许有裂纹和机械伤痕等缺陷。

② 冷冲模装配后，其所有活动部位都应该保证位置精度，使配合间隙适当、动作可靠、运动平稳。固定的零件应固定可靠，在使用过程中不得出现松动和脱落。凸、凹模的配合间隙应符合设计要求，沿整个刃口的轮廓间隙应均匀一致。

③ 模柄装入上模座后，其轴心线对上模座上表面的垂直度误差在全长范围内不大于0.05mm。上模座的表面与下模座底面应平行。导柱和导套配合后，其轴心线分别垂直于下模座底面和上模座上表面。

④ 装配好的模架的上模座应沿导柱上、下移动，且无阻滞现象。导柱和导套的配合精

度应满足规定要求。定位装置要保证毛坯定位正确可靠。

⑤ 卸料装置和顶件装置动作应灵活可靠，出料孔应畅通无阻，且保证制件及废料不卡在冲模内。模具应在生产的条件下进行试验，冲出的制件应符合设计要求。

8.4.2　冷冲模的装配顺序

在冷冲模的装配中，最主要的是保证凸、凹模的对中性，要求使凸、凹模的间隙均匀。因此，必须考虑上、下模的装配顺序。装配冷冲模时，为了方便调整其工作零件的位置，使模具有均匀的冲裁间隙，因此，装配顺序应有不同。下面介绍几种常见冷冲模的装配顺序。

（1）无导向装置的冷冲模的装配顺序

由于无导向装置的冷冲模的凸、凹模的间隙是在模具安装到机床上后进行调整的，因而其装配顺序没有严格的要求。

（2）有导向装置的冷冲模的装配顺序

有导向装置的冷冲模在装配前要先选择基准件。其在装配时要先安装基准件，再以基准件为基准装配有关零件，然后调整凸、凹模的间隙，使间隙均匀后再安装其他辅助零件。

（3）有导柱的复合冷冲模的装配顺序

有导柱的复合冷冲模在装配时要先安装上模，再借助上模的冲孔凸模和落料凹模孔找正下模凸、凹模的位置，并调整好间隙，然后再固定下模。

（4）有导柱的连续冷冲模的装配顺序

有导柱的连续冷冲模为了便于保证准确步距，在装配时应先将凹模装入下模座，再以凹模为基准件安装上模。

8.4.3　冲裁模的装配

（1）冲裁模组件的装配

下面依次对模柄的装配，导柱和导套的装配，滚动导柱和导套的装配，凸、凹模的装配和弹性压、卸料板的装配进行介绍。

① 模柄的装配　模柄是中、小型冲裁模用来装夹模具与压力机滑块的连接件，它装配在上模座中。常用的模柄装配方式有压入式模柄的装配、旋入式模柄的装配和凸缘模柄的装配。

a. 压入式模柄的装配。压入式模柄的装配如图 8-12 所示。它与上模座孔采用 H7/m6 过渡配合并加销钉（或螺钉）以防止转动，且在装配完成后将其端面在平面磨床上磨平。该模柄的装配方式结构简单，安装方便，应用较为广泛。

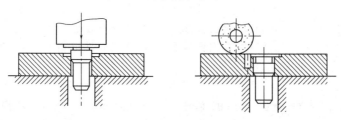

图 8-12　压入式模柄的装配

b. 旋入式模柄的装配。旋入式模柄的装配如图 8-13 所示。它通过螺纹直接旋入上模座而固定，用紧定螺钉防松。该模柄的装配方式装卸方便，多用于一般冲裁模的装配。

c. 凸缘模柄的装配。凸缘模柄的装配如图 8-14 所示。它利用 3～4 个螺钉固定在上模座的窝孔内，其螺帽头不能外凸。该模柄的装配方式多用于较大冲裁模的装配。

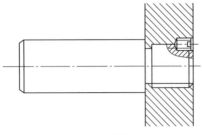

图 8-13　旋入式模柄的装配

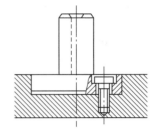

图 8-14　凸缘模柄的装配

模柄装入上模座后必须保持模柄圆柱面与上模座上平面的垂直度，其误差不能大于 0.05mm。

② 导柱和导套的装配。

a. 导柱的装配。如图 8-15 所示，导柱与下模座孔采用 H7/r6 的过渡配合。压入时要注意校正导柱对下模座底面的垂直度。注意控制压到底面时应留出 1～2mm 的间隙。

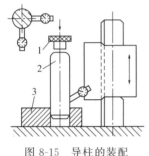

图 8-15　导柱的装配
1—压块；2—导柱；3—下模座

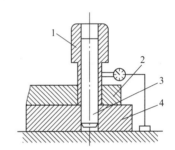

图 8-16　导套的装配
1—导套；2—上模座；3—导柱；4—下模座

b. 导套的装配。如图 8-16 所示为导套的装配。它与上模座孔采用 H7/r6 的过渡配合。压入时是以导柱和下模座来定位的，并用千分表检查导套压配部分的内外圆的同轴度，将帽形垫块置于导套上，在压力机上将导套压入上模座一段长度后，取走下模座，用帽形垫块继续将导套的压配部分全部压入。

③ 滚动导柱和导套的装配　在滚动导柱和导套间装有滚珠和滚珠夹持器，形成 0.01～0.02mm 的过盈配合。滚珠的直径为 3～5mm，直径公差为 0.003mm。滚珠夹持器采用黄铜制成，装配时它与滚动导柱和导套间各有 0.35～0.5mm 的间隙。滚珠装配的方法如下：

a. 在滚珠夹持器上钻出特定要求的孔，如图 8-17 所示。

b. 装配符合要求的滚珠（采用选配）。

c. 使用专用夹具和专用铆口工具进行封口，要求滚珠转动灵活自如。

④ 凸、凹模的装配　凸、凹模在固定板上的装配属于组装，是冲裁模装配中的主要工序，其质量直接影响冲裁模的使用寿命和精度，装配关键在于凸、凹模的固定与间隙的控制。

⑤ 弹性压、卸料板的装配　弹性压、卸料板起压料和卸料的作用，所以应保证其与凸模之间具有适当的间隙。装配时，先将凸模固定在凸模固定板上，再将弹性压、卸料板套在凸模上，在凸模固

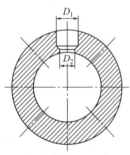

图 8-17　在滚珠夹持器上钻出特定要求的孔

定板与弹性压、卸料板间垫上等高垫块，并用压板压紧，然后按照弹性压、卸料板上的螺钉位置在凸模固定板上钻出锥窝，拆下弹性压、卸料板，在凸模固定板上加工螺纹孔。

（2）单工序冲裁模的装配实例

如图 8-18 所示为弹性卸料落料模。下面对其装配过程进行介绍。

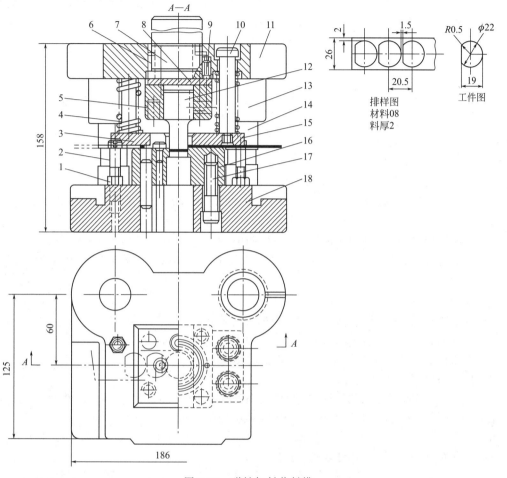

图 8-18　弹性卸料落料模

1—螺母；2—挡料螺栓；3—挡料销；4—弹簧；5—凸模固定板；6，9—圆柱销；7—模柄；8—垫板；
10—螺钉；11—上模座；12—凸模；13—导套；14—导柱；15—卸料板；
16—凹模；17—内六角螺钉；18—下模座

① 装配前的准备工作　分析阅读装配总图，然后再进行以下操作：

a. 通过读图领取或整理所需要的标准模架、标准件。

b. 通过读图可以知道各零件的连接关系，确定凹模在模架上的装配位置，尽量保证压力中心位置在冲压中心。

c. 考虑装配时如何保证凸、凹模间隙的均匀程度。

d. 按明细表清点装配零件，并对凸、凹模等主要零件进行直观检查，保证装配质量，然后领取其他辅助物料、标准件。

e. 清理装配工作台面和各类工具及工艺装备等。

② 装配凸模与凸模固定板　凸模与凸模固定板的装配过程如下：

a. 把凸模压入固定板中，并铆接。

b. 铆接后把凸模末端的大平面磨平，保证接触面的平面度和表面粗糙度的要求。

③ 装配凹模与下模座　凹模与下模座的装配过程如下：

a. 确定好凹模对下模座的位置。

b. 在凹模与下模座配钻、铰定位销孔，完工后打入定位销。

c. 在凹模与下模座配钻出螺钉孔，凹模扩成螺钉过孔，下模座攻螺纹，完工之后旋入螺钉并紧固。

d. 以下模座底面定位，平磨凹模刃口，保证刃口面的装配要求。

④ 装配上模座　上模座的装配过程如下：

a. 在凹模刃口周边放上适当厚度的金属片，控制单边间隙。

b. 把凸模组件的凸模刃口平放入凹模型腔 $\phi 3 \sim 4mm$，用等高垫块垫平面。

c. 检查凸、凹模的间隙情况，保证均匀即可。

d. 把上模座的导套与下模座的导柱对正后轻轻合上。

e. 观察没有问题后，将整个模座压紧在工作台面上。

f. 配钻、铰上模座与凸模固定板的定位圆销孔，完工后打上定位销。

g. 配钻、攻凸模固定板上的螺孔及上模座上的沉头过孔，完工后旋入螺钉并紧固。

h. 以上模座的上平面定位，平磨凸模的刃口，以达到装配要求。

⑤ 装配卸料装置　卸料装置的装配过程如下：

a. 把卸料板套在凸模上并压紧、配钻，攻卸料板上的螺孔螺纹和扩上模座上的沉头过孔。

b. 以卸料板为样板做出橡胶块上的型腔和圆孔。

c. 通过挡料螺栓把橡胶块、卸料板连接到上模座上。

⑥ 装配其他零件　其他零件的装配过程如下：

a. 将卸料板与凹模配合加工销孔和螺纹过孔。

b. 把挡料销轻压入凹模孔中。

⑦ 检验、试冲　装配完成后，检验模具各部件之间的连接是否可靠，然后装配在压力机上进行试冲，再根据试冲出的产品质量进行必要的调整。

8.4.4　弯曲模和拉深模的装配特点

弯曲模和拉深模都是通过坯料的塑性变形来获得制件形状的。由于金属的塑性变形过程中必然伴随着弹性变形，而弹性变形的回弹会影响到制件的精度。

（1）弯曲模的装配特点

弯曲模的装配特点如下：

① 弯曲模工作部分形状比较复杂，几何形状和尺寸精度要求高。制造时，凸、凹模工作表面曲线和折线应用事先做好的样板或样件来控制。

② 凸、凹模的工作部分的表面精度要求较高，一般应进行抛光，其表面粗糙度 $Ra <$ $0.63\mu m$。

③ 凸、凹模的尺寸和形状应在试模合格后再进行淬火处理。

④ 装配时可按冲裁模装配方法进行装配，借助样板或样件调整间隙。

⑤ 选用卸料弹簧或橡皮时，一定要保证弹力，一般在试模时确定。

⑥ 试模的目的不仅是要找出模具的缺陷加以修正和调整，还是为了最后确定制件的坯料尺寸。由于这一工作涉及材料的变形问题，因而弯曲模的调整工作比一般冲裁模要难得多。

弯曲模试模时出现的缺陷、原因和调整方法见表 8-2。

表 8-2　弯曲模试模时出现的缺陷、原因和调整方法

试模的缺陷	产生的原因	调整方法
制件的弯曲角度不够	① 凸、凹模的弯曲回弹角制造过小; ② 凸模进入凹模的深度太浅; ③ 凸、凹模之间的间隙过大; ④ 校正弯曲的实际单位校正力太小	① 修正凸、凹模,使弯曲角度达到要求; ② 增加凹模深度,增大制件的有效变形区域; ③ 采取措施,减小凸、凹模的配合间隙; ④ 增大校正力或修整凸、凹模形状,使校正力集中在变形部位
制件的弯曲部位不符合要求	① 定位板位置不正确; ② 制件两侧受力不平衡; ③ 压料力不足	① 重新装定位板,保证其位置正确; ② 分析制件受力不平衡的原因并纠正; ③ 采取措施增大压料力
制件尺寸过长或不足	① 间隙过小,将材料拉长; ② 压料装置的压料力过大使材料伸长; ③ 设计计算错误	① 修整凸、凹模,增大间隙值; ② 采取措施减小压料装置的压料力; ③ 坯料落料尺寸在弯曲试模后确定
制件表面擦伤	① 凹模圆角半径过小,表面粗糙度过大; ② 润滑不良,使坯料黏附在凹模上; ③ 凸、凹模的间隙不均匀	① 增大凹模圆角半径,减小表面粗糙度; ② 合理润滑; ③ 修整凸、凹模,使间隙均匀
制件弯曲部位产生裂纹	① 坯料塑性差; ② 弯曲线与板料的纤维方向平行; ③ 剪切截面的毛刺在弯曲的外侧	① 将坯料退火后再弯曲; ② 改变落料排样或改变条料下料方向使弯曲线与板料纤维方向垂直; ③ 使毛刺在弯曲的内侧,圆角在弯曲的外侧

（2）拉深模的装配特点

拉深模的装配特点如下：

① 拉深凸、凹模工作部分边缘要求磨出光滑的圆角。

② 拉深凸、凹模工作部分的表面粗糙度要求较高，一般为 $Ra = 0.32 \sim 0.04 \mu m$。

③ 装配时可以按照冲裁模装配方法进行装配，借助样板或样件调整间隙。

④ 即使拉深模及组成零件制造很精确，装配得也很好，但是由于材料弹性变形的影响，拉深所得的制件不一定合格，因而试模后常要对模具进行修整加工。

拉深模试模时出现的缺陷、原因和调整方法见表 8-3。

表 8-3　拉深模试模时出现的缺陷、原因和调整方法

试模的缺陷	产生原因	调整方法
制件拉深高度不够	① 毛坯尺寸小; ② 拉深间隙过大; ③ 凸模圆角半径太小	① 增大毛坯尺寸; ② 更换凸、凹模,使间隙适当; ③ 增大凸模圆角半径
制件拉深高度太大	① 毛坯尺寸太大; ② 拉深间隙太小; ③ 凸模圆角半径太大	① 减小毛坯尺寸; ② 调整凸、凹模之间的间隙,使间隙适当; ③ 减小凸模圆角半径
制件壁厚和高度不均匀	① 凸、凹模之间的间隙不均匀; ② 定位板或挡料销位置不正确; ③ 凸模不垂直; ④ 压边力不均匀; ⑤ 凹模的几何形状不正确	① 调整凸、凹模之间的间隙,使间隙均匀; ② 调整定位板或挡料销位置,使之正确; ③ 修整凸模后重装; ④ 调整托杆长度或弹簧位置; ⑤ 重新修整凹模
制件起皱	① 压边力太小或不均匀; ② 凸、凹模之间的间隙太大; ③ 凹模圆角半径太大; ④ 板料塑性差	① 增大压边力或调整顶件杆长度,弹簧位置; ② 减小拉深间隙; ③ 减小凹模圆角半径; ④ 更换材料

续表

试模的缺陷	产生原因	调整方法
制件破裂或有裂纹	① 压边力太大； ② 压边力不够，起皱引起破裂； ③ 拉深间隙太小； ④ 凹模圆角半径太小，表面粗糙； ⑤ 凸模圆角半径太小； ⑥ 拉深间隙太小； ⑦ 凸、凹模不同轴或不垂直； ⑧ 板料质量不好	① 调整压边力； ② 调整顶杆长度或弹簧位置； ③ 增大拉深间隙； ④ 增大凹模圆角半径，修磨凹模圆角； ⑤ 增大凸模圆角半径； ⑥ 增加拉深工序或增加中间退火工序； ⑦ 重装凸、凹模，保证位置精度； ⑧ 更换材料或增加中间退火工序，改善润滑条件
制件表面拉毛	① 拉伸间隙太小或不均匀； ② 凹模圆角表面粗糙度大； ③ 模具或板料不清洁； ④ 凹模硬度太低，板料黏附现象； ⑤ 润滑油中有杂质	① 修整拉深间隙； ② 修磨凹模圆角； ③ 清洁模具或板料； ④ 提高凹模硬度或进行镀铬、氮化处理； ⑤ 更换润滑油
制件表面不平	① 凸、凹模（顶出器）无出气孔； ② 顶出器在冲压的最终位置时顶力不够； ③ 材料本身存在弹性	① 钻出气孔； ② 调整冲模结构，使冲模闭合时，顶出器处于刚性接触状态； ③ 改变凸、凹模和压料板形状

8.5 冲压模具试冲和调整的要求

8.5.1 冲模试冲和调整的时机

冲模试冲和调整在以下 3 种场合进行：

① 新模装配后，必须通过试冲对模具性能进行综合考查与检测，并检查冲压件的质量。

② 每批冲压件生产前，从模具库中领用模具，调试出合格的冲压件后开始正常生产。

③ 生产过程中，冲模发生损坏经修理后，需进行试冲，检验修理后的模具是否合格。

模具安装在指定的压力机上进行试冲和调整，是维持正常冲压生产的必要环节。

冲模的试冲与调整简称调试。

8.5.2 冲模调试的目的

（1）新制模具的调试

已装配模具经检验合格后方可进行调试。新模调试的主要目的如下：

① 鉴定模具和冲压件质量　产品零件从设计到批量生产需经过产品设计、工艺设计、模具设计和制造等阶段，每一阶段工作质量的优劣都会直接影响产品零件质量和实施批量生产的可能性。因此，冲模组装后必须在生产条件下试冲，检查冲压件的尺寸精度和表面质量是否符合产品零件设计要求，检查模具使用性能是否能合理、可靠地满足批量生产的要求。对试冲中出现的问题，要分析产生原因并加以修正，使模具不仅能冲出合格零件，还具备安全稳定地投入生产使用的条件。

② 进行工艺验证　产品零件冲压工艺必须经实践验证，才能证明工艺规程是否正确、选用的工艺装备（包括冲模）是否合理和适用，从而保证以后的批量生产中产品质量稳定、工艺成本低，并符合安全生产和环境保护的要求。新制模具试冲是冲压工艺验证必不可少的步骤。

③ 进行工艺验证可解决以下问题。

a. 确定零件的工艺成型条件。冲模经试冲制出合格的冲压件后，可掌握模具的使用性能、零件工艺成型条件和方法，对能保证批量生产用的工艺规程确定可靠的实践依据。可通过试冲对已提出的工艺规程进行修正和完善。

b. 确定成型零件的毛坯形状、尺寸和用料标准。形状复杂的弯曲、拉深、成型等零件，工艺设计时难以准确地提出成型前的毛坯形状和尺寸，需通过试冲出合格零件后，才能确定。

c. 确定冲压工序尺寸和模具参数。零件的冲压工序和工序尺寸，以及复杂模具的工艺参数，可以在模具试冲过程中进行调整、修正后确定，并纳入工艺规程，作为生产和检验依据。

（2）正常冲压生产中的调试

每批次冲压前需对模具进行调试，首件经检验合格后，才能进入正式生产。

（3）生产中损坏的模具经修理后的调试

必须按工艺要求，在指定的压力机上试冲出合格零件，才可认定修理工作完成，转入正式生产使用。

8.5.3　冲模调试的主要内容

① 将装配好的冲模可以安装在工艺要求的压力机上。

② 用工艺提出的坯料（牌号、性能、形状和尺寸），能在冲模上稳定地冲压出合格冲压件。

③ 对冲压件质量（包括尺寸和表面质量）进行检查，是否符合产品零件设计要求。若有缺陷，应分析其产生的原因，并对模具进行修正和调试，在此基础上修正和完善冲压工艺规程，直到能批量生产合格的零件为止。

④ 根据工艺要求，确定某些模具经试冲定的形状和尺寸（包括坯料尺寸）。

⑤ 调试完成后，为工艺部门提供编制正确、适用的工艺规程的依据。

⑥ 调试中，应排除影响生产、安全、质量和操作等的不良影响，使模具能稳定地进行批量生产。

8.5.4　冲模调试的要求

（1）对冲模的要求

① 新装配模具　按冲模技术条件进行全面检验合格后，才能安装在压力机上进行调试。

② 安排修理的模具　应根据修理的有关要求，检查认定修理工作已完成后，才可以进入安装调试环节。

③ 每批次生产前　从模具库领用时，模具外观应完好无损，领用手续应齐全。

（2）试模材料的要求

试模用材料的牌号、规格符合要求，并经进厂检验合格。试模用坯料的形状、尺寸应符合工艺要求。

（3）冲压设备的要求

调试模具用压力机的主要参数（公称力、行程、装模高度等）应符合工艺要求，能使模具顺利安装，压力机的运行情况正常良好。

（4）调试零件数量

模具调试时的冲压件数根据不同模具选用：中小模具 30～100 件；大型模具、大型覆盖件模具 3～10 件；多工序冲模的各工序件应根据工序数增加。

有自动送料装置的模具、高速冲模，持续冲压时间在 3min 以上。

（5）调试出冲压件的质量要求

① 尺寸精度和表面质量应符合设计和工艺要求。

② 冲裁件毛刺不得超过所规定的数值。

③ 冲裁断面光亮带分布合理、均匀。弯曲、拉深件表面质量符合相应要求。

（6）模具交付生产使用的要求

① 能顺利地安装到工艺要求的压力机上。

② 能稳定地冲出合格零件。

③ 能保证生产操作安全。

8.5.5　冲模调试的组织

① 新制模具调试属工艺验证范围，由本企业生产准备部门负责组织，冲压生产车间和模具制造车间共同负责具体调试工作，设计、工艺和检验部门的有关人员参加。

② 修理模具的合格验证由冲压生产车间和模具修理单位具体负责，检验人员参加，合格后由冲压生产车间验收入库。

③ 每冲压批次开始前的调试，由冲压生产车间自行安排，首件交检合格后即可正式生产。

新模装配后试冲时，模具安装可由模具装配钳工负责安装调整，或者有模具钳工参与，由冲压操作（或调整）工负责安装调试。

正常冲压生产中，大批量生产的冲压车间，有专职冲压调整工负责安装模具，调试交检合格后移交生产操作工。一般冲压车间由冲压操作工负责安装调整，检验合格后正式生产。

8.5.6　冲裁模具的试冲和调整

（1）凸模进入凹模的深度

冲裁模凸、凹模间隙合适时，为能冲下合格零件，凸模进入凹模的深度要适当，不可过深或过浅，对于冲薄料、间隙小的模具要尤其注意。

冲裁厚度小于 2mm 时，凸模进入凹模的深度不应超过 0.8mm。厚材料冲裁时可适当加大，但应以可冲开材料为前提。

硬质合金冲模、硅钢片冲模一般不应超过 0.5mm。

切口冲模凸模进入凹模的深度应以完成切口工序为准 ［见图 8-19（a）、（b）］。

斜刃冲模和切口冲模类似，以完成冲裁工作为准。

负间隙冲模的凸模在冲裁完成时，不应对凹模有撞击 ［见图 8-19（c）］。

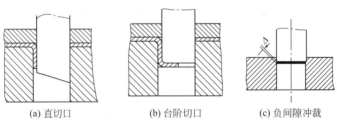

（a）直切口　　　　　（b）台阶切口　　　　　（c）负间隙冲裁

图 8-19　凸模进入凹模深度

凸模进入凹模的深度，是依靠调节压力机连杆长度实现的。液压机和摩擦压力机的滑块行程难以准确控制，因此安装在液压机和摩擦压力机上的冲裁模，必须设置限位装置，以防凸模进入凹模过深而损坏模具。限位装置可以设置在模具上下模之间，也可套在导柱上，限位装置应对应设置两块。限位装置的高度应随刃口刃磨而改变。

（2）冲裁间隙的调整

① 需进行间隙调整的条件。

a. 冲模设计给定间隙不合理，过大或过小。

b. 凸、凹模加工失误，装配时未检查出，使间隙过大、过小或不均匀。

c. 模具装配不当或无导向模具安装时造成间隙不均匀，冲压过程中凸、凹模刃口的不均匀磨损也会使间隙不均匀。

② 间隙不当时的调整。

a. 间隙大小基本合理，但分布不均匀。

• 调整凸、凹模相对位置后，重新安装定位圆销。

• 对局部间隙过小处，复杂形状的由钳工研修放大间隙，小圆孔可用研磨棒局部研磨。

b. 间隙过小时，应根据实际情况决定增大凹模实际尺寸或减小凸模实际尺寸。

c. 间隙过大时，一般应更换凸模或凹模。

（3）调试时发现凸、凹模刃口啃刃的处理

① 啃刃现象及其影响　刃磨后的凸、凹模刃口是锋利的。在模具调试过程中应用目视检查有无啃刃现象，发生啃刃的刃口在光照下有反光。

产生啃刃现象后，冲件的相应部位会产生较厚的毛刺，且毛刺根部有一定的圆角。啃刃如不及时清除，会导致凸模或凹模的早期损坏。

② 产生啃刃现象的原因　理论上，有一定间隙的凸模和凹模是不会发生碰撞的，但实际上这种现象并不少见，主要原因如下：

a. 凸模安装固定后与凸模固定板支承面的垂直度误差大，或凸模固定不牢，因振动而导致松动。

b. 冲裁料厚小，间隙小，而模架导向精度低，或因导柱与导套磨损，使导向间隙加大，致使凸、凹模发生啃刃现象。

c. 长期受冲击振动，模具的紧固零件如螺钉、圆销等发生松动，使模具零件的相对位置发生错移而产生啃刃现象。

d. 冲裁时发生冲双料等叠冲现象，过多的坯料挤压产生啃刃。

e. 无导向模具，由于压力机滑块与导轨间的间隙大，凸、凹模错位产生啃刃。

③ 啃刃现象的防止　调试中，试冲5～10件后应停止试冲，检查是否发生啃刃现象，如有，则分析产生啃刃的原因并修正、调整模具。

a. 检查凸模安装的垂直度和固定牢固程度，修正凸模对固定板支承面的垂直度偏差。

b. 对局部啃刃部位的凸模和凹模进行研修（可用金刚锉或研磨棒）。

c. 修正后的凸、凹模需刃磨刃口后再安装调试。

d. 如果属于模架导向精度或压力机运动精度影响，应更换模架或重新选用压力机。

（4）废料或工件排出不畅的调整

试冲时应及时检查下模的凹模下出料时排料状况，在倒装式复合模、冲孔模、落料模和连续模试冲时要尤其注意。

对有小尺寸的凹模洞口，如小孔、窄槽，试冲3～5件后，可用小锤等工具轻轻敲击凹模洞口中的废料或冲件，如不能轻易敲落，甚至有咚咚之声，证明洞口有反锥度，即俗称喇叭口，造成排料困难。一敲即有料往下掉才是正常现象。对有反锥度的小尺寸凹模洞口，要对洞口进行研修，将其修成正锥度。

对大尺寸的凹模洞口，在试冲中观察是否有废料或工件落下，如不能及时落下，应检查下模漏料通道设置是否合理，是否有上大下小或有台阶阻碍出料的情况，可针对原因修正。对较大尺寸凹模洞口落下工件或废料周边，有较明显的穿弯现象时（虽无明显的排料不畅），应检查洞口是否有反锥度，如有反锥度，可对洞口进行研修。

（5）调试中冲裁废料或冲件随凸模回升时的处理

冲裁模调试时，当冲裁用料较薄、冲件尺寸又相对较小时，会发现冲压废料或工件随凸模回升的现象，这种情况在正常冲压时也会发生，如不及时清理，会发生冲双料的现象，导致啃刃口、损坏模具。分析其原因后，解决的方法如下：

① 检查凸、凹模之间的间隙　间隙合理时，冲裁后的废料或冲件，因其自由弹性穿弯的恢复会卡在凹模洞口中。若间隙过大时，废料或冲件不会卡在凹模洞口中，而是会在回程时随凸模上升。减小间隙可防止出现这种现象。若回带现象出现较少，加大凸模进入凹模的深度可以基本解决。在凸模上设置顶料装置也可防止回带。

② 检查凹模洞口是否有反锥度　上大下小的洞口易产生废料回带现象。应将反锥度洞口修正成有 $10'\sim15'$ 的正锥度洞口。

现代线切割加工机床可以带锥度切割，加工出的洞口既不会堵料，也不会产生废料回带现象。采用坐标镗等钻镗加工的洞口容易产生反锥度，对于这种洞口型式，在模具装配前应研磨出 $10'\sim15'$ 的正锥度。

③ 冲压前条料上涂抹润滑油不当　操作时在朝向凸模一侧的条料上涂抹润滑油，极易发生回带现象。冲厚料时可直接在凹模刃口面上涂润滑油。

一般较薄材料冲裁时不宜涂抹润滑油。

（6）厚材料冲裁模调试时，凸模易发生崩刃、剥皮现象的处理方法

厚料冲裁时冲压力大，在凸模端面刃口处受很大的挤压力，角部挤压力更集中，使凸模端部表面出现龟裂，继而出现崩刃、剥皮现象。

厚材料冲裁力大是不可避免的，提高凸模材料的抗冲击能力可有效减缓这种现象的发生。可采用以下两种方法：

① 选用碳素工具钢 T10A 作凸模材料，热处理硬度为 50～55HRC。

② 当选用高铬钢 Cr12、Cr12MoV 作凸模材料时，坯料锻造采用纵向镦拔和横向镦拔综合的锻造方法，使材料中的片状碳化物成为球状碳化物，达到均匀分布，可有效提高材料的抗冲击能力。

此外，试冲时条料送进困难的解决方法，切边模调试时废料刀切不下料的处理办法，用级进模冲孔落料连续冲裁时孔与外形偏心时的调整方法等，此处不再赘述。若读者需要了解可参见有关技术资料，如《模具设计制作手册》。

8.5.7　弯曲模具的试冲和调整

（1）弯曲模具试冲前的安装和调整要点

弯曲模的安装方法与冲裁模基本相同，试冲前的安装、调整要点如下。

① 有导向装置的弯曲模安装时，上、下模在压力机工作台面上的相对位置完全由导向零件决定。而无导向装置的弯曲模，需采用控制间隙的方法决定上、下模的相对位置。

② 安装时凸模进入凹模的深度可选用其闭合位置，同样采用控制间隙的方法决定上、下模在垂直方向的相对位置。

③ 弯曲模凸模和凹模间隙控制一般采用标准样件、合格试件或垫金属片的方法。垫片可采用铜、铝等软金属片，金属片厚度等于凸、凹模单边间隙。除在凹模口部轮廓直壁部分垫片控制间隙外，在可控制模具闭合位置的特征部位也应放置/增加垫片。

④ 模具闭合位置的安装高度通过调节压力机连杆（丝杠），即装模高度来保证。试冲过程中，通过对连杆的微调来控制弯曲成型过程和保证弯曲件的形状和尺寸精度。

⑤ 弯曲时坯料定位的正确与稳定性，是获得合格弯曲件的前提，因此，定位零件定位形状和位置的选择，以及弯曲开始时定位的可靠性是弯曲模调整的重点之一。

⑥ 弯曲工件完成后，顶出工件和卸下工件应及时、灵活，且无卡死、阻滞现象。

（2）凸、凹模间隙的调整

弯曲模具在装配和安装时，采用了控制间隙的方法来保证上、下模的相对位置，但试冲时常会发生弯曲件外侧拉伤、在近圆角处外侧有印痕并挤压和局部挤薄等现象。局部挤薄多出现在曲线形弯曲件中，多因加工误差所致；而前两种现象在 U 形件弯曲时易发生，主要是凸、凹模间隙过小或不均匀所致。

（3）弯曲模试冲时常见缺陷和调整方法

弯曲模试冲时常见缺陷及其调整见表 8-4。

表 8-4　弯曲模试冲时常见缺陷及其调整

常见问题	产生原因	调整方法
弯曲件底面不平	① 卸料杆分布不均匀,卸料时顶弯; ② 压料力不够	① 均匀分布卸料杆或增加卸料杆数量; ② 增加压料力
弯曲件尺寸和形状不合格	冲压时产生回弹造成弯曲件不合格	① 修改凸模的角度和形状; ② 增加凹模的深度; ③ 减少凸、凹模之间的间隙; ④ 弯曲前坯料退火,增加校正压力
弯曲件产生裂纹	① 弯曲区内应力超过材料强度极限; ② 弯曲区外侧有毛刺,造成应力集中; ③ 弯曲变形过大; ④ 弯曲线与板料的纤维方向平行; ⑤ 凸模圆角小	① 更换塑性好的材料或材料退火后弯曲; ② 减少弯曲变形量或将有毛刺一边放在弯曲内侧; ③ 分次弯曲,首次弯曲用较大弯曲半径; ④ 改变落料排样,使弯曲线与板料纤维方向成一定的角度; ⑤ 加大凸模圆角
弯曲件表面擦伤或壁厚减小	① 凹模圆角太小或表面粗糙; ② 板料黏附在凹模内; ③ 间隙小,挤压变薄; ④ 压料装置压料力太大	① 加大凹模圆角,降低表面粗糙度值; ② 凹模表面镀铬或化学处理; ③ 增加间隙; ④ 减小压料力
弯曲件出现挠度或扭转	中性层内外收缩,弯曲量不一样	① 对弯曲件进行再校正; ② 材料弯曲前退火处理; ③ 改变设计,将弹性变形设计在与挠度相反的方向上

8.5.8　拉深模具的试冲和调整

（1）拉深模具试冲时的调整要点

拉深模具试冲前的安装方法与弯曲模具基本相同。

① 试冲时压边力的调整　开始试冲时，凸模进入凹模的深度以 10～20mm 为宜，或者在深度为凸模圆角半径和凹模圆角半径之和加 5～10mm 时再开始试冲。

压边力的调整应均衡，并使拉深开始时材料受到压边力的作用。在压边力调整到使拉深件凸缘部分无明显皱折又无材料破裂的现象时，再逐步加大拉深深度。可根据拉深件要求高度分 2～3 次进行调整，每次调整都应使工件既无皱折又无破裂现象。

用压力机下部的压缩空气垫提供压边力时，通过调整压缩空气的压力大小来控制压边力。生产场所提供的压缩空气压力一般为 0.5～0.6MPa。

② 拉深模的调整次序　拉深工艺设计时，对于复杂形状拉深件和需多次拉深的零件，拉深用毛坯尺寸和各次拉深时的工艺尺寸难以准确确定，工艺设计中提出的毛坯尺寸、各次拉深的尺寸（包括高度尺寸和模具参数）等主要工艺参数，需在试冲调整中修正并最后确定。

③ 拉深模试冲用的材料　试冲用材料的质量直接关系到拉深的成功与否，必须使用设计工艺规定的材料牌号和规格尺寸，其性能和各项技术要求应经入厂检验认定合格。

检查拉深材料的性能是否符合拉深工艺要求。如属用料不当，试冲用材料性能低于工艺要求，则应更换合格材料后再试冲。如属选料不当，应由设计工艺提出更换材料。

④ 试冲时的润滑　拉深时在拉深材料表面涂抹润滑剂，可减少材料和拉深凹模表面间的摩擦，降低拉深力，有利于工件顶出，使模具工作零件冷却，延长模具使用寿命。

试冲前，应按工艺要求在凹模工作表面、凹模圆角处及相应的毛坯表面，每隔一段时间均匀涂抹一层润滑剂。但凸模表面和与凸模接触的毛坯表面切忌涂抹润滑剂，以减少材料变薄。

深拉深件和复杂形状拉深件每件都需抹润滑剂，一般拉深，可以相隔 3～5 件润滑一次。

如按板料涂抹润滑剂，则每 1m 板料约使用 50～100g 的润滑剂。应按不同拉深材料选用适用的润滑剂。

（2）试冲时确定毛坯尺寸的方法

试冲前工艺提出的毛坯形状和尺寸，是根据工艺设计时的计算结合实践经验确定的。由于零件形状各异，难以准确预测拉深过程中材料流动和料厚变化的实际状况，因此，工艺设计中提出的毛坯尺寸应在试冲中不断修正并最后确定。具体实施方法参见有关技术资料。

（3）拉深模试冲常见缺陷及其调整

拉深模试冲常见缺陷及其调整见表 8-5。

表 8-5　拉深模试冲常见缺陷及其调整

常见问题	产生原因	调整方法
拉裂	① 径向拉应力太大,凸、凹模圆角太小; ② 润滑不良或毛坯材料塑性差; ③ 凸缘部分起皱,无法进入凹模而拉裂	① 减小压边力,增大凸、凹模圆角; ② 更换润滑剂或用塑性好的毛坯材料
凸缘起皱	压边力太小	加大压边力
拉深件底部被拉脱	凸模圆角半径太小	加大凸模圆角半径
盒形件角部破裂	① 凹模角部转角半径太小; ② 凸、凹模间隙太小或变形程度太大	① 加大凹模角部转角半径; ② 加大凸、凹模间隙或增加拉深次数
拉深件底部不平	① 坯料不平或弹顶器弹顶力不足; ② 推杆与坯料接触面太小	① 平整坯料或增加弹顶器的弹顶力; ② 改善推杆结构
拉深件壁部拉毛	① 模具工作部表面粗糙度高; ② 毛坯表面不干净	① 修光模具工作平面和圆角; ② 清洁毛坯或更换新鲜润滑剂
拉深高度不够	① 毛坯尺寸太小或凸模圆角半径太小; ② 拉深间隙太大	① 放大毛坯尺寸或加大凸模圆角半径; ② 调小拉深间隙
拉深高度太大	① 毛坯尺寸太大或凸模圆角半径太大; ② 拉深间隙太小	① 减小毛坯尺寸或减小凸模圆角半径; ② 加大拉深间隙
拉深件凸缘起皱	凹模圆角半径太大或压边圈失效	减小凹模圆角半径或调整压边圈
拉深件边缘呈锯齿形	毛坯边缘有毛刺	修整前道工序落料凹模刃口,使其间隙均匀
拉深件断面变薄	① 凹模圆角半径太小或模具间隙太小; ② 压边力太大或润滑剂不合适	① 增大凹模圆角半径或加大模具间隙; ② 减小压边力或更换合适润滑剂
阶梯形冲压件局部破裂	凹模及凸模圆角太小,造成局部拉深力过大	加大凸模与凹模的圆角半径

8.6　试模与调试

冲裁模试模常见问题及解决方法见表 8-6。

表 8-6　冲裁模试模常见问题及调整方法

常见问题	产生原因	调整方法
冲压件形状或尺寸不正确	凸模与凹模的形状或尺寸不正确	微量时可修整凸模或凹模,间隙过大时需更换凸模或凹模
毛刺大且光亮带很小、圆角大	冲裁间隙过大	修整落料模的凸模或冲孔模的凹模以减小间隙
毛刺大且光亮带大	冲裁间隙过小	修整或更换凸模或凹模以放大模具间隙
毛刺部分偏大	冲裁间隙不均匀或刃口不锋利	调整间隙或刃磨刃口
卸料不正常	① 装配时卸料元件配合太紧或卸料元件安装倾斜; ② 弹性元件弹力不足; ③ 卸料板行程不足	① 修整或重新安装卸料元件,使其运动灵活; ② 更换或加厚弹性元件; ③ 修整卸料螺钉头部沉孔深度或修整卸料螺钉长度
啃刃	① 导柱与导套间间隙过大; ② 凸模或导柱等安装不垂直; ③ 上、下模座不平行; ④ 卸料板偏移或倾斜; ⑤ 压力机台面与导轨不垂直	① 更换导柱与导套或模架; ② 重新安装凸模或导柱等零件,校验垂直度; ③ 以下模座为基准,修磨上模座; ④ 修磨或更换卸料板; ⑤ 检修压力机
冲压件不平整	① 凹模倒锥; ② 导正销与导正孔配合过紧; ③ 导正销与挡料销间距过小	① 修磨凹模,除去倒锥; ② 修整导正销; ③ 修整挡料销
内孔与外形相对位置不正确	① 挡料钉位置偏移; ② 导正销与导正孔间隙过大; ③ 导料板的导料面与凹模中心线不平行; ④ 侧刃定距尺寸不正确	① 修整挡料钉位置; ② 更换导正销; ③ 调整导料板的安装位置使导料面与凹模中心线相互平行; ④ 修磨或更换侧刃

 本章小结

　　模具装配是模具制造过程的最后阶段,装配质量的好坏将影响模具的精度、寿命和各部分的功能,而不同的模具有不同的装配方法。本章主要介绍了模具的装配精度及其保证方法、模具主要零件的固定、间隙和壁厚的控制方法,以及冲裁模、弯曲模和拉深模的装配。

　　本章重点是掌握常见模具的装配方法及间隙保证方法,难点是将这些方法应用于实际模具的装配过程中去。而模具的装配属于工序集中装配,装配精度与工人的熟练程度有很大的关系,因此,要装配一副合格的模具,必须要到实际生产中去反复学习、总结,不断提高钳工装配操作技能。

思考与练习题

8-1　冷冲模装配的技术要求和装配顺序是什么？

8-2　模具装配的特点是什么？模具装配的内容有哪些？

8-3　模具的装配精度包括哪些方面？保证其装配精度的方法有哪些？

8-4　模具零件的连接固定方法有哪些？

8-5　为保证冲压模具上、下模座的孔位一致，应采取什么措施？

8-6　模具间隙和壁厚的控制方法有哪些？

8-7　冲压模具装配时，怎样控制模具的间隙？

8-8　弯曲模和拉深模的装配特点是什么？

8-9　冲模试冲和调整在哪几种场合进行？

8-10　编写如题 8-10 图所示连续冲裁模具的装配工艺。

提示：连续模的主要特点是工序分散，不存在最小壁厚问题（与复合冲裁模相比），模具强度高；凸模全部安装在上模，制件和废料（结构废料）均可实现向下的自然落料，易于实现自动化；结构复杂，制造较困难，模具成本较高，但生产效率高；定位多，因此制件的精度不太高。这类模具主要适用于批量大、精度要求不太高的制件。

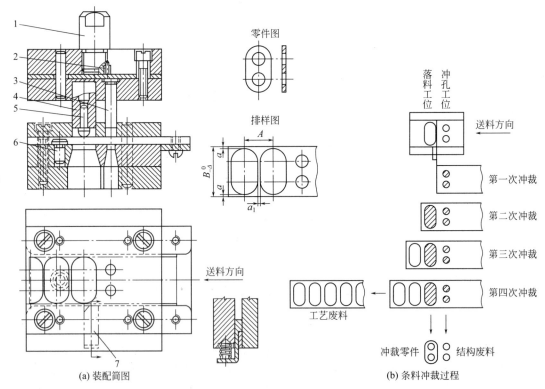

题 8-10 图　连续冲裁模

1—模柄；2—止转销；3—小凸模；4—大凸模；5—导正销；6—挡料销；7—始用挡料销

*第 9 章

冲压模具检验

在模具制造中，模具零件加工以及装配质量的好坏，对模具使用寿命有较大的影响。加强模具装配前后及模具零件各工序之间的质量检验，是确保模具质量的重要手段。因此，在模具生产中，要健全模具零件以及装配后的检验与验收制度，也就是根据本厂的产品要求和生产工艺水平，编制切合实际的质量检验规程，实行以检验员专职检验与生产工人自检互检相结合的检验方法，严格按照图样技术条件和工艺文件进行必要的检验。在检验中，除了进行工序检验和装配后的检验外，还要加强各工序实际操作的检查，防止和减少废品的发生。因此，模具的检验是模具制造中不可分割的一部分。

9.1 模具质量检验

9.1.1 模具质量检验包含的内容

模具质量主要在选材、毛坯制备和热处理方面进行检验。

（1）模具材料

模具材料一般都是高碳钢和高合金钢，这些钢的冶炼质量及轧制质量对模具的寿命有很大的影响，因此检验人员应该在原材料入厂后进行检验和核对，防止使用不合格材料以及混料现象发生。一般检测方法有：

① 钢材的表面不得有用肉眼能看得见的裂纹、折叠、结疤和夹层。

② 钢材的断面组织应均匀，晶粒应细致，不得有用肉眼能看得到的锁孔、夹杂、分层裂纹、气泡、白点等。

③ 钢材的化学成分及脱碳层、珠光体组织及网状碳化物应符合国家标准，对于复杂模具所用钢，可以进行性能试验并进行微观检查。

（2）毛坯检验

毛坯检验要求主要包括坯件的外形及内部尺寸是否符合工艺规程或毛坯图所规定的尺寸公差范围；表面凹坑、折叠、裂纹等缺陷的深度是否符合公差允许范围的½；毛坯如果是锻件，应检验是否存在过烧组织，网状碳化物应检验是否达到国际标准规定的级别。

（3）零件尺寸精度检验

模具零件的尺寸精度，无论采用哪种加工方式，都应根据工艺规程，对零件的线性尺寸以及形位公差进行检测，检验是否符合要求，以保证后续工序正常进行。

（4）零件表面质量检验

零件经加工后，要检验其表面粗糙度等级是否符合图样要求，同时还要检验表面粗糙度值是否在所标注的等级范围内，一般会采用一些测量仪器进行检测。

（5）零件热处理质量检验

模具零件在热处理前后都需要进行检验。主要检验其强度、硬度以及均匀性，工件表面的脱碳与氧化情况，以及零件内部组织的状态、热处理缺陷等。

（6）模具装配质量检验

模具零件进行装配时，必须要按照装配工艺规程进行装配，要保证各零部件的连接及相互位置关系符合要求，并在总装配后，通过试模进行装配检验。

9.1.2 冲压模具的质量要求

（1）冲压模具零件制造的主要技术要求

① 零件的材料除去按照有关标准使用的材料外，允许代用，但代用材料的力学性能应不低于原规定的材料。

② 零件图上未注公差尺寸的极限偏差应按照国家标准规定运用 IT14 级精度，孔的尺寸按照 H14 加工，轴的尺寸按照 h14 加工，长度尺寸按照 I14 加工。

③ 零件图上未注倒圆角的尺寸，除去刃口外所有锐边和锐角都应采用倒角或倒圆，根据零件尺寸的大小，倒角尺寸一般在 $C = 0.5 \sim 2.0$ 范围之内，倒圆尺寸一般在 $R = 0.5 \sim 1.0$ 范围之内。

④ 零件图上未注的铸造圆角半径尺寸一般在 $R 3.0 \sim 5.0$ 范围之内。

⑤ 零件图上未注的钻孔深度的极限偏差一般按照 $\binom{+0.5}{-0.25}$ mm 制造。

⑥ 螺纹长度一般表示完整的螺纹长度，其极限偏差一般按照 $\binom{+1.0}{-0.5}$ mm 制造。

⑦ 中心孔的加工一般按照国家标准规定中中心孔的加工要求进行加工。

⑧ 各种模柄的圆跳动公差要求，应按照表 9-1 所示进行。

⑨ 所有模座、凹模板、模板、垫板及凸、凹模固定板等表面的垂直度公差要求应符合表 9-2 所示要求。

表 9-1 模柄圆跳动公差值 T

基本尺寸/mm			40~63	63~100	100~160	160~250	250~400	400~630	630~1000	1000~1600
公差等级	4	T 值/mm	0.008	0.010	0.012	0.015	0.020	0.025	0.030	0.040
	5		0.012	0.015	0.020	0.025	0.030	0.040	0.050	0.060

注：1. 基本尺寸是指被测表面的最大长度尺寸或最大宽度尺寸。
2. 公差等级按照国家标准规定未注公差。
3. 滚动导向模架的模座平行度公差采用公差等级 4 级。
4. 其他模座和板的平行度公差采用公差等级 5 级。

⑩ 矩形模板等零件图上未标明的垂直度公差应符合表 9-2 所示要求。

表 9-2 模板垂直度公差值 T

基本尺寸/mm	40~63	63~100	100~160	160~250
T 值/mm	0.012	0.015	0.020	0.025

注：1. 基本尺寸是指被测零件的短边长度。
2. 公差等级按照国标规定未注公差的 5 级。

⑪ 上、下模座的导柱、导套安装孔的轴心线应与基准面垂直，其垂直度公差一般规定为：安装滑动导向的导柱或导套的模座为 100mm：0.01mm；安装滚动导向的导柱或导套的模座为 100mm：0.005mm。

（2）冲压模具装配的主要技术要求

冲压模具装配的技术要求，主要包括模具外观、安装尺寸和总体装配精度等方面的内容。

① 装配后的冲模外露部分的棱边应倒钝，无明显毛刺及毛边。安装面应保证光滑、平整，无锈蚀、击伤和明显的表面加工缺陷等。所有螺钉的头部、圆柱销端部不能高出安装平面，一般应低于安装平面 1mm 以上。

② 装配后模具的安装尺寸主要包括模具的闭合高度、与压力机滑块连接的模柄的尺寸、打料杆的尺寸、位置和孔径、下模顶杆的位置和孔径、紧固冲模用压板螺钉槽孔的尺寸和位置等，这些尺寸都应符合所选用设备的规格尺寸。其吊钩应能承受凸、凹模的总重量。

③ 对大、中型冲压模具，应设有起吊装置所用的钩或孔。为了便于模具的组装、搬运和维修时翻转，凸、凹模本身还应设有吊钩。

④ 装配及调试验收合格的模具，应在模板上打刻出模具的编号及冲压件产品的图号。

⑤ 冲模各零件的材料、形状尺寸加工精度、表面粗糙度和热处理等技术要求，均应符合图样设计要求。各零件工作表面不允许有裂纹和机械损伤等缺陷。

⑥ 装配后的模具，必须保证模具各零件间的相对精度。

⑦ 装配后的模具，凸模沿导柱上下移动时，应保证平稳无滞涩现象。选用的导柱、导套在配对时，应符合规定的等级要求，其间隙应均匀；若选用标准模架，其模架的精度等级应满足所需的精度要求。

⑧ 装配后的冲模应有活动部位，保证其在静态下位置精确，工作时配合间隙适当、动作可靠、运动平稳；装配后的各紧固螺钉、圆柱销等安装应牢固可靠，不出现松动及脱落。

⑨ 装配后的冲模应在安装条件下进行试冲。在试冲时坯料的定位应准确、可靠、安全、连续，自动冲模送料时应畅通无阻。

9.2 模具质量检验方法及工具

9.2.1 模具质量检验常用的方法

在生产制造过程中，模具质量检验的目的是设法控制模具制造的精度与质量，使其达到设计要求。对模具质量的控制实质上可以通过两种方式来实现。

(1) 截面样板检测

样板是检测模具尺寸、形状或位置的一种专用量具。样板通常由金属薄板做成，通过用其轮廓形状与被检测工件的轮廓相比较进行检测。这种检测方法操作简便，检测时不需要专用设备，效率比较高，使用方便灵活。样板的种类按照适用范围可分为两大类：

① 标准样板　通常适用于测量工件的标准化部分的形状和尺寸，比如螺纹样板、半径样板等。

② 专用样板　根据加工和装配要求专门制造的样板。又可分为划线样板、工作样板、校对样本、分型样板等。

样板的使用一般分为如下两类：

① 拼合检测　又称嵌合检测。使用时将样板的检测面与工件被测量表面相拼合，然后用光隙法确定缝隙的大小。一般可以达到比较高的测量精度。

② 复合检测　使用时将样板复合在工件表面上，按样板轮廓形状对工件形状进行检测，检测精度相对较低，适用于毛坯的检测。

样板制造一般比较困难，尤其是精度较高、形状较复杂的样板。而且一般情况下样板是按照专门要求设计的，一般适用于生产批量比较大，且模具形状较复杂又不易用万能量具的状况。

（2）尺寸检测

对不用样板检测的零件形状、尺寸、位置精度等的检测，一般采用尺寸检测的方法。常用的量具包括普通量具和专用量具。普通量具包括钢尺、卡钳、角尺等，专用量具包括游标量具、千分尺、百分表、塞尺等。

*9.2.2　模具尺寸精度的常规测量工具

（1）游标量具

游标量具分为游标卡尺、游标深度尺和游标高度尺。量值的整数部分从本尺上读出，小数部分从游标尺上读出。主要是利用光标原理（主尺上的刻线间距和游标尺上的线距之差）来读出小数部分。游标卡尺能精确地测量工件的内径、外径、高度、深度、长度等。

（2）螺旋测微量具

应用螺旋测微原理制成的量具称为螺旋测微量具。它们的测量精度比游标卡尺高，并且测量比较灵活，因此，当加工精度要求较高时多被应用。常用的螺旋测微量具有百分尺和千分尺。百分尺的读数值为 0.01mm，千分尺的读数值为 0.001mm。

（3）指示式量具

指示式量具是以指针指示出测量结果的量具。车间常用的指示式量具有：百分表、千分表、杠杆百分表和内径百分表等。它主要用于校正零件的安装位置，检验零件的形状精度和相互位置精度，以及测量零件的内径等。

百分表和千分表都是用来校正零件或夹具的安装位置，检验零件的形状精度或相互位置精度的。它们的结构原理没有什么大的不同，只是千分表的读数精度比较高，即千分表的读数值为 0.001mm，而百分表的读数值为 0.01mm。

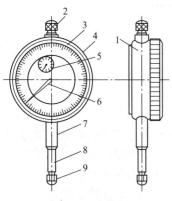

图 9-1　百分表
1—表体；2—圆头；3—表盘；
4—表圈；5—指示盘；6—指针；
7—套筒；8—测量杆；9—测量头

百分表是齿轮传动式测微量具，其结构如图 9-1 所示。它常用来测量机器零件的各种几何形状偏差和表面相互位置偏差，也可测量工件的长度尺寸；具有外廓尺寸小、重量轻和使用方便等特点。使用时必须将其固定到可靠的支架上，其工作原理是将测杆的直线位移，经过齿条与齿轮传动转变为指针的角位移。百分表的刻度盘圆周刻成 100 等份，其分度值为 0.01mm，当大指针转动 1 周时，测杆的位移量为 1mm，表盘和表圈是一体的，可任意转动，以便使指针对零位，小指针用以指示大指针的回转圈数。常见百分表的测量范围为 0～3mm、0～5mm 和 0～10mm 等。

（4）量规

量规是一种没有刻度的专用检验工具。它的制造精度很高，测量值是确定的，不可调。常用的量规有：光滑极限量规、塞规、卡规或环规、高度量规等，如图 9-2 所示。量规的一端按被检验零件的最小实体尺寸制造称为止规，标记为 ZO；量规的另一端按被检验零件的最大尺寸制造称为通规，标记为 TO。

（5）塞尺

塞尺用于测量间隙尺寸。塞尺是由一组厚度不同的淬硬薄钢片组成的测量工具，其中每一片都标有厚度量值，如图 9-3 所示。在使用塞尺进行测量时，可根据间隙的大小，选出 1 片或 3 片重叠在一起塞入间隙内，以钢片在间隙内既能活动自如，又使钢片两面有轻微摩擦为宜，其叠加钢片数量和即为间隙值。在检验被测尺寸是否合格时，可以用通止法或松紧程度判断。塞尺一般最薄的为 0.02mm，最厚的为 3mm。

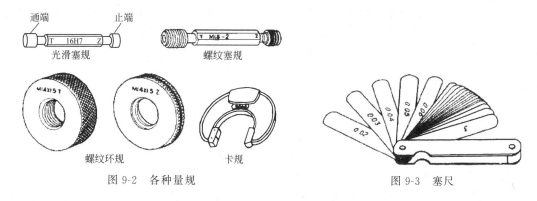

图 9-2　各种量规

图 9-3　塞尺

9.2.3　测量投影仪

模具制造过程中，有的零件公差要求较高，比如导柱的外径、导套的内径，以及导柱、导套内外圆的圆柱度和轴向的同轴度、某些模具的工作面等。这些零部件的测量用普通的测量仪器很难达到测量精度。目前常用的高精度测量仪器有测量投影仪和三坐标测量仪等。测量投影仪又称为光学投影检量仪或光学投影比较仪，是利用光学投射的原理，将被测工件的轮廓或标记投影至观察幕上进行测量或比对的一种测量仪器。

投影仪的工作原理如图 9-4 所示，被测工件 Y 置于工作台上，在透射或者反射照明下，工件被物镜 O 放大成像为 Y′，并经反光镜 M1 和 M2 反射到投影屏 P 上。在投影上可对 Y′ 进行测量。

投影仪测量方法可以分为两类，即轮廓测量与坐标测量。

（1）轮廓测量

该测量方法用"标准放大图"进行比较测量，适用于形状复杂、批量大的零件检验。测量步骤为：

① 按零件大小确定物镜的倍率，再按零件设计图样制作与物镜放大倍率相同比例的标准放大图，材料选用伸缩性较小的透明塑胶片。

② 将标准放大图用弹性压板放在投影屏上。

③ 工件放在工作台上，调好焦距。移动测 XY，工作台使零件影像与放大图套准。

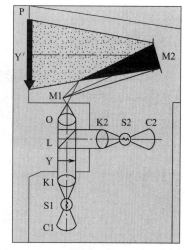

图 9-4　测量投影仪工作原理

④ 若工件影像与放大图的偏差在公差带之内，则视为零件尺寸合格。若超出放大图尺寸范围，则视为不合格，偏差数值可以用 XY 坐标测量出来。

⑤ 用格值为 0.5mm 的标准玻璃工作尺在投影屏上直接测量工件影像的大小（小于格值部分也可用 XY 坐标数出），除以物镜放大倍数即为工件的测量尺寸。

（2）坐标测量

坐标测量分为单坐标测量和功能测量两种。单坐标测量的步骤为：

① 工件置于工作台上，选用倍率较高的物镜，调好焦距。

② 投影屏旋转零位对准，即屏框上的短白线对准零位元标记。

③ 调整工件被测方向与测量轴平行。

④ 移动工作台，将被测长度的一个端面上的垂直刻线的 X 坐标值清零。

⑤ 移动 X 轴，使工件另一端面对准垂直刻线，X 轴显示值即为工件的尺寸。

功能测量是利用数据处理器的多功能资料处理电箱上的坐标旋转功能（SKEW），工件可以任意摆放，无需精确调整，只需移动工作台，使每个测量边依次对准十字线中点采样，就可测出相应长度，这样可以节省大量调整时间、提高测量效率。

9.2.4 三坐标测量仪

三坐标测量仪主要用于工件的三维检测、曲面检测及较复杂的 3D 数模及形位公差检测等。三坐标主要为接触式测量。它是一个在六面体的空间范围内，能够表现几何形状、长度及圆周分度等测量能力的仪器。几何元素的测量，包括点、线、面、圆、球、圆柱、圆锥等；曲线、曲面扫描，支持点位扫描功能，IGES 文件的数据输出，CAD 名义数据定义、ASCII 文本数据输入、名义曲线扫描、符合公差定义的轮廓分析等。形位公差的计算，包括直线度、平面度、圆度、圆柱度、垂直度、倾斜度、平行度、位置度、对称度、同心度等。

（1）三坐标测量仪的分类及构成

按工作方式可分为：单点测量方式和连续扫描测量方式；按结构可分为：桥式测量仪、龙门式测量仪、水平臂（单臂或悬臂）、坐标镗床式测量仪和便携式测量仪；按测量范围可分为大型、中型和小型；按测量精度可分为精密型（计量型）、生产型。

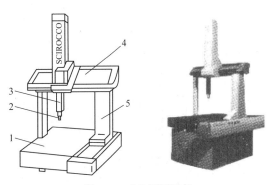

图 9-5 三坐标测量仪
1—工作台；2—测头；3—z 轴；4—副滑架；5—主滑架

三坐标测量仪的结构型式是由 3 个正交的直线运动轴构成的，其基本构成主要包括测量机主体、测量系统、控制系统和数据处理系统，如图 9-5 所示。

（2）三坐标测量仪的结构

三坐标测量仪大致可以分为以下几种结构：

① 移动桥式结构　目前应用最广泛的一种结构型式，其结构简单，敞开性好，工作台负载能力小。桥式结构主要用于高精度的中小机型。

② 龙门式结构　其结构刚性好，3 个坐标测量范围较大时也可保证测量精度，适用于大机型。

③ 悬臂式结构　其结构简单，具有很好的敞开性，但悬臂易变形，一般用于测量精度要求不太高的小型测量机。

④ 单柱移动式　也称为仪器台式结构，操作方便，测量精度高，但结构复杂，测量范围小，适用于高精度的小型数控机型。

⑤ 坐标镗床式结构　又称单柱固定式结构，其结构牢靠，敞开性较好，用于测量精度中等的中小型测量机。

（3）三坐标测量仪的测量系统

① 标尺系统　用来测量各轴的坐标数值，有光栅尺、同步感应器、激光干涉仪等。

② 测量触头　按测量方法可分接触式和非接触式两类。在接触式测量触头中又分机械式测量触头和电气式测量触头两大类。机械接触式测量触头为具有各种形状（如锥形、球形）的刚性测量触头、带千分表的测量触头以及划针式工具；电气接触式测量触头的触端与被测件接触后可以偏移，传感器输出模拟位移量信号。这种测量触头既可以用于瞄准，也可

以用于测微。为了提高测量效率以及探测各种零件的不同部位，常需为测头配置一些附件，如测端、探针、连接器、测量触头回转附件等。

（4）三坐标测量仪的控制系统和数据处理系统

① 控制系统　其主要功能是：读取空间坐标值，控制测量瞄准系统对测头信号进行实时响应与处理，控制机械系统实现测量所必需的运动，实时监控坐标测量机的状态以保障整个系统的安全性与可靠性等。

② 数据处理系统　主要用于控制全部测量操作、数据处理和输入、输出等。

9.3　模具质量的检定

模具生产多属于单件生产，模具零件使用的原材料价格较高，工作零件精加工需使用专用于模具加工的精密机床，使得模具的生产成本较高。因此，提高零件加工质量和整体装配质量，使其达到所要求的技术标准，对降低生产成本、提高模具使用寿命是非常重要的。

9.3.1　冲模生产过程中控制质量的方法

在模具生产过程中要实现质量控制，首先必须提高操作者和管理人员的质量意识，加强质量教育，实行全面质量管理，提高技术和管理水平，实现全员、全过程的管理，人人把好质量关。

（1）冲模质量检查的模式

冲模生产中的质量控制有自检和专检两种方式，并实施全面质量管理。

① 生产车间设质量管理小组，进行质量教育，监督检查质量管理状况，对生产中出现的质量事故或隐患，提出纠正措施和改进、提高产品质量的意见。

② 生产工序间设专职检查员；生产操作者认真搞好自检，做到自检和专检相结合。

③ 冲模生产中的检验实行逐件、逐工序检验的模式。

（2）操作者的质量控制

① 严格按照工艺要求进行操作，在保证质量的前提下提高生产效率。

② 操作者要对设备、工具和坯料进行检查，排除影响质量的隐患。

③ 在加工时做到加工全过程的检查，并做到工序间互检和装配前检查。

④ 上、下工序操作者要做到主动联系，及时交流质量状况，做好加工质量情况交接工作。

⑤ 加工和装配工作完成后，主动及时交检。

⑥ 质量检验中发现质量问题后，及时与有关人员共同分析原因，提出补救措施。

（3）质量检查员的质量检验

① 经常向操作者宣传保证质量的重要性，提高操作者的责任心。

② 遵守检验制度，按产品零件技术要求、技术验收标准和工艺规程对模具零件和模具进行检验。

③ 正确办理验收、返修及报废手续，及时填写原始质量记录，做到不误检、不错检、不漏检。

④ 维护、保养好检验用具及量具，指导操作者正确使用量具、夹具和标准样板。

（4）质量管理小组的质量管理

① 车间、工段应成立以有实践经验的工人、技术人员和管理人员组成的质量管理小组，实行全面质量管理。

② 采用各种形式宣传提高产品质量的重要性，定期召开质量分析会，总结、推广提高产品质量的经验。

③ 经常对操作者进行质量教育。

④ 制定改进产品质量的措施并组织实施。

⑤ 监督检查质量管理状况。

9.3.2　冲模技术检验的内容

冲模生产过程中的技术检验内容主要包括以下几方面：

① 模具材料的质量检验，即材料进厂检验。

② 零件坯料铸、锻加工的质量检验。

③ 模具零件加工的表面质量检验。

④ 模具零件加工的尺寸精度和形状、位置误差的检验和测量。

⑤ 模具零件热处理质量（硬度、外观质量等）检验，大型零件应进行内部质量无损探伤检测。

⑥ 模具装配质量检验。

以上检查内容都是模具试冲前的检查范围，而一套模具能否认定合格并交付冲压生产使用，必须以试冲的冲压件检查合格作为最终依据。

9.3.3　冲模验收的依据和方法

（1）冲模验收依据

① 产品零件图和有关技术要求。

② 产品零件冲压工艺规程。

③ 冲模设计图样和有关技术要求。

④ 冲模验收技术条件和工艺规程。

（2）冲模验收检查的项目

① 冲模零件加工质量。

a. 零件材料和热处理硬度。

b. 零件加工的尺寸精度、形状位置精度和表面质量。

c. 零件外观质量，无明显划痕、撞伤和裂纹，精加工表面无铸、锻坯料的黑皮。

② 冲模装配质量　冲模装配需在零件加工各工序经检验合格后进行。

a. 整体外形尺寸符合要求。

b. 导向部分导向灵活、无阻滞。

c. 冲模结构设计要求的，并符合冲压生产操作要求的模具功能动作灵活、有效、正确。

d. 凸、凹模之间的间隙合理。

e. 模具工作的稳定性，能适应批量生产的要求。

（3）冲模质量验收的方法

① 验收依据　冲模零件加工质量，以专职检验员的检验结果作为验收依据。

② 冲模装配质量检验。

a. 冲模装配后，专职检验员检查冲模装配后的外观质量、整体外形尺寸、机构动作状况和模具工作性能等。

b. 通过试冲检查冲件质量。装配合格的冲模，安装在工艺要求的压力机上进行试冲，可以验证冲模各部位工作的可靠性、机构动作的灵活性、坯料定位的正确与否等。

c. 模具工作的稳定性检查，是按要求生产出一定批量和数量的冲件后，检查冲件质量的稳定程度、冲模工作零件正常磨损程度和非正常磨损出现的概率和程度等。

 本章小结

在模具制造中，模具零件加工以及装配质量的好坏，对模具使用寿命有较大的影响。加强模具装配前后及模具零件各工序之间的质量检验，是确保模具质量的重要手段。

本章主要讲述模具的检测，介绍了模具检测的内容、标准及工具。本章重点是冲压模具检测，介绍了冲压模具的主要零部件装配和总装的技术要求、检测标准和检测方法等。

思考与练习题

9-1　简述模具材料的检验方法。

9-2　模具检验包含哪些内容？

9-3　冲压模具零件制造的主要技术要求有哪些？

9-4　冲压模具装配的主要技术要求有哪些？

9-5　模具质量检验常用的方法有哪些？

9-6　模具尺寸精度测量的常规工具及其测量原理分别是什么？

9-7　测量投影仪的原理及测量方法有哪些？

9-8　三坐标测量仪的结构及系统有哪些？

第 **10** 章

模具设计与制造发展趋势

模具发展方向将对模具设计与制造产生重大影响，了解模具设计与制造发展趋势具有重要意义。本章主要介绍模具设计与制造发展趋势，使读者掌握模具发展基本方向，为课程知识的理解与掌握提供更多的帮助。

10.1 模具设计技术的发展趋势

模具设计长期以来依靠人的经验和机械制图来完成。自 20 世纪八九十年代开始发展的模具计算机辅助工程分析（CAE）技术，现在为许多企业所应用，它对缩短模具制造周期及提高模具质量有显著的作用。近年来，模具 CAD/CAM 技术的硬件与软件价格已降低到中小企业普遍可以接受的程度，为其进一步普及创造了良好的条件；基于网络的 CAD/CAM/CAE 一体化系统结构初见端倪，它将解决传统混合型 CAD/CAM 系统无法满足实际生产过程分工协作要求的问题；CAD/CAM 软件的智能化程度将逐步提高；模具设计、分析、制造的三维化、无纸化要求新一代模具软件以立体的、直观的感觉来设计模具，所采用的三维数字化模型能方便地用于产品结构的 CAE 分析、模具可制造性评价和数控加工、成型过程模拟及信息的管理与共享。如 UG、CATIA 等软件具备参数化、基于特征、全相关等特点，从而使模具并行工程成为可能。

面向制造、基于知识的智能化功能是衡量模具软件先进性和实用性的重要标志之一。注射模专家软件能根据脱模方向自动产生分型线和分型面，生产与制造相对应的型芯和型腔，实现模架零件的全相关，自动生成材料明细表和供机加工的钻孔表格，并能进行智能化加工参数设定、加工结果校验等。

除了模具 CAD/CAE 技术之外，模具工艺设计也非常重要。计算机辅助工艺设计（CAPP）技术已开始在中国模具企业中应用。由于大部分模具都是单件生产，其工艺规程有别于批量生产的产品，因此应用 CAPP 技术难度较大，也难以有适合各类模具和不同模具企业的 CAPP 软件。为了较好地应用 CAPP 技术，模具企业必须做好开发和研究。虽然 CAPP 技术应用和推广的难度比 CAD 和 CAE 高，但这一发展目标势在必行。

基于知识的工程（KBE）技术是面向现代设计决策自动化的重要工具，已成为促进工程设计智能化的重要途径，近年来受到重视，将对模具的智能、优化设计产生重要的影响。

10.2　模具加工技术的发展趋势

不同类型的模具有不同的加工方法，同类模具也可以用不同加工技术去完成。模具加工的工作主要集中在模具型面加工、表面加工和装配；加工方法主要有精密铸造、金属切削加工、电火花加工、电化学加工、激光及其他高能波束加工，以及集两种以上加工方法于一体的复合加工等。数控和计算机技术的不断发展，使它们在许多模具加工方法中得到广泛应用。在工业产品品种多样化及个性化日益明显、产品更新换代更快、市场竞争更激烈的情况下，用户要求模具制造交货期短、精度高、质量好、价格低，带动模具加工技术向以下几方面发展。

（1）模具 CAD/CAM/CAE 技术

模具 CAD/CAM 技术已发展成为一项较成熟的共性技术，近年来此项技术的硬件与软件价格已降低到中小企业普遍可以接受的程度。有条件的企业应积极做好此项技术的深化应用工作，即开展企业信息化工程，可从 CAPP→PDM→CIMS→VR，逐步深化和提高。（详见第 11 章）

（2）快速原型制造

快速原型制造（RPM）技术是集精密机械制造、计算机、NC 技术、激光成型技术和材料科学最新发展的高科技技术。该技术可直接或间接用于模具制造，从模具的概念设计到制造完成，仅为传统加工方法所需时间的 1/3 和成本的 1/4 左右。因此，快速制模技术与快速原型制造技术的结合，将是传统快速制模技术进一步发展的方向。

（3）高速铣削加工

高速铣削加工与传统切削加工相比，具有温升低、热变形小等优点。目前它已向更高的敏捷化、智能化、集成化方向发展。使用高速铣削，可缩短模具制造周期，降低成本。

（4）模具高速扫描技术

模具高速扫描及数字化系统在逆向工程中发挥了更大作用。高速扫描机和模具扫模系统已在我国很多模具厂得到应用，取得了良好效果。该系统提供了从模型或实物扫描到加工出期望的模型所需的诸多功能，在很大程度上缩短了模具的研发制造周期。有些快速扫描系统，可快速安装在已有的数控铣床及加工中心上。高速扫描机扫描速度最高可达 3m/min。

（5）电火花铣削加工技术

电火花铣削加工技术也称为电火花创成加工技术，这是一种替代传统的用成型电极加工型腔的新技术，它采用高速旋转的简单的管状电极作三维或二维轮廓加工（像数控铣一样），因此不再需要制造复杂的成型电极，是电火花成型加工领域的重大发展。国外已有使用这种技术的机床在模具加工中应用，预计这一技术将进一步得到发展。

（6）超精加工复合加工

随着模具向精密化和大型化方向发展，加工精度超过 $1\mu m$ 的超精加工技术和集电、化学、超声波、激光等技术于一体的复合加工将大有用武之地。

（7）热流道技术

采用热流道技术的模具可提高制件的生产率和质量，并能大幅度节省制件的原材料和节约能源，所以广泛应用这项技术是塑料模具的一大变革。国外热流道技术发展很快，塑料模具已有一半用上了热流道技术，有的厂甚至已达 80% 以上，效果十分明显。国内近几年来已开始推广应用，但总体还达不到 10%，个别企业已达到 30% 左右。制定热流道元器件的国家标准，积极生产价廉高质量的元器件，是发展热流道技术的关键。

（8）模具液压成型技术

液压成型工艺是模具胀型技术采用的一种工艺手段，过去在皮带轮等类似产品上应用颇广，现已拓展到汽车行业，用于零部件制造。该方法简化了模具结构和减少了副数，克服了常规成型过程中材料严重变薄的状况，在提高产品质量的同时大幅度降低了生产成本。但由于成型工艺的限制，对某些沿纵轴截面弯曲变化大的构件尚不适用。另外，把成型介质（高压油）传输到板材或管件之间的引入问题，尚未得到很好的解决。因此，该工艺有待进一步发展，以在更多领域得到开拓应用。

（9）模具研磨抛光技术的自动化、智能化

模具表面的光整加工是模具加工中未能很好解决的难题之一。模具表面的质量对模具使用寿命、制件外观质量等方面均有较大的影响。因此，研究抛光的自动化、智能化是重要的发展趋势。此外，由于模具型腔形状复杂，任何一种研磨抛光方法都有一定的局限性。应注意发展特种研磨与抛光方法，如挤压研磨、电化学抛光、超声抛光以及复合抛光工艺与装备，以提高模具表面质量。

（10）模具自动加工系统

随着各种新技术的迅速发展，国外已出现了模具自动加工系统。这也是我国长远发展的目标。模具自动加工系统应有如下特点：多台机床合理组合；配有随行定位夹具或定位盘；有完整的机具、刀具数控库；有完整的数控柔性同步系统；有质量监测控制系统。

（11）微铣削技术将成为高速铣削的未来

微型系统、微型模具和微型铣削对于微型零件的大量生产都是新技术。微铣削使用非常小的刀具（直径小于0.1mm）并能获得非常小的曲面公差和高质量的曲面精度，通用的NC软件是不能达到这个精度的，所以制造商不得不面对以下巨大的挑战：零件变形，复杂程度增加，必须以极高的精度加工微小特征的工件，以及使用微米级的特殊刀具。微铣削是高速铣削的未来。

（12）汽车车身模具制造技术

随着汽车朝着轻量化、高速、舒适、风格化发展，汽车车身模具要适应新型车身制造材料（如铝合金、塑料等），向着大型化、复杂化和高精度方向发展。为了更好地与车身生产相结合，模具生产部门除了模具设计制造外，还必须同时搞好开发、协调车身设计、样车制造、工艺设计等各个环节，模具企业整体素质和综合水平也因此得到提高。

10.3　新型模具材料的开发和应用

随着模具制造的发展，对模具的质量和模具的材料性能要求日趋严格。为适应不同模具特殊性能的要求，国内外模具材料工作者除对传统的模具材料不断开发新的热处理工艺外，还不断开发具有不同特性的模具材料，以适应各种不同性能要求的模具制造。对模具材料的性能，亦从传统的强调综合力学性能向突出特殊性能方向发展。

（1）冷作模具钢

冷作模具钢是应用量大、使用面广、种类最多的模具钢。主要性能要求为强度、韧性和耐磨性。当今通用型冷作模具钢的发展趋势是在高合金钢（如我国Cr12MoV）性能基础上分为两大分支：一种是降低含碳量和合金元素量，提高钢中碳化物分布均匀度，突出提高模具的韧性，如日本的DC53，我国的Cr8Mo2SiV，热处理后其碳化物分布均匀。在低温

（0～200℃）回火后它的硬度为 60～62HRC；高温回火（500～540℃）后的硬度保持在 60HRC，其韧性是 Cr12MoV 钢的 2 倍。用此钢制造的模具寿命可提高一倍。另一种是以提高耐磨性为主要目的，以适应高速、自动化、大批量生产而开发的粉末高速钢。近年来，粉末高速钢发展很快。这种用粉末冶金生产的高速钢，碳化物细小均匀，基体硬度高。不仅耐磨性高，韧性也大大改善。如德国 320CrVMo13（3.2％C，13％Cr，5％V），用于特种陶瓷成形模具，其使用寿命优于硬质合金。

（2）热作模具钢

热作模具钢多为中碳合金钢，用于热锻模、热挤压模、压铸模以及等温锻造模具等。

主要性能要求为在工作温度下具有较高的强韧性，抗氧化性、耐蚀性、高温硬度、耐磨性及抗冷热疲劳性。目前，各国用量最多的热作模具钢是综合性能较好，尤其抗冷热疲劳性强的 H13 和 H11。近年来，有些国家采用电渣重熔，特殊锻造工艺等推出优质 H13。这种钢纯度高，模块性能各向同性。尤其是韧性明显提高。其寿命可提高 25％。日本大同特殊钢公司在 H13 基础上增加了少量 Mo 和 V 等元素，研制出 DH21 钢，使热强性和高温抗冲击、抗蚀能力提高。用来制造铝压铸模，其寿命比 H13 提高 2 倍。由于 DH21 钢具有优良的耐热裂性，常用于压铸汽车发动机旋转零件和要求注重外观质量的构件。

 本章小结

设置本章的主要目的是扩展知识面。使读者了解模具设计与制造发展方向的几个主要方面：开发应用模具计算机辅助设计和制造技术；开发应用新型模具材料等。

 思考与练习题

10-1　简述模具设计技术的发展趋势。

10-2　简述模具加工技术的发展趋势。

10-3　高速切削的特点及其在模具制造技术中的应用有哪些？

10-4　何为冷作模具钢？用于制作何种模具？主要性能要求有哪些？

第 11 章

模具 CAD / CAM 简介

11.1 概述

模具计算机辅助设计和制造技术，即模具 CAD/CAM，是用程序模拟人工设计和制造的过程。传统的模具设计与制造方法多数采用的是手工方法，设计工作量大，周期长，制造精度低，生产效率低。随着工业技术的发展，产品对模具的要求愈来愈高，传统的模具设计与制造方法已不能适应工业产品及时更新换代和提高质量的要求，在此背景下，模具 CAD/CAM 应运而生，并成为模具设计与制造的重要发展方向之一。

（1）模具 CAD/CAM 的优越性

① 缩短模具设计与制造的周期，促进产品的更新换代。

② 优化模具设计及优化模具制造工艺，提高产品质量和延长模具寿命。

③ 提高模具设计及制造的效率，降低成本。

④ 将设计人员从繁冗的计算和绘图工作中解放出来，使其可以从事更多的创造性劳动。

（2）模具 CAD/CAM 的应用和发展

模具 CAD/CAM 技术发展很快，应用范围日益扩大，在冷冲模、注塑模、锻模、挤压模等方面都有比较成功的 CAD/CAM 系统。采用 CAD/CAM 技术是模具生产革命化的措施，是模具技术发展的一个显著特点。

工业发达国家较大的模具生产厂家在 CAD/CAM 上进行了较大的投资，正大力发展这一技术。目前，应用 CAD/CAM 技术较普遍的国家中，美国模具生产中采用 CAD/CAM 技术的已占 10％，日本已占 17％以上。此外，法国 FOS 模具公司已采用了大型 CAD/CAM 系统，瑞士法因图尔公司采用大型 CAD/CAM 系统设计加工模具已占 30％。我国模具 CAD/CAM 的开发始于 20 世纪 70 年代末，发展也很迅速，到目前为止，先后通过国家有关部门鉴定的有精冲模、普通冲裁模、辊锻模、锤锻模和注塑模等 CAD/CAM 系统，但大多仍处于试用阶段。为迅速改变我国模具生产的落后面貌，今后应加强模具 CAD/CAM 的研究开发和推广应用。

11.2 模具 CAD / CAM 的组成

模具 CAD/CAM 主要由硬件和软件两大部分组成。

（1）硬件组成

硬件是模具 CAD/CAM 系统的物质条件。主要包括计算机系统和加工设备。

① 计算机系统计算机系统是模具 CAD/CAM 的核心，典型的模具 CAD/CAM 系统包括计算机、外部存储器、图形终端、输入偷出设备及各种接口等。

② 加工设备模具 CAD/CAM 系统中所使用的加工设备一般都是自动化程度高、精度高的设备，主要包括各种类型的专用模具加工数控机床（NC）、计算机控制机床（CNC）、加工中心（MC）及其控制机，这些主机设备还可通过机器人等连线设备、控制设备及其他辅助设备组成模具生产柔性制造系统（FMS）。

（2）软件组成

模具 CAD/CAM 的软件驱动硬件工作的系统核心，对总体功能起决定作用。大体可分为三大类；系统软件、支撑软件和应用软件。

模具 CAD/CAM 系统采用的主要形式是交互型系统，它利用计算机计算速度快、运算准确、信息存储量大、重复劳动能力强的优点，同时通过人机对话，利用人的经验和判断力，共同完成模具的设计和加工过程。

11.3　模具 CAD / CAM 的工作原理

模具 CAD/CAM 的程序是：制件图形输入→工件工艺审核→工艺计算→排样优化→凸、凹模设计→结构优化→数据库和图形库→打印和自动绘图→数控纸带（数控加工）。

实质上 CAD/CAM 是一个信息分析、处理和传递的流程。在这个流程中需要处理的信息有三类：数据信息、图形信息和设计经验信息，如图 11-1 所示。

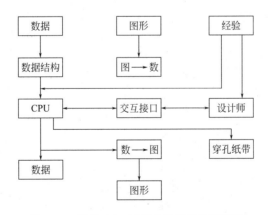

图 11-1　模具 CAD/CAM 系统信息流程图

（1）数据信息处理

它是将所建立的数据结构送至中央处理单元（CPU）进行加工后，以一定的数据结构形式输出所需的数据。

（2）图形信息处理

该类信息首先必须解决图、数转换。即图形输入后建立适合于图形的数据结构，送至中央处理单元（CPU）进行加工后，再经数—图转换手段（即图形输出，如图形显示或自动绘图），在图形终端或绘图机输出所需要的图形。

（3）设计经验信息处理

它是人工的智慧信息。如工艺分析、模具类型和典型组合的确定、修改设计等，这种信息经过处理后可直接送至中央处理单元（CPU）加工。但有的不可能数据化。因此必须通过人机对话式的交互设计，使人的智慧和计算机的功能均能充分发挥，以达到优化和最佳设计。

（4）虚拟技术将得到发展

计算机和信息网络的发展，使虚拟技术成为现实。虚拟技术可以形成虚拟空间环境，既可实现企业内模具虚拟装配等工作，也可在企业之间实现虚拟合作设计、制造、合作研究开发，以至建立虚拟企业。

（5）管理技术迅速发展

机械行业中常说的"三分技术七分管理"说明了管理的重要性。模具企业中现代企业制度及各项创新机制的建立和运行，既是管理技术的核心，也是模具制造和企业发展的成功保障，包括模具制造管理信息系统（MIS）、产品信息管理（PDM）、建立因特网平台作为企业。

11.4　典型软件举例

11.4.1　HPC系统的功能、结构与流程

HPC系统是华中理工大学于1986年在IBM PC/XT机上开发研制的冲裁模CAD/CAM系统。该系统以交互方式运行，可用于简单模、复合模和级进模的设计制造。将产品零件图按规定格式输入计算机后，系统可完成模具设计所需的全部工艺分析计算，完成模具结构设计，绘出模具零件图和总装图，并输出数控线切割纸带。

工艺分析计算包括工艺性判断、毛料排样、工艺方案的确定和工艺力计算等。模具结构设计包括模具结构型式的选择，如复合模的倒装或顺装、简单模的刚性卸料或弹性卸料、级进模的定位方式等，还包括模具零件的形状及刃口尺寸设计、顶料杆的布置、挡料装置设计和其他非工作零件的设计。系统设计的模具应符合国家标准（GB/T 2851—2008）。

系统的软件主要由应用程序、数据库和图形库3部分组成，如图11-2所示。数据库采用了DBASE—I关系数据库管理系统，库内存放工艺设计参数、模具结构参数、标准零件尺寸、公差和材料性能等方面的数据。图形软件包括图形基本软件和应用软件。图形软件可根据工艺设计程序的运行结果自动绘制模具图。工艺与模具设计应用程序包括简单模、复合模和级进模的工艺设计计算与模具结构设计等内容。

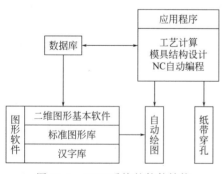

图11-2　HPC系统的软件结构

HPC系统为模块化结构，系统的流程框图如图11-3所示。

冲裁零件的形状和尺寸用编码方法输入计算机，图形处理程序将其转换为机内模型，为后续设计模块提供必要的信息。

工艺性判断程序以自动搜索和判断的方式分析冲裁件的工艺性。如零件不适合冲裁，则给出提示信息，要求修改产品零件图。

　　毛料排样程序以材料利用率为目标函数进行排样优化设计。程序可完成单排、双排和调头双排等不同方式的排样。

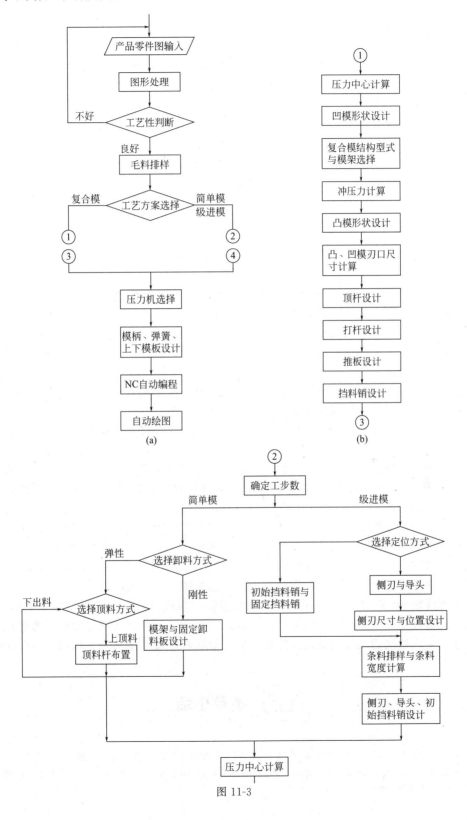

图 11-3

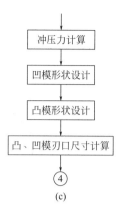

(c)

图 11-3　HPC 系统的流程框图

11.4.2　工艺方案的选择

通过交互方式实现。程序可以按照设定的设计准则自动确定工艺方案，用户也可以自行选择认为合适的工艺方案。这样，系统便可适应各种不同的情况。

如图 11-3（a）所示，简单模和级进模为一个分支，复合模的设计为另一个分支。在各分支内，程序完成从工艺力计算到模具结构与零件设计的一系列工作。凹模和凸模结构型式的设计可通过屏幕上显示的图形菜单选择确定。凹模内顶杆的优化布置，使顶杆分布合理，顶杆合力中心与压力中心尽量接近。在设计挡料装置时，用户可以用光标键移动屏幕上的圆销，以选定合适的位置。

模具设计完毕后，绘图程序可根据设计结果自动绘出模具零件图和装配图。系统的绘图软件包括绘图基本软件、零件图库和装配图绘制程序等。

绘图基本软件包括几何计算子程序、数图转换子程序、尺寸标注程序、剖面线程序、图形符号包和汉字包。

零件图库由凸模、凹模、上下模板等零件的绘图程序组成。绘制凸模、凹模、固定板和卸料板等零件图的关键是将冲裁件的几何形状信息通过数图转换，生成冲裁件的图形。此外，还要恰当地处理剖面线和尺寸标注。所有这些都可调用基本软件中的有关程序完成。

装配图的绘制采用图形模块拼合法实现，即将产生的零件图的视图转换成图形文件，将各装配件的图形插入到适当的位置，拼合成模具装配图。

HPC 系统利用 Auto CAD 绘图软件包作为绘图的基础软件，将此软件包和高级语言结合使用，完成绘图程序的设计。绘图程序的流程图如图 11-4 所示。

系统还可按 3B 或 4B 指令格式自动编制数控线切割程序，并输出数控线切割用的纸带。线切割自动编程部分根据输入的图形信息，自动选择钼丝孔位和切割起始点，考虑放电间隙和修磨量，生成钼丝切割运动轨迹。然后，后置处理程序按规定格式自动编制 NC 程序。

 **本章小结**

本章作为选学内容，扼要介绍了模具 CAD/CAM 的优越性、应用发展和组成工作原理等。最后列举了一典型软件——HPC 系统是在 IBM PC/XT 机上开发研制的冲裁模 CAD/CAM 系统。

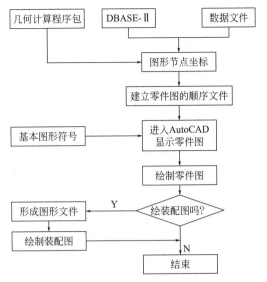

图 11-4　绘图程序的流程图

 思考与练习题

11-1　试述模具 CAD/CAM 的优越性及其发展简况。

11-2　冲裁模 CAD/CAM 系统的基本组成有哪些?

11-3　塑料注射模 CAD/CAM 系统的基本组成有哪些?

附　　录

附录 A　冲压件未注公差尺寸极限偏差（摘自 GB/T 15055—2007）

附录 A-1　未注公差冲裁件线性尺寸的极限偏差　　　　　单位：mm

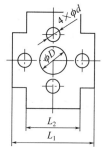

基本尺寸 L、$D(d)$		材料厚度		公差等级			
>	至	>	至	f	m	c	v
0.5	3	—	1	±0.05	±0.10	±0.15	±0.20
		1	3	±0.15	±0.20	±0.30	±0.40
3	6	—	1	±0.10	±0.15	±0.20	±0.30
		1	4	±0.20	±0.30	±0.40	±0.55
		4	—	±0.30	±0.40	±0.60	±0.80
6	30	—	1	±0.15	±0.20	±0.30	±0.40
		1	4	±0.30	±0.40	±0.55	±0.75
		4	—	±0.45	±0.60	±0.80	±1.20
30	120	—	1	±0.20	±0.30	±0.40	±0.55
		1	4	±0.40	±0.55	±0.75	±1.05
		4	—	±0.60	±0.80	±1.10	±1.50
120	400	—	1	±0.25	±0.35	±0.50	±0.70
		1	4	±0.50	±0.70	±1.00	±1.40
		4	—	±0.75	±1.05	±1.45	±2.10
400	1000	—	1	±0.35	±0.50	±0.70	±1.00
		1	4	±0.70	±1.00	±1.40	±2.00
		4	—	±1.05	±1.45	±2.10	±2.90
1000	2000	—	1	±0.45	±0.65	±0.90	±1.30
		1	4	±0.90	±1.30	±1.80	±2.50
		4	—	±1.40	±2.00	±2.80	±3.90

基本尺寸 L、$D(d)$		材料厚度		公差等级			
>	至	>	至	f	m	c	v
2000	4000	—	1	±0.70	±1.00	±1.40	±2.00
		1	4	±1.40	±2.00	±2.80	±3.90
		4	—	±1.80	±2.60	±3.60	±5.00

注：对于0.5及0.5mm以下的尺寸应标公差。

附录 A-2　未注公差冲裁圆角半径线性尺寸的极限偏差　　　　单位：mm

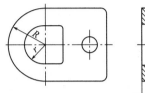

基本尺寸 R、r		材料厚度		公差等级			
大于	至	大于	至	f	m	c	v
0.5	3	—	1	±0.15		±0.20	
		1	4	±0.30		±0.40	
3	6	—	4	±0.40		±0.60	
		4	—	±0.60		±1.00	
6	30	—	4	±0.60		±0.80	
		4	—	±1.00		±1.40	
30	120	—	4	±1.00		±1.20	
		4	—	±2.00		±2.40	
120	400	—	4	±1.20		±1.50	
		4	—	±2.40		±3.00	
400	—	—	4	±2.00		±2.40	
		4	—	±3.00		±3.50	

附录 A-3　未注公差冲裁角度尺寸的极限偏差

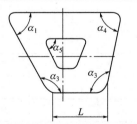

公差等级	短边长度 L/mm						
	≤10	10～25	25～63	63～160	160～400	400～1000	1000～2500
f	±1°00′	±0°40′	±0°30′	±0°20′	±0°15′	±0°10′	±0°06′

续表

公差等级	短边长度 L/mm						
	≤10	10～25	25～63	63～160	160～400	400～1000	1000～2500
m	±1°30′	±1°00′	±0°45′	±0°30′	±0°20′	±0°15′	±0°10′
c	±2°00′	±1°30′	±1°00′	±0°40′	±0°30′	±0°20′	±0°15′
v							

附录 A-4　未注公差弯曲角度尺寸的极限偏差

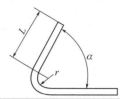

公差等级	短边长度 L/mm						
	≤10	10～25	25～63	63～160	160～400	400～1000	1000～2500
f	±1°15′	±1°00′	±0°45′	±0°35′	±0°30′	±0°20′	±0°15′
m	±2°00′	±1°30′	±1°00′	±0°45′	±0°35′	±0°30′	±0°20′
c	±3°00′	±2°00′	±1°30′	±1°15′	±1°00′	±0°45′	±0°30′
v							

附录 A-5　未注公差成型件线性尺寸的极限偏差　　　　单位：mm

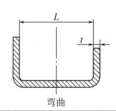
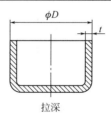

弯曲　　　　　　　　拉深

基本尺寸 L、D		材料厚度		公差等级			
＞	至	＞	至	f	m	c	v
0.5	3	—	1	±0.15	±0.20	±0.35	±0.50
		1	4	±0.30	±0.45	±0.60	±1.00
3	6	—	1	±0.20	±0.30	±0.50	±0.70
		1	4	±0.40	±0.60	±1.00	±1.60
		4	—	±0.55	±0.90	±1.40	±2.20
6	30	—	1	±0.25	±0.40	±0.60	±1.00
		1	4	±0.50	±0.80	±1.30	±2.00
		4	—	±0.80	±1.30	±2.00	±3.20
30	120	—	1	±0.30	±0.50	±0.80	±1.30
		1	4	±0.60	±1.00	±1.60	±2.50
		4	—	±1.00	±1.60	±2.50	±4.00

基本尺寸 L、D		材料厚度		公差等级			
>	至	>	至	f	m	c	v
120	400	—	1	±0.45	±0.70	±1.10	±1.80
		1	4	±0.90	±1.40	±2.20	±3.50
		4	—	±1.30	±2.00	±3.30	±5.00
400	1000	—	1	±0.55	±0.90	±1.40	±2.20
		1	4	±1.10	±1.70	±2.80	±4.50
		4	—	±1.70	±2.80	±4.50	±7.00
1000	2000	—	1	±0.80	±1.30	±2.00	±3.30
		1	4	±1.40	±2.20	±3.50	±5.50
		4	—	±2.00	±3.20	±5.00	±8.00

注：对于 0.5 及 0.5mm 以下的尺寸应标公差。

附录 A-6　未注公差成型圆角半径线性尺寸的极限偏差　　　　单位：mm

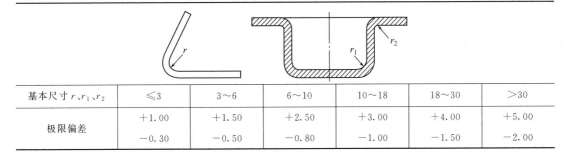

基本尺寸 r、r_1、r_2	≤3	3～6	6～10	10～18	18～30	>30
极限偏差	+1.00	+1.50	+2.50	+3.00	+4.00	+5.00
	−0.30	−0.50	−0.80	−1.00	−1.50	−2.00

附录 B　冲压件未注形位公差数值（摘自 GB/T 1184—1996）

附录 B-1　直线度、平面度未注公差数值

主参数 L/mm	公差等级			
	A	B	C	D
	公差值/μm			
≤10	12	20	30	60
10～16	15	25	40	80
16～25	20	30	50	100
25～40	25	40	60	120
40～63	30	50	80	150
63～100	40	60	100	200
100～160	50	80	120	250
160～250	60	100	150	300
250～400	80	120	200	400
400～630	100	150	250	500

附录 B-2　平行度、垂直度、倾斜度未注公差数值

主参数 L/mm	公差等级			
	A	B	C	D
	公差值/μm			
≤10	30	50	80	120
10～16	40	60	100	150
16～25	50	80	120	200
25～40	60	100	150	250
40～63	80	120	200	300
63～100	100	150	250	400
100～160	120	200	300	500
160～250	150	250	400	600
250～400	200	300	500	800
400～630	250	400	600	1000

附录 B-3　圆度未注公差数值

主参数 d(D)/mm	公差等级			
	A	B	C	D
	公差值/μm			
≤3	6	10	14	25
3～6	8	12	18	30
6～10	9	15	22	36
10～18	11	18	27	43
18～30	13	21	33	52
30～50	16	25	39	62
50～80	19	30	46	74
80～120	22	35	54	87
120～180	25	40	63	100
180～250	29	46	72	115
250～315	32	52	81	130
315～400	36	57	89	140
400～500	40	63	97	155

附录 B-4　同轴度、对称度、圆跳动未注公差数值

主参数 d(D)、B、L/mm	公差等级			
	A	B	C	D
	公差值/μm			
≤1	15	25	40	60
1～3	20	40	60	120

主参数 $d(D)$、 B、L/mm	公差等级			
	A	B	C	D
	公差值/μm			
3～6	25	50	80	150
6～10	30	60	100	200
10～18	40	80	120	250
18～30	50	100	150	300
30～50	60	120	200	400
50～120	80	150	250	500
120～250	100	200	300	600
250～500	120	250	400	800
500～800	150	300	500	1000

附录 C 冲模零件的材料及其技术要求

合理地选用冲模零件材料,并对冲模零件进行良好的设计和技术处理是控制加工成本和保证模具寿命的有效措施,冲模零件所用的材料和热处理要求参见附录 C-1,冲压模零件的加工精度及其相互配合,以及冲压模零件的表面粗糙度分别见附录 C-2、附录 C-3。

附录 C-1 冲模零件所用的材料和热处理要求

零件名称		材料	热处理硬度/HRC	
			凸模	凹模
冲裁模的凸模、凹模、凸凹模及其镶块	$t\leqslant3$mm,形状简单	T10A,9Mn2V	58～60	60～62
	$t\leqslant3$mm,形状复杂	CrWMn、Cr12、Cr12MoV、Cr6WV	58～60	60～62
	$t>3$mm,高强度材料冲裁	Cr6WV、CrWMn、9CrSi、65Cr4W3Mo2VNb(65Nb)	54～56 56～58	56～58 58～60
	硅钢板冲裁	Cr12MoV、Cr4W2MoV、CT35、CT33、TLMW50、YG15、YG20	60～62 66～68	61～63 66～68
	特大批量($t\leqslant2$mm)	CT35、CT33、TLMW50、YG15、YG20	66～68	66～68
	细长凸模	T10A、CrWV、9Mn2V、Cr12、Cr12MoV	56～60,尾部回火 40～50	
	精密冲裁	Cr12MoV、W18Cr4V	58～60	62～64
	大型模镶块	T10A、9Mn2V、Cr12MoV	58～60	60～62
	加热冲裁	3Cr2W8、5CrNiMo、6Cr4Mo、3Ni2WV(GG-2)	48～52	
	棒料高速剪切	6CrW2Si	55～58	
上、下模板		HT400、ZG310-570、Q235、45	(45)调质 28～32	
普通模柄 浮动模柄		Q235 45	42～48	
导柱、导套(滑动) 导柱、导套(滚动)		20 GCr15	(20)渗碳淬火 56～62 62～66	

零件名称	材料	热处理硬度/HRC	
		凸模	凹模
固定板、卸料板、推件板、顶板、侧压板、始用挡块	45	42～48	
承料板	Q235		
导料板	Q235、45	(45)调质 28～32	
垫板（一般） 垫板（重载）	45 T7A、9Mn2V CrWMn、Cr6WV、Cr12MoV	42～48 52～55 60～62	
顶杆、推杆、拉杆（一般） 顶杆、推杆、拉杆（重载）	45 CrWMn、Cr6WV	42～48 56～60	
挡料销、导料销	45	42～48	
导正销	T10A 9Mn2V、Cr12	50～54 52～56	
侧刃	T10A、Cr6WV 9Mn2V、Cr12	58～60 58～62	
废料切刀	T8A、T10A、9Mn2V	58～60	
侧刃挡块	45 T8A、T10A、9Mn2V	42～48 58～60	
斜楔、滑块、导向块	T8A、T10A、CrWMn、Cr6WV	58～62	
限位块	45	42～48	
锥面压圈、凸球面垫块	45	42～48	
支承块	Q235		
钢球保持圈	H62		
弹簧、簧片	65Mn、60Si2MnA	42～48	
扭簧	65Mn	44～50	
销钉	45 T7A	42～48 50～55	
螺钉、卸料螺钉	45	35～40	
螺母、垫圈、压圈	Q235		

附录 C-2　冲压模零件的加工精度及其相互配合

配合零件名称	精度及配合	配合零件名称	精度及配合
导柱与下模座	H7/r6	凸模与凸模固定板	H7/m6，H7/k6
导套与上模座	H7/r6	固定挡料销与凹模	H7/n6 或 H7/m6
导柱与导套	H6/h5 或 H7/h6、H7/f7	活动挡料销与卸料板	H9/h8 或 H9/h9
模柄（带法兰盘）与上模座	H8/h8、H9/h9	圆柱销与凸模固定板、上下模座等	H7/n6
凸模（凹模）与上、下模座（镶入式）	H7/h6	螺钉与螺杆孔	0.5 或 1mm（单边）
		卸料板与凸模或凸凹模	0.1～0.5mm（单边）

配合零件名称	精度及配合	配合零件名称	精度及配合
顶件板与凹模	0.1～0.5mm(单边)	推销(顶销)与凸模固定板	0.2～0.5mm(单边)
推杆(打杆)与模柄	0.5～1mm(单边)		

附录 C-3　冲压模零件的表面粗糙度

表面粗糙度 $Ra/\mu m$	使用范围	表面粗糙度 $Ra/\mu m$	使用范围
0.2	抛光的成型面及平面	1.6	① 内孔表面——在非热处理零件上的配合用; ② 底板平面
0.4	① 压弯、拉深、成形的凸模和凹模工作表面; ② 圆柱表面和平面的刃口; ③ 滑动和精确导向的表面	3.2	① 不磨加工的支承,定位和紧固表面(用于非热处理零件); ② 底板平面
0.8	① 成型的凸模和凹模刃口; ② 凸模、凹模镶块的接合面; ③ 过盈配合和过渡配合的表面(用于热处理零件); ④ 支承定位和紧固表面(用于热处理零件); ⑤ 磨加工的基准平面; ⑥ 要求准确的工艺基准表面	6.3～12.5	不与冲制件及冲模零件接触的表面
		25	粗糙的不重要的表面

[1] 施于庆. 冲压工艺及模具设计 [M]. 杭州： 浙江大学出版社， 2012.

[2] 冲模设计手册编写组. 冲模设计手册 [M]. 北京： 机械工业出版社， 2007.

[3] 薛放翔. 冲压工艺与模具设计实例分析 [M]. 北京： 机械工业出版社， 2008.

[4] 朱光力. 模具设计与制造实训 [M]. 北京： 高等教育出版社， 2008.

[5] 郭铁良. 模具制造工艺学 [M]. 北京： 高等教育出版社， 2006.

[6] 李云程. 模具制造工艺学 [M]. 第 2 版. 北京： 机械工业出版社， 2011.

[7] 李奇. 模具设计与制造 [M]. 北京： 人民邮电出版社， 2006.

[8] 杨海鹏. 模具设计与制造实训教程 [M]. 北京： 清华大学出版社， 2011.

[9] 韦玉屏. 模具材料及表面处理 [M]. 第 2 版. 北京： 机械工业出版社， 2012.

[10] 任鸿烈. 塑料成型模具制造技术 [M]. 广州： 华南理工大学出版社，1989.

[11] 姚克朋. 工模具制造工艺学 [M]. 西安： 西安电子科技大学出版社，1997.

[12] 刘云程. 模具制造工艺学 [M]. 北京： 机械工业出版社，1997.

[13] 何涛. 模具 CAD／CAM [M]. 北京： 北京大学出版社，2006.

[14] 孟庆东. 材料力学简明教程 [M]. 北京： 机械工业出版社， 2011.

[15] 孟庆东. 机械设计简明教程 [M]. 西安： 西北工业大学出版社， 2014.